数学オリンピックへの道 2

103 Trigonometry Problems
from the Training of the USA IMO Team
Titu Andreescu, Zuming Feng

三角法の精選 103問

監訳│小林一章・鈴木晋一 ／ 訳│清水俊宏

朝倉書店

TITU ANDREESCU
ZUMING FENG

103 TRIGONOMETRY PROBLEMS

FROM THE TRAINING OF
THE USA IMO TEAM

Translation from the English language edition:
103 Trigonometry Problems by Titu Andreescu, and Zuming Feng,
Copyright © 2005 Birkhäuser Boston
Birkhäuser Boston is a part of Springer Science+Business Media
All Rights Reserved

監訳者まえがき

　本シリーズは，アメリカ合衆国の国際数学オリンピックチーム選手団を選抜すべく開催される数学オリンピック夏期合宿プログラム (MOSP) において，練習と選抜試験に用いられた問題から精選した問題集です．2人の編著者は長年にわたって数学オリンピックに携わってきた大家であり，要領のよい解説も付されています．組合せ数学・三角法・初等整数論の3分野ですが，いずれも日本の中学校・高等学校の数学ではあまり深入りしない分野であり，日本には手頃な問題集がないという事情を考慮して，このたび翻訳を試みることにしました．なお，日米の数学教育の違いなどに配慮して，問題などを日本流に変換したところがあります．
　本書の翻訳に当たっては，
　　清水俊宏君　　2004年国際数学オリンピックギリシャ大会金メダリスト
　　　　　（現在，京都大学大学院情報学研究科数理工学専攻在籍）
の協力を得ました．
　本書が国際数学オリンピック出場を目指す諸君のよき伴侶となることを願っています．
　2010年2月

小 林 一 章
鈴 木 晋 一

著者紹介
Titu Andreescu

ティミショアラ西大学 (ルーマニア) で Ph.D を取得．博士論文の内容は "ディオファントス解析とその応用についての研究" であった．現在は，ダラスのテキサス大学で教鞭を執る．アメリカ数学オリンピック委員会の前議長であり，MAA American Mathematics Competitions の理事 (1998–2003)，アメリカ IMO チームのコーチ (1993–2002)，数学オリンピック夏期プログラム (MOSP) の理事 (1995–2002)，アメリカ IMO チームの団長 (1995–2002) を歴任．2002 年，世界で最も権威ある数学競技会 IMO の中心となる委員会 IMO Advisory Board (IMOAB) のメンバーに選出．2006 年，Awesome Math Summer Program (AMSP) を共同で創立し，理事を務める．1994 年，MAA から優れた高校数学教育に対し贈られる Edyth May Sliffe 賞を受賞．また同年，IMO 香港大会にてアメリカチーム全員が満点をとるという偉業を達成．Titu は MOSP にてこのチームのトレーニングを行っており，1995 年に感謝状が贈られた．数多くの教科書や問題集を出版し，世界中の中高生に愛読されている．

Zuming Feng

ジョンズホプキンス大学にて Ph.D を取得．学位論文は代数的整数論と楕円曲線についての内容．現在，Phillips Exeter Academy で教鞭を執る．アメリカ IMO チームのコーチ (1997–2006 年)，アメリカ IMO チーム副団長 (2000–2002 年)，MOSP のアシスタントディレクター (1999–2002 年) を歴任した．また，1999 年からアメリカ数学オリンピック委員会のメンバーであり，2003 年からはアメリカ IMO チームの団長を務め，MOSP では学術部門ディレクターである．2006 年に AMSP を共同で創設し，こちらでも学術部門のディレクターを務める．1996 年と 2002 年には MAA から優れた高校数学教育に対して贈られる Edyth May Sliffe 賞を授与された．

まえがき

　本書は国際数学オリンピック (IMO) アメリカ代表チームでトレーニングや選抜において用いられた問題のうち 103 問を厳選して収録したものである．難しく，不可解な問題を選んだわけではなく，本書の問題を解いていくことで少しずつ読者の三角法に関するコツや技術が身につけられるような構成となっている．最初の章は三角関数とそれらの関係と関数としての性質，およびそれらの平面幾何と空間幾何への応用に関する包括的な紹介である．この章は三角関数の教科書としても利用できる．この課題は多くの生徒諸君の数学の目標に合っているし，さまざまな数学のコンテストに参加するための格好の準備ともなるであろう．それは三角法の重要な分野への，再編と精度の高い問題解決の戦略や戦術によって，高度な実力を具えることになる．本書はさらにこれからの数学の学習への興味をかき立てることになるだろう．

　アメリカ合衆国においては，国際数学オリンピック (IMO) の参加者を選抜する過程は，一連の国家的なコンテスト，それらはアメリカ数学コンテスト 10 と 12 (AMC10, AMC12)，アメリカ招待数学試験 (AIME) およびアメリカ合衆国数学オリンピック選抜試験 (USAMO) から構成されている．AIME と USAMO は，先行する一連の試験の結果をもとに選抜された者だけが招待されて参加が許される．数学オリンピック夏期プログラム (MOSP) は，アメリカ数学コンテストの上位から選ばれた約 50 名の候補選手に対する 4 週間の徹底したトレーニングプログラムである．IMO のアメリカチームに参加する 6 名の生徒は，USAMO での成績とさらに MOSP の間に実施されるテストの結果を基礎にして選抜される．MOSP を通して，一日中にわたって授業や広範囲にわたる問題集が与えられ，数学のいくつもの重要な分野における準備がなされる．これらの話題には，組合せ的な議論や恒等式，生成関数，グラフ理論，漸化式，和と積，確率，数論，多項式，複素数平面上の幾何，アルゴリズムと証明，組合せ幾何と高度なユークリッド幾何，関数方程式，そして古典的な不等式などが含まれる．

　オリンピックでの試験問題はいくつかの挑戦的な問題から構成されている．正

解はしばしば深い解析と注意深い議論が求められる．オリンピック問題は初心者には突破できないようにみえるが，大部分は中学高校での数学知識・技術を賢く適用することによって解くことができる．

　ここに，本書の問題を解こうと企てている諸君へのいくつかのアドバイスを挙げる．

- 時間をかけて考えよ！ 与えられた問題のすべてを解ける者はほとんどいない．
- 問題の間に関係を付けることを試みなさい．この本の重要なテーマは，今後何度も現れる重要な技術やアイデアを提供することにある．
- オリンピックの問題はすぐには"攻略"できない．根気よく粘れ．別の解法を試みよ．単純な場合についてやってみよ．ある場合については，求める結果から遡ってみるのも有効である．
- 問題が解けた場合でも，「解答」を必ず読むこと．「解答」には，諸君の解答には現れないアイデアなどが含まれているし，他でも用いられるであろう戦略的・戦術的な解決法なども議論されるであろう．また「解答」は諸君が見習うべきエレガントな表現のモデルである．しかし，「解答」は，調査のねじれた過程，誤った出発，ひらめき，解答に至った試みなどをぼかしてしまうことがしばしばある．「解答」を読むときには，そこに至る考えを再構成してみよう．鍵となるアイデアは何なのか，それらのアイデアを今後にどう生かすか，について自問自答してほしい．
- 後になってもとの問題に再び戻りなさい．そして別の方法で解けないかを調べてみよう．多くの問題には複数の解答があるが，それらの解答すべては本書で紹介していない．
- 有意義な問題解決は実行することである．最初にうまく行かなくともめげることなかれ．さらなる練習には，巻末の参考文献を利用してほしい．

謝　　　辞

　最初の原稿の校正を助けてくれた Dorin Andrica と Avanti Athreya に感謝する．Dorin は鋭い数学的なアイデアで本書に素晴らしい味付けをしてくれたし，一方 Avanti は本書の最終構成に重要な貢献をしてくれた．第 2 稿の整理をしてくれた David Kramer にも感謝する．彼は多くの誤りを正し，改良をしてくれた．そして，最終稿の校正を助けてくれた Po-Ling Loh, Yingyu Gao と Kenne Han にも感謝する．

　第 1 章の多くのアイデアは Phillips Exeter Academy の数学 2 と数学 3 の教材から取り入れたものである．この教材の著者たち，特に Richard Parris と Szczesny "Jerzy" Kaminski に深い感謝を捧げる．

　多くの問題は，いろいろな国々の数学コンテストから，また次のジャーナルから導きを受け，あるいは翻案された：

- High-School Mathematics, China
- Revista Matematică Timişoara, Romania

　我々は解答の章において，問題の出典をすべて挙げるべく最善を尽くした．これらの問題の原作者たちに深い感謝を捧げる．

略 記 と 記 号

問題の出典の略記法

AHSME	American High School Mathematics Examination
AIME	American Invitational Mathematics Examination
AMC10	American Mathematics Contest 10
AMC12	American Mathematics Contest 12, AHSME から改称
APMC	American–Polish Mathematics Competition
ARML	American Regional Mathematics League
IMO	International Mathematical Olympiad
USAMO	United States of America Mathematical Olympiad
MOSP	Mathematical Olympiad Summer Program
Putnam	The William Lowell Putnam Mathematical Competition
St.Petersburg	St.Petersburg(Leningrad) Mathematical Olympiad

数に関する集合等に対する記号・記法

$\mathbb{Z}$	整数全体の集合
$\mathbb{Z}_n$	n を法とする整数の集合
$\mathbb{N}$	正の整数全体の集合
$\mathbb{N}_0$	非負整数全体の集合
$\mathbb{Q}$	有理数全体の集合
$\mathbb{Q}^+$	正の有理数全体の集合
$\mathbb{Q}^0$	非負有理数全体の集合
$\mathbb{Q}^n$	n 個の有理数の組全体の集合
$\mathbb{R}$	実数全体の集合
$\mathbb{R}^+$	正の実数全体の集合
$\mathbb{R}^0$	非負実数全体の集合
$\mathbb{R}^n$	n 個の実数の組全体の集合
$\mathbb{C}$	複素数全体の集合
$[x^n](p(x))$	多項式 $p(x)$ の x^n の項の係数

集合，論理，幾何についての記号

$\lvert A \rvert$	集合 A の要素の個数
$A \subset B$	集合 A は集合 B の真部分集合
$A \subseteq B$	集合 A は集合 B の部分集合
$A \setminus B$	集合 B に含まれない集合 A の要素全体の集合 (差集合)
$A \cap B$	集合 A, B の共通部分 (共通集合)
$A \cup B$	集合 A, B の和集合
$a \in A$	要素 (元) a は集合 A に属する
a, b, c	三角形 ABC の辺 BC, CA, AB の長さ
A, B, C	三角形 ABC の $\angle CAB, \angle ABC, \angle BCA$ の大きさ
R, r	三角形 ABC の外接円の半径と内接円の半径
$[\mathcal{F}]$	領域 $\mathcal{F}$ の面積
$[ABC]$	三角形 ABC の面積
$\lvert BC \rvert$	線分 BC の長さ
$\overparen{AB}$	円周上の 2 点 A, B の間の弧の長さ

目　　次

1. 三角法の基礎事項 …………………………………… 1
　　直角三角形を用いた三角関数の定義 …………………………… 1
　　箱の中での考察 …………………………………… 5
　　直角を作る …………………………………… 7
　　単位円周に沿っての考察 …………………………………… 11
　　三角関数のグラフ …………………………………… 16
　　正　弦　法　則 …………………………………… 21
　　面積とトレミーの定理 …………………………………… 23
　　存在，一意性，そして三角関数の変換公式 …………………………… 26
　　チェバの定理 …………………………………… 33
　　箱の外での考察 …………………………………… 37
　　メネラウスの定理 …………………………………… 38
　　余　弦　法　則 …………………………………… 39
　　スチュワートの定理 …………………………………… 40
　　ヘロンの公式とブラーマグプタの公式 …………………………… 42
　　ブロカール点 …………………………………… 44
　　ベ ク ト ル …………………………………… 47
　　内積と余弦法則のベクトル版 …………………………………… 53
　　コーシー・シュワルツの不等式 …………………………………… 53
　　ラジアンと重要な極限 …………………………………… 54
　　円柱の切断によるサニュソイド的曲線の構成 …………………………… 57
　　3 次元の座標系 …………………………………… 59
　　地球上の旅行 …………………………………… 63
　　あなたはどこにいるの？ …………………………………… 65
　　ド・モアブルの公式 …………………………………… 67

2. 基本問題 72
3. 上級問題 81
4. 基本問題の解答 90
5. 上級問題の解答 132
6. 用語集 205

参考文献 217
索　引 221

第1章

三角法の基礎事項

直角三角形を用いた三角関数の定義

S と T を集合とする．f が S から T への関数 (function) または写像 (mapping, map) であるとは，f が各 $s \in S$ に対してちょうど1つの要素 $t \in T$ を対応させる規則のことである．これを，$f: S \to T$ で表し，$f(s) = t$ と表して s の f による像 (image) という．部分集合 $S' \subset S$ について，$f(S')$ によって $s \in S'$ の f による像の集合を表し，S' の像という．集合 S を f の定義域，$f(S) \subset T$ を f の値域という．

$0°$ と $90°$ の間の角度 θ (ギリシャ文字 theta，テータ) に対して，その角の大きさを表す三角関数を次のように定義する．半直線 OA, OB は角 θ をなすとする (図 1.1 参照)．半直線 OA 上に点 P を選ぶ．点 P から半直線 OB に下ろした垂線の足を Q とする．そこで，正弦 (sine; sin)，余弦 (cosine; cos)，正接 (tangent; tan)，余接 (cotangent; cot)，余割 (cosecant; csc)，正割 (secant; sec) の各関数を次のように定義する．ただし，$|PQ|$ は線分 PQ の長さを表す：

$$\sin\theta = \frac{|PQ|}{|OP|}, \quad \csc\theta = \frac{|OP|}{|PQ|},$$
$$\cos\theta = \frac{|OQ|}{|OP|}, \quad \sec\theta = \frac{|OP|}{|OQ|},$$
$$\tan\theta = \frac{|PQ|}{|OQ|}, \quad \cot\theta = \frac{|OQ|}{|PQ|}.$$

まず，これらの関数が矛盾なく定義されること；すなわち，これらが角 θ の大きさのみによって決まり，点 P の選び方によらないことを示さねばならない．P_1 を半直線 OA 上の別の点とし，Q_1 を点 P_1 から半直線 OB に下ろした垂線の

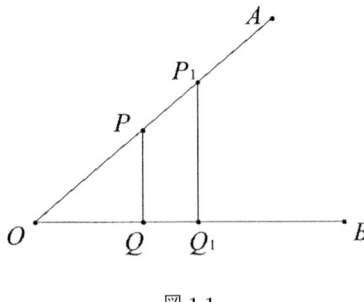

図 1.1

足とする.すると,直角三角形 OPQ と直角三角形 OP_1Q_1 が相似であることは明らかであるから,対応する比 $\dfrac{|PQ|}{|OP|}$ と $\dfrac{|P_1Q_1|}{|OP_1|}$ はすべて等しい.したがって,すべての三角関数が矛盾なく定義されることが導かれる.

上の定義から,$\sin\theta$, $\cos\theta$, $\tan\theta$ は,それぞれ,$\csc\theta$, $\sec\theta$, $\cot\theta$ の逆であることが容易にわかる.したがって,ほとんどの目的には,$\sin\theta$, $\cos\theta$, $\tan\theta$ を考察すれば十分である.また,次の関係も容易にわかる:
$$\frac{\sin\theta}{\cos\theta}=\tan\theta,\quad \frac{\cos\theta}{\sin\theta}=\cot\theta.$$

便宜上,三角形 ABC において,次の表示を使用する:a, b, c によって,それぞれ,辺 BC, CA, AB の長さを表し,$\angle A$, $\angle B$, $\angle C$ によって,それぞれ,角 CAB,角 ABC,角 BCA の大きさ (角度) を表す.

ここで,$\angle C = 90°$ なる直角三角形 ABC を考察する (図 1.2 参照).

さらに省略形で,$\sin\angle A$ を $\sin A$ のように表すことにすると,定義から次が得られる:

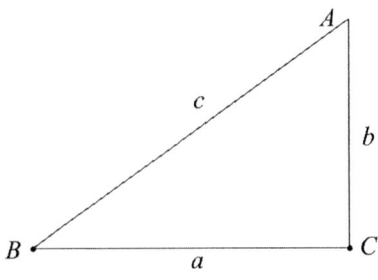

図 1.2

$$\sin A = \frac{a}{c}, \quad \cos A = \frac{b}{c}, \quad \tan A = \frac{a}{b};$$
$$\sin B = \frac{b}{c}, \quad \cos B = \frac{a}{c}, \quad \tan B = \frac{b}{a}.$$

さらに，
$$a = c \sin A, \quad a = c \cos B, \quad a = b \tan A\,;$$
$$b = c \sin B, \quad b = c \cos A, \quad b = a \tan B\,;$$
$$c = a \csc A, \quad c = a \sec B, \quad c = b \csc B, \quad c = b \sec A.$$

これらから，2 つの角度 A, B が $0° < A, B < 90°$, $A + B = 90°$ である場合に，次の等式も容易に導かれる：
$$\sin A = \cos B, \quad \cos A = \sin B, \quad \tan A = \cot B, \quad \cot A = \tan B.$$

直角三角形 ABC においては，$a^2 + b^2 = c^2$ が成り立つことを知っている．このことから，次が得られる：
$$(\sin A)^2 + (\cos A)^2 = \frac{a^2}{c^2} + \frac{b^2}{c^2} = 1.$$

$(\sin A)^2$ は $\sin A^2$ と紛らわしいので，略形として $(\sin A)^2$ を $\sin^2 A$ と書く．$0° < A < 90°$ に対しては，
$$\sin^2 A + \cos^2 A = 1$$

が成り立つことはすでに示した．上の等式の両辺を $\sin^2 A$ で割ることにより，次を得る：
$$1 + \cot^2 A = \csc^2 A, \quad \text{または} \quad \csc^2 A - \cot^2 A = 1.$$

同様に，両辺を $\cos^2 A$ で割ることにより，次も得られる：
$$\tan^2 A + 1 = \sec^2 A, \quad \text{または} \quad \sec^2 A - \tan^2 A = 1.$$

ここで，いくつかの特別な角度について考察する．

三角形 ABC において，$\angle A = \angle B = 45°$ とすると，$|AC| = |BC|$ である（図 1.3 左）．よって，$c^2 = a^2 + b^2 = 2a^2$ で，
$$\sin 45° = \sin A = \frac{a}{c} = \frac{1}{\sqrt{2}} = \frac{\sqrt{2}}{2}$$

が成り立つ．同様にして，次を得る：

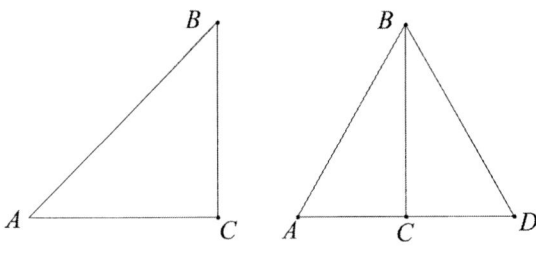

図 1.3

$$\cos 45° = \frac{\sqrt{2}}{2}, \quad \tan 45° = \cot 45° = 1.$$

三角形 ABC において，$\angle A = 60°$, $\angle B = 30°$ であるとする (図 1.3 右)．頂点 A を直線 BC に関して折り返した点を D とする．対称性から，$\angle D = 60°$ であるから，三角形 ABD は正三角形である．したがって，$|AD| = |AB|$ で $|AC| = \dfrac{|AD|}{2}$ である．三角形 ABC は直角三角形であるから，$|AB|^2 = |AC|^2 + |BC|^2$ が成り立つ．したがって，

$$|BC|^2 = |AB|^2 - \frac{|AB|^2}{4} = \frac{3|AB|^2}{4}, \quad |BC| = \frac{\sqrt{3}|AB|}{2}$$

を得る．これから，以下のことがわかる：

$$\sin 60° = \cos 30° = \frac{\sqrt{3}}{2}, \quad \sin 30° = \cos 60° = \frac{1}{2},$$
$$\tan 30° = \cot 60° = \frac{\sqrt{3}}{3}, \quad \tan 60° = \cot 30° = \sqrt{3}.$$

ここで読者に直角三角形にまつわる演習問題を提供する．三角形 ABC (図 1.4 参照) において，$\angle BCA = 90°$ で，頂点 C から線分 AB に下ろした垂線の足を

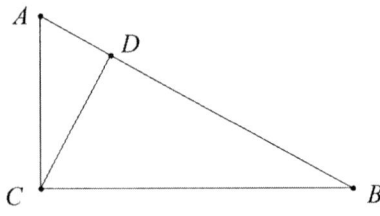

図 1.4

D とする．$|AB| = x$, $\angle A = \theta$ とするとき，図 1.4 に現れるすべての線分の長さを x と θ で表せ．

箱の中での考察

2 つの角度 α (ギリシャ文字 alpha, アルファ) と β (ギリシャ文字 beta, ベータ) で $0° < \alpha, \beta, \alpha+\beta < 90°$ をみたすものについても，三角関数は加法に関する分配法則をみたさないことが容易にわかる．つまり，$\sin(\alpha+\beta) = \sin\alpha + \sin\beta$ や $\cos(\alpha+\beta) = \cos\alpha + \cos\beta$ のような等式は成り立たないのである．例えば，$\alpha = \beta = 30°$ としてみると，$\cos(\alpha+\beta) = \cos 60° = \dfrac{1}{2}$ であるが，これは $\cos\alpha + \cos\beta = 2\cos 30° = \sqrt{3}$ とは等しくない．そこで，$\sin\alpha$, $\sin\beta$, $\sin(\alpha+\beta)$ などの間の関係を知りたくなるのは自然である．

図 1.5 を考察する．DEF を，長方形 $ABCD$ 内にある直角三角形で，$\angle DEF = 90°$, $\angle FDE = \beta$, $|DF| = 1$ とする．(上のような鋭角 α, β が与えられたとき，このような図は次のようにして描くことができる：$\angle DEF = 90°$, $\angle FDE = \beta$ なる直角三角形 DEF を用意する．D を通る直線 ℓ_1 を，三角形 DEF の外側に，直線 ED となす角が α となるように引く．D を通り，直線 ℓ_1 に垂直な直線 ℓ_2 を引く．すると，点 A は点 E から ℓ_1 に下ろした垂線の足であり，点 C は点 F から ℓ_2 に下ろした垂線の足であり，点 B は直線 AE と直線 CF の交点である．)

この長方形の中の線分の長さを計算する．三角形 DEF において，次を得る：
$$|DE| = |DF| \cdot \cos\beta = \cos\beta, \quad |EF| = |DF| \cdot \sin\beta = \sin\beta.$$
三角形 ADE において，次を得る：

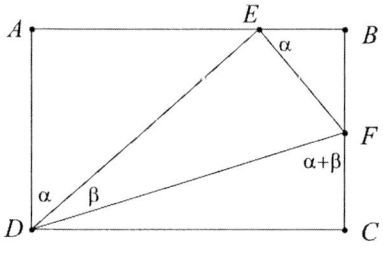

図 1.5

$|AD| = |DE| \cdot \cos\alpha = \cos\alpha\cos\beta, \quad |AE| = |DE| \cdot \sin\alpha = \sin\alpha\cos\beta.$

$\angle DEF = 90°$ であるから，次がわかる：

$\angle AED + \angle BEF = 90° = \angle AED + \angle ADE, \quad \angle BEF = \angle ADE = \alpha.$

(これは，直角三角形 ADE と BEF が相似であることからもわかる.)

三角形 BEF においては，次を得る：

$|BE| = |EF| \cdot \cos\alpha = \cos\alpha\sin\beta, \quad |BF| = |EF| \cdot \sin\alpha = \sin\alpha\sin\beta.$

また，$AD \| BC$ であるから，$\angle DFC = \angle ADF = \alpha + \beta$ である.

直角三角形 CDF において，次が成り立つ：

$$|CD| = |DF| \cdot \sin(\alpha + \beta) = \sin(\alpha + \beta),$$
$$|CF| = |DF| \cdot \cos(\alpha + \beta) = \cos(\alpha + \beta).$$

これらから，次が結論される：

$\cos\alpha\cos\beta = |AD| = |BC| = |BF| + |FC| = \sin\alpha\sin\beta + \cos(\alpha + \beta).$

これを書き換えると，次の等式となる：

$$\cos(\alpha + \beta) = \cos\alpha\cos\beta - \sin\alpha\sin\beta.$$

同様にして，次も得られる：

$\sin(\alpha + \beta) = |CD| = |AB| = |AE| + |EB| = \sin\alpha\cos\beta + \cos\alpha\sin\beta,$

つまり，

$$\sin(\alpha + \beta) = \sin\alpha\cos\beta + \cos\alpha\sin\beta.$$

正接の定義より，次も得られる：

$$\tan(\alpha + \beta) = \frac{\sin(\alpha + \beta)}{\cos(\alpha + \beta)} = \frac{\sin\alpha\cos\beta + \cos\alpha\sin\beta}{\cos\alpha\cos\beta - \sin\alpha\sin\beta}$$
$$= \frac{\frac{\sin\alpha}{\cos\alpha} + \frac{\sin\beta}{\cos\beta}}{1 - \frac{\sin\alpha\sin\beta}{\cos\alpha\cos\beta}} = \frac{\tan\alpha + \tan\beta}{1 - \tan\alpha\tan\beta}.$$

かくして，角度の範囲を制限はしたが，正弦・余弦および正接に関する**加法定理** (addition formuras) を証明したことになる．同様にして，余接 (cot) についても加法定理を導くことができる．これは演習問題としておく．

加法定理において $\alpha = \beta$ とおくことによって，**2 倍角の公式** (double-angle

formulas) を得る：
$$\sin 2\alpha = 2\sin\alpha\cos\alpha, \quad \cos 2\alpha = \cos^2\alpha - \sin^2\alpha, \quad \tan 2\alpha = \frac{2\tan\alpha}{1-\tan^2\alpha}.$$

ここでは，簡単のために，$\sin(2\alpha)$ とすべきところを $\sin 2\alpha$ と書いた．加法定理において $\beta = 2\alpha$ とおくといわゆる **3 倍角の公式** (triple-angle formulas) が得られる．巻末の用語解説のなかに，2 倍角の公式や 3 倍角の公式などいろいろな公式を載せてある．

直 角 を 作 る

三角関数の定義から，三角関数を取り扱うに際しては，直角三角形と結びつけて考察するのがより便利である．ここで 3 つの例を示す．

例題 1.1. 図 1.6 は長い長方形の帯を示し，その一端が AC に沿って折り曲げられ，角の点 B が他方の長い辺上の点 E にきたことを示す．折り目のなす角を θ（図 1.6 で $\angle CAB$）とし，帯の幅を w とするとき，折り目 AC の長さを w と θ で表しなさい．（θ は $0°$ と $45°$ の間にあるものと仮定する．したがって，実際に折り曲げた際の状況は図 1.6 に示された形態と一致する．）

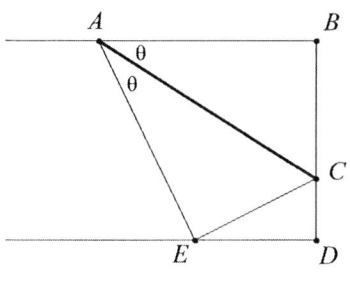

図 1.6

2 通りの解答を与える．

解答 1. 直角三角形 ABC において，$|BC| = |AC|\sin\theta$ が成り立つ．直角三角形 AEC において，$|CE| = |AC|\sin\theta$ が成り立つ．（実際，折り曲げたので，三角形 ABC と三角形 AEC は合同である．）$\angle BCA = \angle ECA = 90° - \theta$ なので，
$$\angle BCE = 180° - 2\theta, \quad \angle DCE = 2\theta$$

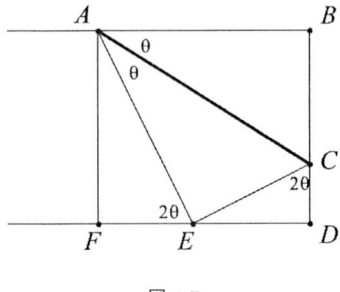

図 1.7

が成り立つ (図 1.7 参照). したがって, 直角三角形 CDE において, $|CD| = |CE|\cos 2\theta$ を得る. これらを合わせて, 次を得る：

$$w = |BD| = |BC| + |CD| = |AC|\sin\theta + |AC|\sin\theta\cos 2\theta.$$

これより, 次式を得る：

$$|AC| = \frac{w}{\sin\theta(1+\cos 2\theta)}. \qquad \blacksquare$$

解答 2. A から対辺に下ろした垂線の足を F とする. 直角三角形 AEF において, $\angle AEF = 2\theta$, $|AF| = w$ である. よって, $|AF| = |AE|\sin 2\theta$, $|AE| = \dfrac{w}{\sin 2\theta}$. 一方, 直角三角形 AEC において, $\angle CAE = \angle CAB = \theta$, $|AE| = |AC|\cos\theta$ である. これらから,

$$|AC| = \frac{|AE|}{\cos\theta} = \frac{w}{\sin 2\theta\cos\theta}. \qquad \blacksquare$$

上記の 2 つの解答を合わせると, 次が得られる：

$$|AC| = \frac{w}{\sin\theta(1+\cos 2\theta)} = \frac{w}{\sin 2\theta\cos\theta}.$$
$$\sin\theta(1+\cos 2\theta) = \sin 2\theta\cos\theta.$$

この等式は, 前節で述べた 2 倍角の公式などを用いて証明することができる.

例題 1.2. 四角形 $ABCD$ (図 1.8) において, $AB \parallel CD$, $|AB| = 4$, $|CD| = 10$ である. 直線 AC, BD は直角に交わると仮定し, さらに直線 BC, DA は点 Q で $45°$ で交わるとする. 四角形 $ABCD$ の面積 $[ABCD]$ を計算せよ.

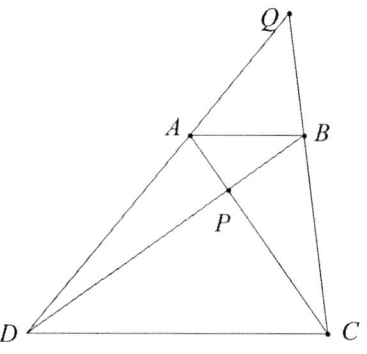

図 1.8

解答. 線分 AC, BD の交点を P とする. $AB \parallel CD$ だから，三角形 ABP と三角形 CDP は相似であり，その相似比は $|AB| : |CD| = 2 : 5$ である. $|AP| = 2x$, $|BP| = 2y$ とおくと，$|CP| = 5x$, $|DP| = 5y$ とおける. $\angle APB = 90°$ だから，

$$[ABCD] = \frac{1}{2}|AC| \cdot |BD| = \frac{49xy}{2}.$$

(この事実をみるには，次の計算を考察するとよい：$[ABCD] = [ABD] + [CBD]$
$= \frac{1}{2}|AP| \cdot |BD| + \frac{1}{2}|CP| \cdot |BD| = \frac{1}{2}|AC| \cdot |BD|$.)

ここで，$\alpha = \angle ADP$, $\beta = \angle BCP$ とおく．直角三角形 ADP, BCP において，次を得る：

$$\tan \alpha = \frac{|AP|}{|DP|} = \frac{2x}{5y}, \qquad \tan \beta = \frac{|BP|}{|CP|} = \frac{2y}{5x}.$$

$\angle CPD = \angle CQD + \angle QCP + \angle QDP$ に注意すると，これから $\alpha + \beta = \angle QCP + \angle QDP = 45°$ がわかる．加法定理により，次を得る：

$$1 = \tan 45° = \tan(\alpha + \beta) = \frac{\tan \alpha + \tan \beta}{1 - \tan \alpha \tan \beta} = \frac{\frac{2x}{5y} + \frac{2y}{5x}}{1 - \frac{2x}{5y}\frac{2y}{5x}} = \frac{10(x^2 + y^2)}{21xy}.$$

これから，$xy = \dfrac{10(x^2 + y^2)}{21}$ が示された．直角三角形 ABP において，$|AB|^2 = |AP|^2 + |BP|^2$ だから，$16 = 4(x^2 + y^2)$ を得る．したがって，$x^2 + y^2 = 4$ であり，$xy = \dfrac{40}{21}$ が得られる．これらをあわせて，次が結論される：

$$[ABCD] = \frac{49xy}{2} = \frac{49}{2} \cdot \frac{40}{21} = \frac{140}{3}. \qquad \blacksquare$$

例題 1.3.[AMC12 2004] 三角形 ABC において，$|AB| = |AC|$ である (図 1.9). 点 D, E は半直線 BC 上にあって，$|BD| = |DC|$, $|BE| > |CE|$ をみたす．
$$\tan \angle EAC, \ \tan \angle EAD, \ \tan \angle EAB \ \text{が等比数列をなし,}$$
$$\cot \angle DAE, \ \cot \angle CAE, \ \cot \angle DAB \ \text{が等差数列をなす}$$
と仮定する．$|AE| = 10$ のとき，三角形 ABC の面積 $[ABC]$ を求めよ．

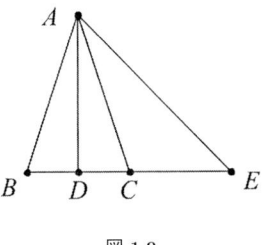

図 1.9

解答． 3つの直角三角形 ABD, ACD, ADE を考察する．$\alpha = \angle EAD$, $\beta = \angle BAD = \angle CAD$ とおく．すると，$\angle EAC = \alpha - \beta$, $\angle EAB = \alpha + \beta$ である．$\tan \angle EAC$, $\tan \angle EAD$, $\tan \angle EAB$ が等比数列をなすことから，次を得る：
$$\tan^2 \alpha = \tan^2 \angle EAD = \tan \angle EAC \tan \angle EAB = \tan(\alpha - \beta) \tan(\alpha + \beta).$$
加法定理により，
$$\tan^2 \alpha = \frac{\tan \alpha + \tan \beta}{1 - \tan \alpha \tan \beta} \cdot \frac{\tan \alpha - \tan \beta}{1 + \tan \alpha \tan \beta} = \frac{\tan^2 \alpha - \tan^2 \beta}{1 - \tan^2 \alpha \tan^2 \beta},$$
または，
$$\tan^2 \alpha - \tan^4 \alpha \tan^2 \beta = \tan^2 \alpha - \tan^2 \beta.$$
したがって，$\tan^4 \alpha \tan^2 \beta = \tan^2 \beta$ であるから，$\tan \alpha = 1$, よって，$\alpha = 45°$ を得る．(ここでは，$0° < \alpha, \beta < 90°$ だから，$\tan \alpha$, $\tan \beta$ がともに正であるという事実を使った．) したがって，三角形 ADE は，$|AD| = |DE| = \dfrac{|AE|}{\sqrt{2}} = 5\sqrt{2}$ なる直角二等辺三角形である．直角三角形 ACD において，$|DC| = |AD| \tan \beta$

だから，$[ABC] = |AD| \cdot |CD| = |AD|^2 \tan \beta = 50 \tan \beta$ である．

一方，$\cot \angle DAE = \cot 45° = 1$, $\cot \angle CAE$, $\cot \angle DAB$ が等差数列をなすから，次が成り立つ：
$$2\cot(45° - \beta) = 2\cot \angle CAE = \cot \angle DAE + \cot \angle DAB = 1 + \cot \beta.$$
この等式において，$45° - \beta = \gamma$（ギリシャ文字 gamma, ガンマ）とおくと，$2\cot \gamma = 1 + \cot \beta$ を得る．$0° < \beta, \gamma < 45°$ だから，加法定理を適用して，次を得る：
$$1 = \cot 45° = \cot(\beta + \gamma) = \frac{\cot \beta \cot \gamma - 1}{\cot \beta + \cot \gamma},$$
$$\cot \beta + \cot \gamma = \cot \beta \cot \gamma - 1.$$

そこで，次の連立1次方程式を解く：
$$\begin{cases} 2\cot \gamma = 1 + \cot \beta \\ \cot \beta + \cot \gamma = \cot \beta \cot \gamma - 1 \end{cases}$$
$\cot \gamma$ を消去して，$\cot \beta$ の方程式にすると，
$$(\cot \beta + 1)(\cot \beta - 1) = 2(\cot \beta + 1),$$
$$\cot^2 \beta - 2\cot \beta - 3 = 0,$$
$$(\cot \beta - 3)(\cot \beta + 1) = 0.$$
これから，$\cot \beta = 3$ を得る．よって，求める三角形 ABC の面積は，
$$[ABC] = 50 \tan \beta = \frac{50}{3}. \blacksquare$$

上の解答は減法定理 (subtraction formulas) を用いることによって簡素化することができる．その減法定理は次節で与えられる．

単位円周に沿っての考察

座標平面上で，原点 $O = (0, 0)$ を中心とする半径1の円周を単位円周といい，これを ω で示す．A を ω 上で第1象限にある点とし，θ を直線 OA と x 軸とのなす鋭角とする（図1.10）．A から x 軸に下ろした垂線の足を A_1 とする．すると，直角三角形 AA_1O において，$|OA| = 1$, $|AA_1| = \sin \theta$, $|OA_1| = \cos \theta$ である．したがって，$A = (\cos \theta, \sin \theta)$ である．

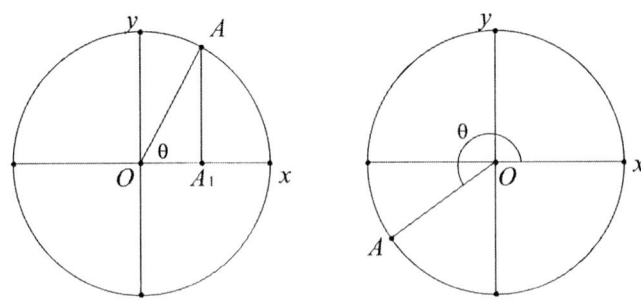

図 1.10

座標平面において,原点を始点とする半直線 ℓ と x 軸の正の部分とのなす角を,x 軸の正の部分を回転させて ℓ に一致させるのに要する角度として,1つの**一般角** (a standard angle, polar angle) を定義する.ここではある 1 つの一般角を書いたのであって,具体的に 1 つの角 (the standard angle) を書いたのではないことに注意する.これは,x 軸の正の部分を回転させて半直線 ℓ に一致させるには多くの方法があることによる.特に,一般角 $\theta_1 = x°$ は,任意の整数 k について,一般角 $\theta_2 = x° + k \cdot 360°$ と同値である.例えば,一般角 $180°$ は,一般角 $\ldots, -900°, -540°, -180°, +540°, +900°, \ldots$ 等と同値である.したがって,一般角は向きのついた角である.便宜上,正の一般角は x 軸を反時計回りに回転させたときを示し,負の一般角は x 軸を時計回りに回転させたときの角を示す,と定める.

平面上の 2 直線のなす角 (交角) を,それらの交点を中心として,一方の直線を反時計回りに回転して他方の直線に重ねるのに必要な最小の角として定めることができる.交角は $0°$ 以上で,$180°$ 未満であることに注意する.

平面上の点 A に対して,A の (原点に関する) 位置を,距離 $r = |OA|$ と直線 OA と x 軸によって定まる一般角によって記述することができる.このような座標は**極座標** (polar cordinates) と呼ばれ,$A = (r, \theta)$ の形で書かれる.(点の極座標は一意的ではないことに注意する.)

一般に,任意の角度 θ に対して,$\sin \theta$ と $\cos \theta$ の値を単位円周上の点の座標として定義する.実際,任意の θ に対して,(直交座標に関する) 単位円周 ω 上の点 $A = (x_0, y_0)$ が,(極座標に関する) 点 $A = (1, \theta)$ として,一意的に存在する.

そこで，$\cos\theta = x_0$, $\sin\theta = y_0$ と定義する；すなわち，$A = (\cos\theta, \sin\theta)$ であるのは，極座標に関して $A = (1, \theta)$ であり，その場合に限る．

正弦関数と余弦関数の定義より，すべての整数 k について，明らかに
$$\sin(\theta + k \cdot 360°) = \sin\theta, \quad \cos(\theta + k \cdot 360°) = \cos\theta$$
が成り立つ．つまり，これらは，周期 (period) $360°$ の周期関数 (periodic function) である．さらに，
$$\theta \neq (2k+1) \cdot 90° \text{ に対して}, \tan\theta = \frac{\sin\theta}{\cos\theta},$$
$$\theta \neq k \cdot 180° \text{ に対して}, \cot\theta = \frac{\cos\theta}{\sin\theta}$$
と定義する．$\tan\theta$ が，x 軸となす一般角 θ の直線の傾きに等しいことをみるのは容易である．

$A = (\cos\theta, \sin\theta)$ とする．B を円周 ω 上の点で，A を通る直径上の点とする；$B = (1, \theta + 180°) = (1, \theta - 180°)$ である．A と B は原点に関して対称であるから，$B = (-\cos\theta, -\sin\theta)$ でもある．したがって，次が成り立つ：
$$\sin(\theta \pm 180°) = -\sin\theta, \quad \cos(\theta \pm 180°) = -\cos\theta.$$
これから，$\tan\theta$, $\cot\theta$ はともに $180°$ の周期をもつ関数であることが容易にわかる．同様にして，図 1.11 右において，点 A を原点を中心として反時計回りに $90°$ 回転した点を C_1，時計回りに $90°$ 回転した点を C_2 とし，点 A を x 軸に関して折り返した点を D, y 軸に関して折り返した点を E とすることによって，以下を示すことができる：

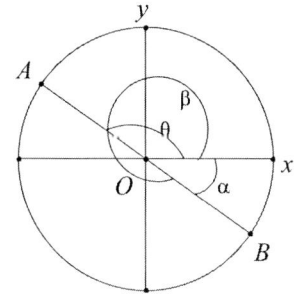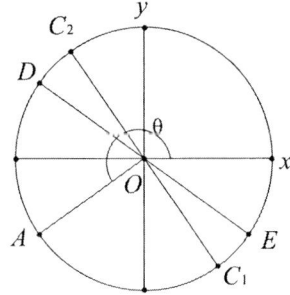

図 1.11

$$\sin(\theta + 90°) = \cos\theta, \qquad \cos(\theta + 90°) = -\sin\theta,$$
$$\sin(\theta - 90°) = -\cos\theta, \qquad \cos(\theta - 90°) = \sin\theta,$$
$$\sin(-\theta) = -\sin\theta, \qquad \cos(-\theta) = \cos\theta,$$
$$\sin(180° - \theta) = \sin\theta, \qquad \cos(180° - \theta) = -\cos\theta.$$

さらに，点 A を直線 $y = x$ に関して折り返すか，あるいは上の 2 番目と 3 番目の公式を使うことによって，次も示すことができる：

$$\sin(90° - \theta) = \cos\theta, \quad \cos(90° - \theta) = \sin\theta.$$

これは"cosine (余弦)"関数という述語の背後にある理由である：実は，"cosine"とは余角の"sine (正弦)"いう意味であり，これは $90° - \theta$ と θ が互いに余角であることに由来する．いずれにしても，これらの興味深かつ重要な三角関数のすべての等式は，単位円周の幾何的な性質を基礎にしている．

初めの方で，$0° < \alpha, \beta < 90°$，$\alpha + \beta < 90°$ をみたす角 α, β について，加法–減法定理を見いだした．三角関数の一般的な定義のもとでも，すべての角についてこれらの公式を拡張できる．例えば，α, β を，$0° \leqq \alpha, \beta < 90°$，$\alpha + \beta > 90°$ をみたす角と仮定する．そこで，$\alpha' = 90° - \alpha$，$\beta' = 90° - \beta$ とおく．すると，α', β' はともに $0°$ と $90°$ の間の角で，その和も $90°$ 以下である．すると，以前に示した加法定理によって，次を得る：

$$\begin{aligned}
\cos(\alpha + \beta) &= \cos[180° - (\alpha' + \beta')] = -\cos(\alpha' + \beta') \\
&= -\cos\alpha'\cos\beta' + \sin\alpha'\sin\beta' \\
&= -\cos(90° - \alpha)\cos(90° - \beta') + \sin(90° - \alpha')\sin(90° - \beta') \\
&= -\sin\alpha\sin\beta + \cos\alpha\cos\beta \\
&= \cos\alpha\cos\beta - \sin\alpha\sin\beta
\end{aligned}$$

かくして，$0° \leqq \alpha, \beta < 90°$，$\alpha + \beta > 90°$ をみたす角 α, β についても余弦関数の加法定理が成り立つ．同様にして，前に示したすべての加法定理がすべての角 α, β について成立することを示すことができる．さらに，次に掲げる減法定理 (subtraction formulus) も証明することができる：

$$\sin(\alpha - \beta) = \sin\alpha\cos\beta - \cos\alpha\sin\beta,$$
$$\cos(\alpha - \beta) = \cos\alpha\cos\beta + \sin\alpha\sin\beta,$$

$$\tan(\alpha - \beta) = \frac{\tan\alpha - \tan\beta}{1 + \tan\alpha\tan\beta}.$$

これらの公式をすべてまとめて，加法–減法定理 (addition and subtraction formulas) と呼ぶ．**2 倍角の公式** (double-angle formulas) や **3 倍角の公式** (triple-angle formulas) などは，この加法–減法定理の特別な場合である．2 倍角の公式は半角の公式 (half-angle formulas) を導く．さらに，加法–減法定理によって，**積和公式** (product-to-sum formulas) を確認するのも難しくない．この作業は読者に委ねる．角 α, β について，加法–減法定理から，次も得られる：

$$\begin{aligned}\sin\alpha + \sin\beta &= \sin\left(\frac{\alpha+\beta}{2} + \frac{\alpha-\beta}{2}\right) + \sin\left(\frac{\alpha+\beta}{2} - \frac{\alpha-\beta}{2}\right) \\ &= \sin\frac{\alpha+\beta}{2}\cos\frac{\alpha-\beta}{2} + \cos\frac{\alpha+\beta}{2}\sin\frac{\alpha-\beta}{2} \\ &\quad + \sin\frac{\alpha+\beta}{2}\cos\frac{\alpha-\beta}{2} - \cos\frac{\alpha+\beta}{2}\sin\frac{\alpha-\beta}{2} \\ &= 2\sin\frac{\alpha+\beta}{2}\cos\frac{\alpha-\beta}{2}.\end{aligned}$$

これは和積公式 (sum-to-product formulas) と呼ばれるもののひとつで，その他の和積公式や差積公式 (difference-to-product formulas) も求められる．

訳注． 日本では，通常は加法定理と減法定理をあわせて加法定理という．この慣例に従い，以下では加法定理として統一した．formulas はほとんど「公式」と訳すが，日本では加法公式という言い方はしないので，慣例に従った．また差積公式も，和積公式に含めるのが一般的である．

例題 1.4. a, b を負でない実数とする．

(a) $\sin x + a\cos x = b$ をみたす実数 x が存在するための必要十分条件は，$a^2 - b^2 + 1 \geq 0$ であることを証明せよ．

(b) $\sin x + a\cos x = b$ のとき，$|a\sin x - \cos x|$ を a, b で表せ．

解答． (a) を示すのに，より一般的な結果を証明する．

(a) m, n, ℓ を実数とし，$m^2 + n^2 \neq 0$ とする．このとき，次のことを証明する：実数 x が存在して

$$m\sin x + n\cos x = \ell \tag{$*$}$$

をみたすための必要十分条件は，$m^2 + n^2 \geq \ell$ である．

実際，等式 $(*)$ は次のように書き換えることができる：

$$\frac{m}{\sqrt{m^2+n^2}}\sin x + \frac{n}{\sqrt{m^2+n^2}}\cos x = \frac{\ell}{\sqrt{m^2+n^2}}.$$

点 $\left(\dfrac{m}{\sqrt{m^2+n^2}}, \dfrac{n}{\sqrt{m^2+n^2}}\right)$ は単位円周上にある．そこで唯一の実数 α が $0 \leqq \alpha < 2\pi$ が存在して，次をみたす：

$$\cos\alpha = \frac{m}{\sqrt{m^2+n^2}}, \qquad \sin\alpha = \frac{n}{\sqrt{m^2+n^2}}.$$

加法定理より，

$$\sin(x+\alpha) = \cos\alpha\sin x + \sin\alpha\cos x = \frac{\ell}{\sqrt{m^2+n^2}}.$$

これが x で解けるための必要十分条件は，$-1 \leqq \dfrac{\ell}{\sqrt{m^2+n^2}} \leqq 1$，つまり，$\ell^2 \leqq m^2 + n^2$ が成り立つことである．

ここで，$m = a$, $n = 1$, $\ell = c$ とおくと，求める結果となる．

(b) 与えられた関係式より，次を得る：

$$\begin{aligned}
a^2 + 1 &= (\sin^2 x + \cos^2 x)(a^2 + 1) \\
&= (\sin^2 x + 2a\sin x\cos x + a^2\cos^2 x) \\
&\quad + (a^2\sin^2 x - 2a\sin x\cos x + \cos^2 x) \\
&= (\sin x + a\cos x)^2 + (a\sin x - \cos x)^2.
\end{aligned}$$

これより，$|a\sin x - \cos x| = \sqrt{a^2 - b^2 + 1}$ が結論される．

三角関数のグラフ

ここで x 軸は度数を表すように設定する．$y = \sin x$ のグラフは，図 1.12 に示すように，波のようにみえる．(これはグラフの一部分である．グラフは x 軸に沿って両側に無限に延びている．) 例えば，点 $A = (1, x^\circ)$ は曲線 $y = \sin x$ 上の点 $A_1 = (x, \sin x)$ に対応している．2 点 B_1, C_1 が x 方向に 360 の距離にあるならば，これらは同じ y 座標をもち，単位円周上では同じ点 $B = C$ に対応している．(これは，等式 $\sin(x^\circ + 360^\circ) = \sin x^\circ$ に呼応している．) また，グラフは直線 $x = 90$ に関して対称である．(これは，等式 $\sin(90^\circ - x^\circ) = \sin(90^\circ + x^\circ)$ に対応している．) また，等式 $\sin(-x^\circ) = -\sin x^\circ$ は，グラフ $y = \sin x$ が原点に関して対称であること，すなわち，正弦関数は奇関数 (odd function) であるこ

三角関数のグラフ 17

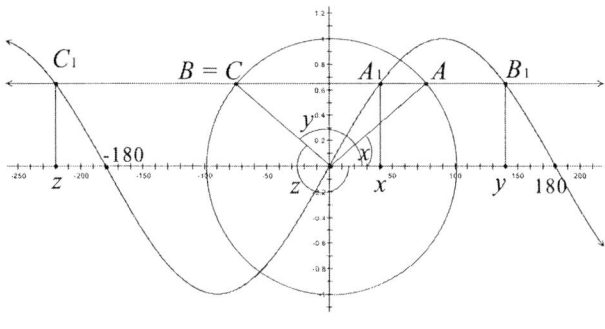

図 1.12

とを示している.

関数 $y = f(x)$ がサニュソイド的 (sinusoidal) であるとは, それが実数 a, b, c, d を用いて, $y = f(x) = a\sin[b(x+c)] + d$ の形に書き表せる場合をいう. 特に, $\cos x° = \sin(x° + 90°)$ だから, $y = \cos x$ はサニュソイド的である (図 1.13 参照). 任意の整数 k について, $y = \cos x$ のグラフは, $y = \sin x$ のグラフを, 左に $(90 + 360k)$–単位だけ平行移動したものであり, 右に $(270 + 360k)$–単位だけ平行移動したものでもある. $\cos x° = \cos(-x°)$ であるから, 余弦関数は偶関数 (even function) であり, そのグラフは y 軸に関して対称である.

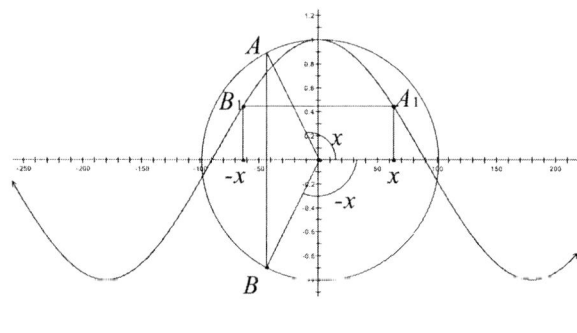

図 1.13

例題 1.5. 実数上で定義された関数 f が $x \geqq 0$ について $f(x) = 3\sin x + 4\cos x$ であるという. $x < 0$ について, $f(x)$ を求めよ (図 1.14 参照).

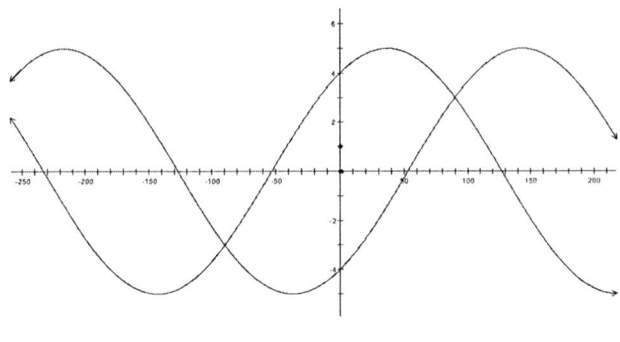

図 1.14

解答. 関数 f が奇関数だから，$f(x) = -f(-x)$ が成り立つ．$x < 0$ については $-x > 0$ であり，定義より，
$$f(-x) = 3\sin(-x) + 4\cos(-x) = -3\sin x + 4\cos x$$
となる．したがって，$x < 0$ について，
$$f(x) = -(-3\sin x + 4\cos x) = 3\sin x - 4\cos x.$$
($y = 3\sin x + 4\cos x$ はサニュソイド的であるようにみえる．これは証明できるか，あるいは否定できるか？) ∎

サニュソイド的関数 $y = a\sin[b(x+c)] + d$ については，そのグラフにおいて，定数 a, b, c, d が果たす役割を認識することが重要である．一般的にいうと，a はこの曲線の振幅 (amplitude) であり，b はこの曲線の周期に関係し，c は水平方向の移動に関係し，d は垂直方向の移動に関係する．きれいな図を得るには，読者は多くの関数の図を観察するべきである．関数 $y = \sin 3x$，$y = 2\cos\dfrac{x}{3}$，$y = 3\sin 4x$，$y = 4\cos(x - 30°)$，$y = \dfrac{3}{2}\sin\dfrac{x}{2} - 3$，$y = 2\sin[3(x + 40°)] + 5$ の図が図 1.15 に示してある．

読者諸君には，次のことを示してほしい．a, b, c, d を実数の定数とするとき，次の関数はいずれもサニュソイド的である：
$$y = a\cos(bx + c) + d, \quad y = a\sin x + b\cos x, \quad y = a\sin^2 x, \quad y = b\cos^2 x.$$
$f(x), g(x)$ を 2 つの関数とする．実数の定数 a, b について，関数 $af(x) + bg(x)$

三角関数のグラフ

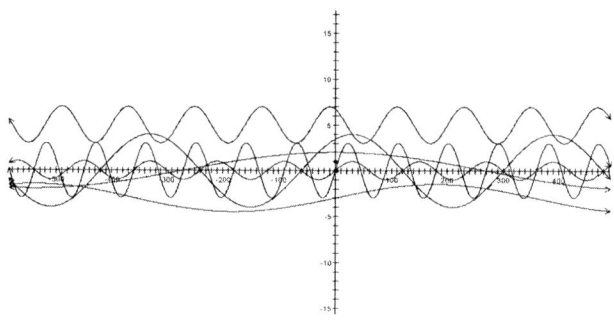

図 1.15

は $f(x)$ と $g(x)$ の線形結合または一次結合 (linear combination) と呼ばれる．$f(x)$, $g(x)$ がともにサニュソイド的であるとき，それらの線形結合もサニュソイド的であろうか？ 実際，f と g が同じ周期をもつならば，これは正しい．この事実の証明は読者に委ねる．図 1.16 は 3 つの関数 $y_1 = \sin x$, $y_3 = \sin x + \dfrac{1}{3}\sin 3x$, $y_5 = \sin x + \dfrac{1}{3}\sin 3x + \dfrac{1}{5}\sin 5x$ のグラフを示す．これらのパターンが認識できただろうか？ 19 世紀には，フーリエ (J.B.J. Fourier, 1768–1830) は，このような関数 y_n で n を無限大に近づけた際のグラフに関して，微積分に関わる興味深い結果を証明した．

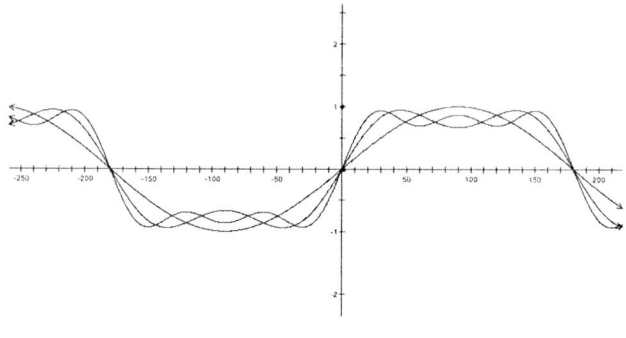

図 1.16

関数 $y = \tan x$ および $y = \cot x$ のグラフは連続ではない，というのは，任意の整数 k について，$\tan x$ は $x = (2k+1)\cdot 90°$ では定義されず，$\cot x$ は $x = k\cdot 180°$

では定義されないからである．$y = \tan x$ のグラフは $x = (2k+1) \cdot 90°$ において鉛直な漸近線 (asymptotes) をもつ；すなわち，x が $(2k+1) \cdot 90°$ に近づくにしたがって，$\tan x$ の値はその絶対値がどんどん大きくなり，それゆえ正接関数のグラフは，図 1.17 に示すように，漸近線にどんどん近づいていく．同様に，$y = \cot x$ のグラフは $x = k \cdot 180°$ において鉛直な漸近線をもつ．

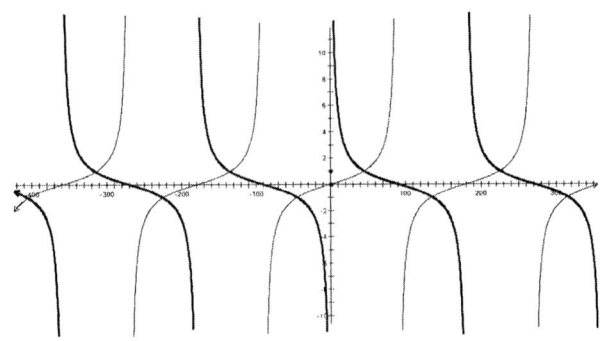

図 **1.17** 細線が $y = \tan x$，太線が $y = \cot x$．

関数 $f(x)$ が区間 $[a,b]$ で下に凸 (または，上に凸) であるとは，
$$a \leqq a_1 < x < b_1 \leqq b$$
の範囲の任意の a_1, x, b_1 について，$f(x)$ のグラフが 2 点 $(a_1, f(a_1))$, $(b_1, f(b_1))$ を結ぶ直線より下 (または，上) にある場合をいう．

区間 $[a,b]$ において，f が下に凸であり，λ_1, λ_2, ..., λ_n を非負実数でそれらの総和が 1 となるものとする (λ はギリシャ文字で lambda，ラムダ)．このとき，区間 $[a,b]$ 内の任意の x_1, x_2, ..., x_n に関して，次が成り立つ：
$$\lambda_1 f(x_1) + \lambda_2 f(x_2) + \cdots + \lambda_n f(x_n) \geqq f(\lambda_1 x_1 + \lambda_2 x_2 + \cdots + \lambda_n x_n).$$
関数 f が区間 $[a,b]$ において上に凸ならば，不等式が逆になる．これはイェンセンの不等式 (Jensen's inequality) と呼ばれる．イェンセンの不等式は，下に凸の関数では，代入する値の重み付き平均値における値の方が，代入した値の重み付き平均値よりは大きくはないことを主張している．

関数 $y = \sin x$ が $0° \leqq x \leqq 180°$ で上に凸であることと，関数 $y = \tan x$ が $0° \leqq x < 90°$ で下に凸であることは容易にわかる．イェンセンの不等式により，

三角形 ABC において，次が成り立つことがわかる：
$$\frac{1}{3}\sin A + \frac{1}{3}\sin B + \frac{1}{3}\sin C \leq \sin\frac{A+B+C}{3} = \frac{\sqrt{3}}{2}.$$
これは，$\sin A + \sin B + \sin C \leq \dfrac{3\sqrt{3}}{2}$ と書き換えられ，次章の基本問題 28(c) である．同様にして，$\tan A + \tan B + \tan C \geq 3\sqrt{3}$ も得られる．微積分を知っていれば，関数の凸性がその関数の 2 次導関数と深く関わっていることがわかる．自然対数関数を用いて積を和に変えることができるから，イェンセンの不等式を適用することができる．この技術は，次章の基本問題 19(b), 20(b), 23(a), 28(b),(c) などを解くのに確かに有用であろう．しかし，本書の主要目的は，関数解析の技術を紹介することではなく，三角法の技術を紹介することにあるから，イェンセンの不等式を使わない解答を与える．一方で，読者はこの重要な方法を忘れないでほしい．基本問題 51 の解答 2 と上級問題 39 の解答では，この技術を使うことになる．

正 弦 法 則

ABC を三角形とする．面積 $[ABC] = \dfrac{ab\sin C}{2}$ であることを示すのは難しくない (証明については，次節をみよ)．対称性から，次を得る：
$$[ABC] = \frac{ab\sin C}{2} = \frac{bc\sin A}{2} = \frac{ca\sin B}{2}.$$
この後半の等式を $\dfrac{abc}{2}$ で割ることにより，次の**正弦法則** (law of sine) を得る：
$$\frac{\sin A}{a} = \frac{\sin B}{b} = \frac{\sin C}{c}, \qquad \frac{a}{\sin A} = \frac{b}{\sin B} = \frac{c}{\sin C}.$$
この共通の比の値 $\dfrac{a}{\sin A}$ は重要な幾何的意味をもっている．ω を三角形 ABC の外接円とし，O をその中心，R をその半径とする (図 1.18 参照)．$\angle BOC = 2\angle CAB$ である．M を線分 BC の中点とする．三角形 OBC は $|OB| = |OC| = R$ なる二等辺三角形であるから，$OM \perp BC$, $\angle BOM = \angle COM = \angle CAB$ が成り立つ．直角三角形 BMO において，$|BM| = |OB|\sin A$ であるから，$\dfrac{a}{\sin A} = \dfrac{2|BM|}{\sin A} = 2|OB| = 2R$ を得る．したがって，正弦法則は次のように拡張される：三角形 ABC において，その外接円の半径を R とすると，

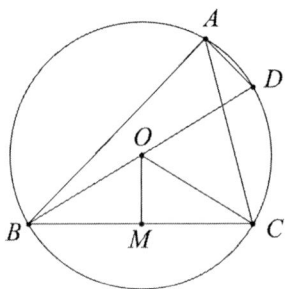

図 1.18

$$\frac{a}{\sin A} = \frac{b}{\sin B} = \frac{c}{\sin C} = 2R.$$

この事実は，OB の延長と ω との交点を D として，直角三角形 ABD を考察することによっても得られる．

正弦法則の直接の応用は，次に述べる**角の 2 等分線定理** (angle-bisector theorem) の証明である：三角形 ABC において，D を辺 BC 上の点で，$\angle BAD = \angle CAD$ をみたすとすると，次の等式が成り立つ：

$$\frac{|AB|}{|AC|} = \frac{|BD|}{|CD|}.$$

三角形 ABC に正弦法則を適用して，次を得る：

$$\frac{|AB|}{\sin \angle ADB} = \frac{|BD|}{\sin \angle BAD}, \quad \frac{|AB|}{|BD|} = \frac{\sin \angle ADB}{\sin \angle BAD}.$$

同様にして，三角形 ACD に正弦法則を適用して，$\dfrac{|AC|}{|CD|} = \dfrac{\sin \angle ADC}{\sin \angle CAD}$ を得る．ここで，

$$\sin \angle ADB = \sin \angle ADC, \quad \sin \angle BAD = \sin \angle CAD$$

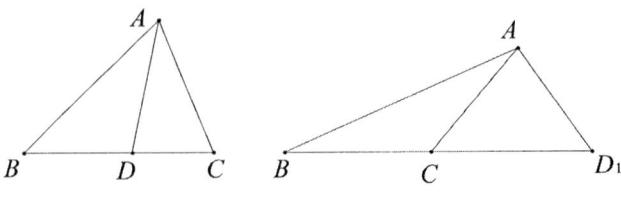

図 1.19

だから，求める等式 $\dfrac{|AB|}{|BD|} = \dfrac{|AC|}{|CD|}$ が得られる．

この定理は，AD_1 が外角の 2 等分線である場合にも拡張される (図 1.19 参照)．この外角版の定理の定式化とその証明は読者に委ねる．

面積とトレミー (Ptolemy) の定理

三角形 ABC において，A から直線 BC に下ろした垂線の足を D とする (図 1.20)．すると，$[ABC] = \dfrac{|BC| \cdot |AD|}{2}$ である．$|AD| = |AB| \sin B$ に注意すると，$[ABC] = \dfrac{|BC| \cdot |AB| \sin B}{2} = \dfrac{ac \sin B}{2}$ を得る．

一般に，P を直線 BC 上の点とすると，$|AD| = |AP| \sin \angle APB$ である．よって，$[ABC] = \dfrac{|AP| \cdot |BC| \sin \angle APB}{2}$ である．さらに一般的に，$ABCD$ を四角形とし (凸である必要はない)，図 1.20 に示すように，2 本の対角線 AC, BD の交点を P とする．上の考察から，$[ABC] = \dfrac{|AC| \cdot |BP| \sin \angle APB}{2}$, $[ADC] = \dfrac{|AC| \cdot |DP| \sin \angle APD}{2}$ を得る．$\angle APB + \angle APD = 180°$ だから，$\sin \angle APB = \sin \angle APD$ であり，次が得られる：

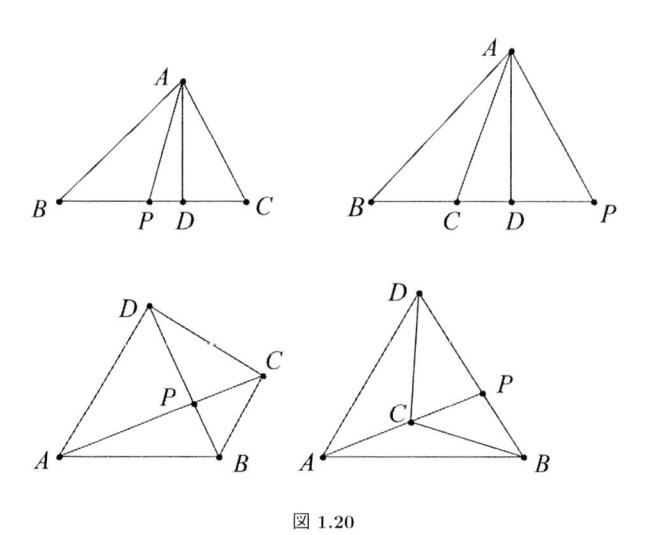

図 1.20

$$[ABCD] = [ABC] + [ADC] = \frac{|AC|\sin\angle APB}{2}(|BP| + |DP|)$$
$$= \frac{|AC|\cdot|BD|\sin\angle APB}{2}$$

ここでトレミーの定理を導入する：円に内接している四角形 $ABCD$ について，次が成り立つ：
$$|AC|\cdot|BD| = |AB|\cdot|CD| + |AD|\cdot|BC|.$$
(なお，この四角形が内接している円を，この四角形の外接円という.)

このきわめて重要な定理に関しては多くの証明がある．ここでの証明は面積を用いる．積 $|AC|\cdot|BD|$ は面積 $[ABCD]$ と深く関わっている．実際，
$$[ABCD] = \frac{1}{2}\cdot|AC|\cdot|BD|\sin\angle APB$$
である．ここで，P は2本の対角線 AC, BD の交点である (図 1.21 参照).

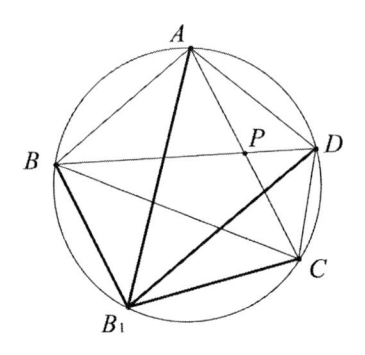

図 1.21

したがって，積 $|AB|\cdot|CD|$, $|BC|\cdot|DA|$ を面積の言葉で表したい．そのために，点 B を対角線 AC の垂直2等分線に関して対称に移す．B_1 をその折り返し写像による B の像とする．すると，四角形 ABB_1C は，$BB_1 \parallel AC$, $|AB| = |CB_1|$, $|AB_1| = |CB|$ なる等脚台形である．また，B_1 は四角形 $ABCD$ の外接円上にあることにも注意する．さらに，$\widehat{AB} = \widehat{CB_1}$ であるから，次が成り立つ：
$$\angle B_1 AD = \frac{\widehat{B_1 D}}{2} = \frac{\widehat{B_1 C} + \widehat{CD}}{2} = \frac{\widehat{AB} + \widehat{CD}}{2} = \angle APB.$$
四角形 AB_1CD は円に内接しているから，$\angle B_1 AD + \angle B_1 CD = 180°$ であ

る．よって，$\sin\angle B_1AD = \sin\angle B_1CD = \sin\angle APB$ が成り立つ．対称性を利用して，次が得られる：

$$[ABCD] = [ABC] + [ACD] = [AB_1C] + [ACD]$$
$$= [AB_1CD] = [AB_1D] + [CB_1D]$$
$$= \frac{1}{2}\cdot|AB_1|\cdot|AD|\sin\angle B_1AD + \frac{1}{2}\cdot|CB_1|\cdot|CD|\sin\angle B_1CD$$
$$= \frac{1}{2}\cdot\sin\angle APB(|BC|\cdot|AD| + |AB|\cdot|CD|).$$

面積 $[ABCD]$ を 2 通りの方法で計算して，次を得る：
$$\frac{1}{2}\cdot|AC|\cdot|BD|\sin\angle APB = \frac{1}{2}\cdot\sin\angle APB(|BC|\cdot|AD| + |AB|\cdot|CD|),$$
$$|AC|\cdot|BD| = |BC|\cdot|AD| + |AB|\cdot|CD|.$$

これで証明が完了した．

次章の基本問題 52 において，特別な角度 $\dfrac{180°}{7}$ の多くの興味深い性質を議論する．次に取り上げるのは，これらの性質の第 1 番目のものである．

例題 1.6. 次の等式を証明せよ：
$$\csc\frac{180°}{7} = \csc\frac{360°}{7} + \csc\frac{540°}{7}.$$

解答． $\alpha = \dfrac{180°}{7}$ とする．上の等式を α を使って書き直すと，$\csc\alpha = \csc 2\alpha + \csc 3\alpha$ だから，
$$\sin 2\alpha\sin 3\alpha = \sin\alpha(\sin 2\alpha + \sin 3\alpha)$$
を得る．ここで読者が代数的な計算と幾何的な洞察の両方から突き止められるように，2 つの解決策を与える．

• **第 1 の解決策** $3\alpha + 4\alpha = 180°$ であることに注意すると，$\sin 3\alpha = \sin 4\alpha$ を得る．したがって，次式を証明すれば十分であることがわかる：
$$\sin 2\alpha\sin 3\alpha = \sin\alpha(\sin 2\alpha + \sin 4\alpha).$$
加法定理により，$\sin 2\alpha + \sin 4\alpha = 2\sin 3\alpha\cos\alpha$ を得る．よって，求める結果は $\sin 2\alpha = 2\sin\alpha\cos\alpha$ に帰結されるが，これは正弦関数の 2 倍角の公式である．

• **第 2 の解決策** 半径が $R = \dfrac{1}{2}$ の円周に内接する正七角形 $A_1A_2\cdots A_7$ を考察する（図 1.22 参照）．各円弧 $\widehat{A_iA_{i+1}}$ の弧長は $\dfrac{360°}{7} = 2\alpha$ である．

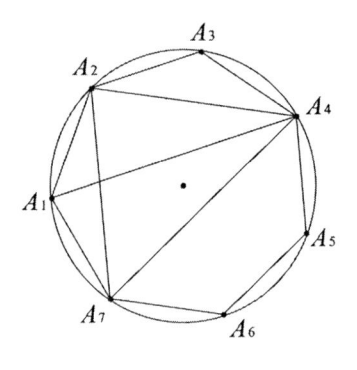

図 1.22

拡張された正弦法則により，以下を得る：$|A_1A_2| = |A_1A_7| = 2R\sin\alpha = \sin\alpha$, $|A_2A_4| = |A_2A_7| = \sin 2\alpha$, $|A_1A_4| = |A_4A_7| = \sin 3\alpha$. この円周に内接する四角形 $A_1A_2A_4A_7$ にトレミーの定理を適用すると，

$$|A_1A_4| \cdot |A_2A_7| = |A_1A_2| \cdot |A_4A_7| + |A_2A_4| \cdot |A_7A_1|$$

を得るが，これは次式になる：

$$\sin 2\alpha \sin 3\alpha = \sin\alpha(\sin 2\alpha + \sin 3\alpha).$$

存在，一意性，そして三角関数の変換公式

$\alpha + \beta = 180°$ なるとき，$\sin\alpha = \sin\beta$ であるという事実は，これまでもいろいろな場面で有効であった．さらにまた，辺–辺–角あるいは面積–辺–辺の情報がなぜ三角形の一意的な構造を決定しないのかを明らかにすることにも有効である．

例題 1.7. ABC を三角形とする．
(a) $[ABC] = 10\sqrt{3}$, $|AB| = 8$, $|AC| = 5$ とする．$\angle A$ のとりうる値を求めよ．
(b) $|AB| = 5\sqrt{2}$, $|BC| = 5\sqrt{3}$, $\angle C = 45°$ とする．$\angle A$ のとりうる値を求めよ．
(c) $|AB| = 5\sqrt{2}$, $|BC| = 5$, $\angle C = 45°$ とする．$\angle A$ のとりうる値を求めよ．
(d) $|AB| = 5\sqrt{2}$, $|BC| = 10$, $\angle C = 45°$ とする．$\angle A$ のとりうる値を求めよ．
(e) $|AB| = 5\sqrt{2}$, $|BC| = 15$, $\angle C = 45°$ とする．$\angle A$ のとりうる値を求

解答.

(a) $b = |AC| = 5$, $c = |AB| = 8$, $[ABC] = \frac{1}{2} bc \sin A$ であることに注意する. これより, $\sin A = \frac{\sqrt{3}}{2}$ であるから, $A = 60°$ または $120°$ である (図1.23における A_1, A_2).

(b) 正弦法則より, $\frac{|BC|}{\sin A} = \frac{|AB|}{\sin C}$ だから, $\sin A = \frac{\sqrt{3}}{2}$ を得る. したがって, $A = 60°$ または $120°$ である.

(c) 正弦法則より, $\frac{|BC|}{\sin A} = \frac{|AB|}{\sin C}$ だから, $\sin A = \frac{1}{2}$ を得る. したがって, $A = 30°$ だけである (図1.23における A_3).

(d) 正弦法則より, $\sin A = 1$ だから, $A = 90°$ を得る (図1.23における A_4).

(e) 正弦法則より, $\sin A = \frac{3}{2}$ を得るが, これは不可能である. この問題の条件をみたす三角形は存在しない. ∎

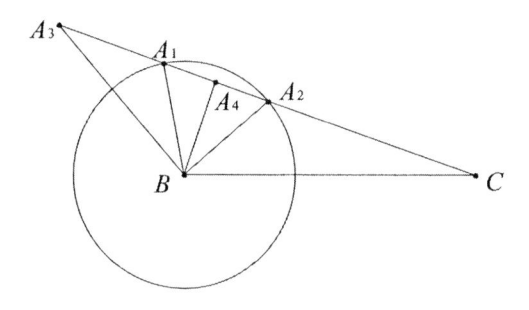

図 1.23

例題 1.8. [AMC12 2001] 三角形 ABC において, $\angle A = 45°$ とする. 点 D は線分 BC 上の点で, $2|BD| = |CD|$, $\angle DAB = 15°$ をみたす. $\angle ACB$ を求めよ.

解答1. この三角形を次のようにして構成する:線分 BC を固定し, その上に点 D を $2|BD| = |CD|$ となるように選び (図1.24左), B を始点とする半直線 BP を $\angle PBC = 45°$ となるように引く. さらに, D を始点とする半直線 DQ を $\angle QDB = 120°$ (または, $\angle QDC = 60°$) となるように引き, BP と DQ の交点を

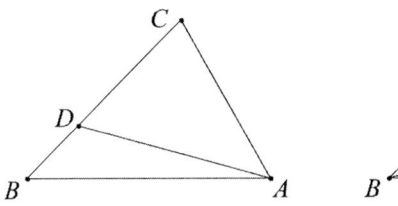

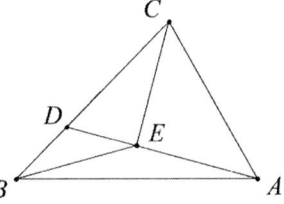

図 1.24

A とする．実際，$\angle PBC = \angle PBD$ で，$\angle PBD + \angle QDB = 45° + 120° = 165°$ だから，2本の半直線 BP, DQ は 1 点 A で交わり，$\angle BAD = 15°$ である．これで三角形 ABC の構成が済んだ．

2つの三角形 ACD, ABC に正弦法則を適用する．$\alpha = \angle CAD$ とおくと，次を得る：
$$\frac{|CD|}{\sin \alpha} = \frac{|CA|}{\sin 60°}, \qquad \frac{|BC|}{\sin(\alpha + 15°)} = \frac{|CA|}{\sin 45°}.$$
第 1 の等式を第 2 の等式で割って，次を得る：
$$\frac{|CD| \sin(\alpha + 15°)}{|BC| \sin \alpha} = \frac{\sin 45°}{\sin 60°}.$$
ところで，$\dfrac{|CD|}{|BC|} = \dfrac{2}{3} = \left(\dfrac{\sin 45°}{\sin 60°}\right)^2$ だから，次が成り立つ：
$$\left(\frac{\sin 45°}{\sin 60°}\right)^2 = \frac{\sin \alpha}{\sin(\alpha + 15°)} \cdot \frac{\sin 45°}{\sin 60°}.$$
この方程式の解が $\alpha = 45°$ であることは明らかである．最初の三角形 ABC の構成が一意的であることから，次が結論される：
$$\angle ABC = 45°, \quad \angle CAB = 60°, \quad \angle ACB = 75°.$$

解答 2． 三角形 ABC の構成部分は解答 1 と同じである．

まず，$\angle CDA = 60°$，$\sin 30° = \dfrac{1}{2}$ に注意する．点 C から線分 AD に下ろした垂線の足を E とする (図 1.24 右)．すると，三角形 DCE において，$\angle DCE = 30°$，$|DE| = |CD|\sin \angle DCE$ が成り立つから，$|CD| = 2|DE|$ を得る．したがって，三角形 BDE は $|DE| = |DB|$ なる二等辺三角形となり，$\angle DBE = \angle DEB = 30°$ がわかる．これより，$\angle CBE = \angle BCE = 30°$，$\angle EBA = \angle EAB = 15°$ が導かれるから，2 つの三角形 BEC, BAE

はともに $|CE| = |BE| = |EA|$ なる二等辺三角形である．これより，直角三角形 AEC は $\angle ACE = \angle EAC = 45°$ なる二等辺三角形である．したがって，次を得る：
$$\angle ACB = \angle ACE + \angle ECB = 75°.$$ ∎

　関数 $f : A \to B$ において，$f(A) = B$ であるとき，f は**全射** (surjective) (または，**上への関数** (onto)) であるといわれる．これは，どんな $b \in B$ についてもある $a \in A$ が存在して，$b = f(a)$ となることである．A のどんな異なる要素 a_1, a_2 についてもそれらの像が異なるとき (つまり，$f(a_1) \neq f(a_2)$ であるとき)，f は**単射** (injective) (または，**1 対 1** (one-to-one)) であるといわれる．もし，f が全射でかつ単射であるとき，f は**全単射** (bijective) (または，**1 対 1 対応** (one-to-one correspondence)) であるといわれる．

　正弦関数と余弦関数は，角度の集合から実数への関数である．これら 2 つの関数の像は -1 と 1 の間の実数である．極座標に関して単位円周上で $(1, \theta)$ で表される点 $P = (x, y)$ については，値 $x = \cos\theta$, $y = \sin\theta$ はいずれも -1 から 1 まで連続的に変化し，途中のすべての値をとる．したがって，これらの関数は角度の集合から区間 $[-1, 1]$ への全射である．一方，これら 2 つの関数は 1 対 1 ではない．正弦関数が $-90° \leq \alpha \leq 90°$ をみたす角度 α の集合と区間 $[-1, 1]$ の間では全単射であることと，余弦関数が $0° \leq \alpha \leq 180°$ をみたす角度の集合と区間 $[-1, 1]$ の間では全単射であることは容易にわかる．簡単のために，$\sin : [-90°, 90°] \to [-1, 1]$ は全単射であると書く．また，正接関数が $-90° < \alpha < 90°$ ($0° < \alpha < 90°$，または，$0° \leq \alpha < 90°$) をみたす角度の集合と実数全体の集合 (正の実数全体の集合，または非負実数全体の集合) の間の全単射であることも難なくわかる．

　2 つの関数 f, g が互いに**逆** (inverse) であるとは，g の定義域の任意の x について $f(g(x)) = x$ で，f の定義域の任意の x について $g(f(x)) = x$ が成り立つ場合をいう．もし，関数 f が全単射ならば，その逆関数が存在することは容易にわかる．互いに逆である関数の対 f, g については，$y = f(x)$ ならば $g(y) = g(f(x)) = x$ である；すなわち，点 (a, b) が $y = f(x)$ のグラフ上にあるならば点 (b, a) は $y = g(x)$ のグラフ上にある．これより，$y = f(x)$ と $y = g(x)$ のグラフは互いに直線 $y = x$ に関して対称である．$-1 \leq x \leq 1$ の範囲の実数

x に対して，$-90° \leq \theta \leq 90°$ の範囲の角度 θ が唯一存在して $\sin\theta = x$ をみたす．そこで正弦関数の逆関数を $\sin^{-1}$ あるいは arcsin で表し，$-1 \leq x \leq 1$ と $-90° \leq \theta \leq 90°$ について，$\sin^{-1} x = \theta$ と定義する．$\sin^{-1} x$ は $(\sin x)^{-1}$ でも $\dfrac{1}{\sin x}$ でもないことを認識することは重要である．

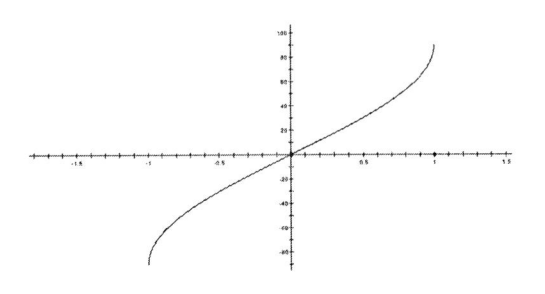

図 1.25

同様にして，$\tan x$ と $\cot x$ の逆関数も定義することができる．それらは，それぞれ，$\tan^{-1}\theta$ (または，$\arctan x$)，$\cot^{-1} x$ と書かれる．両方の関数ともに，その定義域は $\mathbb{R}$ である．また，それらの値域は，それぞれ，$\{\theta \mid -90° < \theta < 90°\}$, $\{\theta \mid -90° < \theta \leq 90°, \theta \neq 0°\}$ である．これらはともに 1 対 1 関数でありかつ上への関数である．それらのグラフは図 1.26 に示してある．$y = \arctan x$ は 2 本の水平な漸近線 $y = 90$, $y = -90$ をもつ．また，$y = \cot^{-1} x$ は 2 つの部分からなり，それらはともに直線 $y = 0$ を漸近線としている．

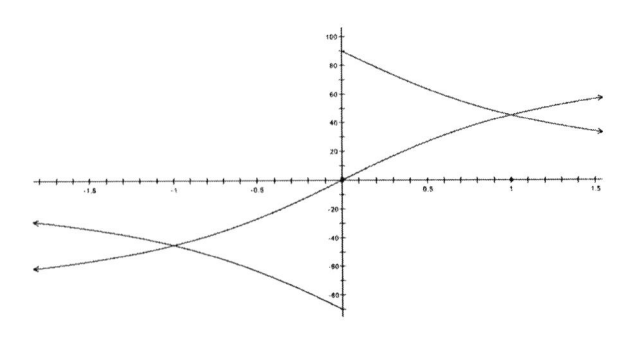

図 1.26

余弦関数 $y = \cos x$ は $\{\theta \mid 0° \leq \theta \leq 180°\}$ から区間 $[-1, 1]$ への 1 対 1 でかつ上への関数であることに注意する．ところで，$\cos^{-1} x$（または，$\arccos x$）の定義域は $\arcsin x$ のそれと同じであるが，$\cos^{-1} x$ の値域は $\{\theta \mid 0° \leq \theta \leq 180°\}$ である．図 1.27 を参照されたい．

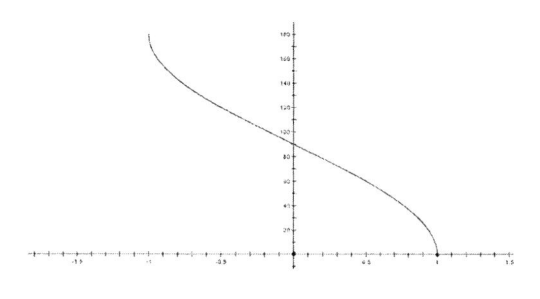

図 1.27

関数 $y = \sin^{-1}(\sin x)$, $y = \cos^{-1}(\cos x)$, $y = \sin(\sin^{-1} x)$, $y = \cos(\cos^{-1} x)$, $y = \cos^{-1}(\sin x)$, $y = \sin^{-1}(\cos x)$, $y = \sin(\cos^{-1} x)$, $y = \cos(\sin^{-1} x)$ のグラフは面白くかつ重要である．これらのグラフの完成は読者に委ねる．三角法の変換公式に関する 3 つの例題でこの節を閉じることにする．

例題 1.9. $x_0 = 2003$ とし，$n \geq 1$ について，$x_{n+1} = \dfrac{1 + x_n}{1 - x_n}$ とする．x_{2004} を求めよ．

解答． 簡単な代数的な計算で，この数列は周期 4 をもつこと；つまり，すべての $n \geq 1$ について $x_{n+4} = x_n$ であることを示すことができる．ここで三角法の置換の秘伝を明かす；すなわち，$-90° < \alpha_n < 90°$ の範囲で，$\tan \alpha_n = x_n$ と定める．x_n が実数ならば，$\tan : (-90°, 90°) \to \mathbb{R}$ は全単射だから，このような α_n は一意的である．$1 = \tan 45°$ であるから，問題に与えられた条件は，加法定理によって次のように書き換えることができる：

$$\tan \alpha_{n+1} = \frac{\tan 45° + \tan \alpha_n}{1 - \tan 45° \tan \alpha_n} = \tan(45° + \alpha_n).$$

これより，正接関数は $180°$ の周期をもつことを考慮すると，$\alpha_{n+1} = 45° + \alpha_n$ であるか，または，$\alpha_{n+1} = 45° + \alpha_n - 180°$ であることが結論される．どちらの場合も，ある整数 k について，$\alpha_{n+4} = \alpha_n + k \cdot 180°$ であることが容易にわかる．したがって，$x_{n+4} = \tan \alpha_{n+4} = \tan \alpha_n = x_n$ である；すなわち，数列

$\{x_n\}_{n\geq 0}$ は周期 4 をもつ．これより，$x_{2004} = x_0 = 2003$ が結論される． ∎

例題 1.10. 互いに相異なる任意の 5 個の実数のなかには，2 個の数 a, b が存在して，$|ab+1| > |a-b|$ をみたすことを証明せよ．

解答． 5 個の実数を，$-90° < x_k < 90°$ なる x_k を用いて，$\tan x_k$ ($k = 1, 2, 3, 4, 5$) で書き表す．4 つの区間 $(-90°, -45°]$，$(-45°, 0°]$，$(0°, 45°]$，$(45°, 90°)$ を考える．鳩の巣原理により，x_1, x_2, x_3, x_4, x_5 のうちの少なくとも 2 個は同じ区間内にある：これを x_i, x_j とおく．すると，$|x_i - x_j| < 45°$ であり，$a = \tan x_i$，$b = \tan x_j$ とおくと，

$$\left|\frac{a-b}{1+ab}\right| = \left|\frac{\tan x_i - \tan x_j}{1 + \tan x_i \tan x_j}\right| = |\tan(x_i - x_j)| < \tan 45° = 1$$

が得られ，これより，結論が得られる． ∎

例題 1.11. x, y, z を，正の実数で，$x + y + z = 1$ をみたすとする．

$$\frac{1}{x} + \frac{4}{y} + \frac{9}{z}$$

の最小値を決定せよ．

解答． コーシー・シュワルツの不等式を適用すると，これはいっぺんに解決する．しかし，ここでは，実数 x, y に対して，より簡単な不等式 $x^2 + y^2 \geq 2xy$ に関連する証明をする．まず，$x = \tan b$，$y = 2 \tan b$ とおき，次に，$x = \tan a$，$y = \cot a$ とおく．

明らかに，z は区間 $[0, 1]$ にある実数である．したがって，角度 a で $z = \sin^2 a$ となるものが存在する．すると，$x + y = 1 - \sin^2 a = \cos^2 a$，または $\frac{x}{\cos^2 a} + \frac{y}{\cos^2 a} = 1$ である．角度 b については，$\cos^2 b + \sin^2 b = 1$ を得る．したがって，ある角度 b について，$\sec x = \cos^2 a \cos^2 b$，$y = \cos^2 a \sin^2 b$ とおける．そこで，次の P の最小値を見いだせば十分である：

$$P = \sec^2 a \sec^2 b + 4 \sec^2 a \csc^2 b + 9 \csc^2 a.$$

これを変形して，

$$P = (\tan^2 a + 1)(\tan^2 b + 1) + 4(\tan^2 a + 1)(\cot^2 b + 1) + 9(\cot^2 a + 1).$$

右辺を展開して，

$$P = 14 + 5\tan^2 a + 9\cot^2 a + (\tan^2 b + 4\cot^2 b)(1 + \tan^2 a)$$
$$\geq 14 + 5\tan^2 a + 9\cot^2 a + 2\tan b \cdot 2\cot b(1 + \tan^2 a)$$

$$= 18 + 9(\tan^2 a + \cot^2 a)$$
$$\geq 18 + 9 \cdot 2 \tan a \cot a = 36.$$

等号は $\tan a = \cot a$, $\tan b = 2\cot b$ のときに成り立つが，これらは $\cos^2 a = \sin^2 a$, $2\cos^2 b = \sin^2 b$ と書き換えられる．$\sin^2 \theta + \cos^2 \theta = 1$ だから，等号は $\cos^2 a = \dfrac{1}{2}$, $\cos^2 b = \dfrac{1}{3}$ のときである；すなわち，$x = \dfrac{1}{6}$, $y = \dfrac{1}{3}$, $z = \dfrac{1}{2}$ である． ■

チェバ (Ceva) の定理

三角形において，頂点とその対辺上の点を結ぶ線分を**チェバ線** (cevian) という．

[**チェバの定理**]　AD, BE, CF を三角形 ABC の3本のチェバ線とする．次の (1),(2),(3) は同値である (図 1.28 参照)：

(1) AD, BE, CF は共点である；すなわち，3本の直線は共通の点を通る；

(2) $\dfrac{\sin \angle ABE}{\sin \angle DAB} \cdot \dfrac{\sin \angle BCF}{\sin \angle EBC} \cdot \dfrac{\sin \angle CAD}{\sin \angle FCA} = 1$；

(3) $\dfrac{|AF|}{|FB|} \cdot \dfrac{|BD|}{|DC|} \cdot \dfrac{|CE|}{|EA|} = 1.$

(1) $\Longrightarrow$ (2), (2) $\Longrightarrow$ (3), (3) $\Longrightarrow$ (1) の順で証明しよう．

(1) が成立しているとし，線分 AD, BE, CF の交点を P とする．三角形 ABP に正弦法則を適用して

$$\frac{\sin \angle ABF}{\sin \angle DAB} = \frac{\sin \angle ABP}{\sin \angle PAB} = \frac{|AP|}{|BP|}$$

を得る．同様に，三角形 BCP, CAP に正弦法則を適用して，次を得る：

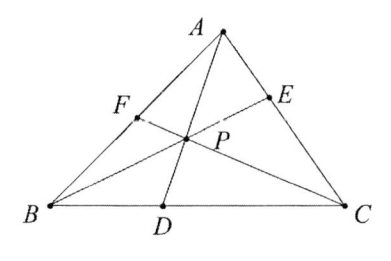

図 1.28

$$\frac{\sin\angle BCF}{\sin\angle EBC} = \frac{|BP|}{|CP|}, \qquad \frac{\sin\angle CAD}{\sin\angle FCA} = \frac{|CP|}{|AP|}.$$

これらの3つの等式を辺々掛け合わせて (2) を得る．

(2) が成り立っているとする．三角形 ABD, ACD に正弦法則を適用して，次を得る：

$$\frac{|AB|}{|BD|} = \frac{\sin\angle ADB}{\sin\angle DAB}, \qquad \frac{|DC|}{|CA|} = \frac{\sin\angle CAD}{\sin\angle ADC}.$$

$\angle ADC + \angle ADB = 180°$ だから，$\sin\angle ADB = \sin\angle ADC$ である．上の2つの等式を辺々掛け合わせ，この関係を代入して，次を得る：

$$\frac{|DC|}{|BD|} \cdot \frac{|AB|}{|CA|} = \frac{\sin\angle CAD}{\sin\angle DAB}.$$

同様にして，次も得られる：

$$\frac{|AE|}{|EC|} \cdot \frac{|BC|}{|AB|} = \frac{\sin\angle ABE}{\sin\angle EBC}, \qquad \frac{|BF|}{|FA|} \cdot \frac{|CA|}{|BC|} = \frac{\sin\angle BCF}{\sin\angle FCA}.$$

上の3つの等式を辺々掛け合わせて (3) を得る．

(3) が成り立っているとする．線分 BE, CF の交点を P とし，半直線 AP が辺 BC と点 D_1 で交わるとする (図 1.29)．$D = D_1$ を示せば十分である．チェバ線 AD_1, BE, CF は点 P で交わっている．これまでの議論から，次が成り立つ：

$$\frac{|AF|}{|FB|} \cdot \frac{|BD_1|}{|D_1C|} \cdot \frac{|CE|}{|EA|} = 1 = \frac{|AF|}{|FB|} \cdot \frac{|BD|}{|DC|} \cdot \frac{|CE|}{|EA|}.$$

この等式から，$\dfrac{|BD_1|}{|D_1C|} = \dfrac{|BD|}{|DC|}$ を得る．D, D_1 は線分 BC 上にあるから，$D = D_1$ が結論でき，(1) が確認された．

チェバの定理を用いて，三角形の3本の中線，3本の頂点から対辺への垂

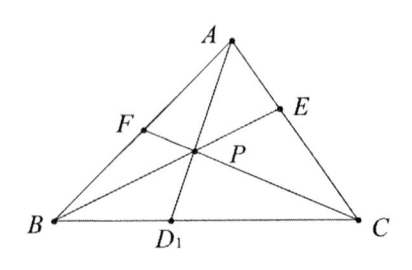

図 **1.29**

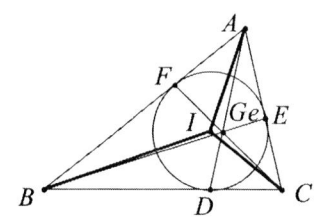

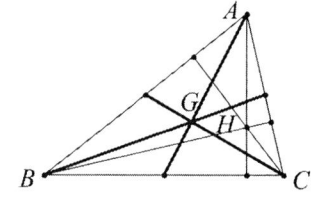

図 1.30

線, 3本の内角の2等分線は, いずれも共点であることをみることができる. これらの共点の名は順に, 重心 (centroid；G), 垂心 (orthocenter；H), 内心 (incenter；I) である (図 1.30). 三角形 ABC の内心が辺 AB, BC, CA と接する点を順に F, D, E とすると, 同一点からの接線が等しいことから, $|AE| = |AF|$, $|BD| = |BF|$, $|CD| = |CE|$ を得る. チェバの定理により, 3直線 AD, BE, CF は共点であることがわかり, この共点は三角形 ABC のジェルゴンヌ点 (Gergonne point；Ge) と呼ばれる. これらの4点は図 1.30 に示されている. 与えられた角について, この角の2等分線上にある点は, この角を構成する2本の半直線から等距離にあることは容易にわかる. よって, 3本の内角の2等分線の交点は, 3つの辺から等距離にある. したがって, この共通点は三角形の内部にあって3辺に接する唯一の円周の中心である. このことが, この点が三角形の内心といわれる理由である.

チェバの定理は, 共通の点が必ずしも三角形の内部にある必要がないという意味で一般化することができる；つまり, チェバ線は頂点と対辺を含む直線上の点を結ぶ線分と考えることができる. 読者は, 図 1.31 で示した状態で定理を証明してほしい.

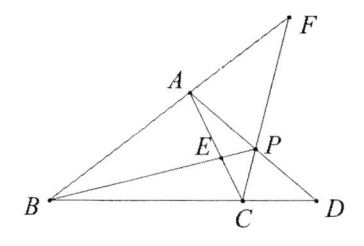

図 1.31

この一般形を心に留めると，三角形において，2つの頂点における外角の2等分線と第3の頂点における内角の2等分線が共点であることは直接的にみることができる．この共点はこの第3の頂点に対する**傍心** (excenter) といわれる．図 1.32 は三角形 ABC の頂点 A に対する傍心 I_A を示す．内心の定義のいわれの説明からもわかるように，I_A は三角形 ABC の外部にあって，2本の半直線 AB, AC と辺 BC とに接する唯一の円周の中心である．

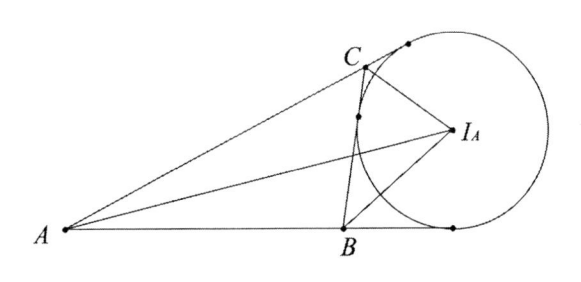

図 1.32

次の例題は，チェバの定理のもうひとつのよい応用である．

例題 1.12. [IMO 2001, short list]　鋭角三角形 ABC に内接する正方形で，その2頂点が辺 BC 上にあるものの中心を A_1 とする (図 1.33)．したがって，この正方形の残りの頂点の1つは辺 AB 上にあり，もう1つは辺 AC 上にある．

まったく同様にして，点 B_1, C_1 を，それぞれ，三角形 ABC に内接する正方形で，その2頂点が辺 BC, CA 上にあるものの中心とする．3直線 AA_1, BB_1, CC_1 は共点であることを証明せよ．

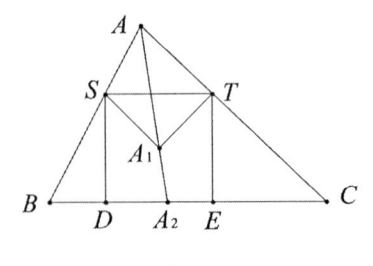

図 1.33

解答． 直線 AA_1 と線分 BC との交点を A_2 とする．B_2, C_2 も同様に定める．チェバの定理より，次の等式

$$\frac{\sin\angle BAA_2}{\sin\angle A_2AC} \cdot \frac{\sin\angle CBB_2}{\sin\angle B_2BA} \cdot \frac{\sin\angle ACC_2}{\sin\angle C_2CB} = 1$$

を証明すれば十分である．最初の内接正方形の頂点を $DETS$ と，図 1.33 に示したようにラベル付けする．三角形 ASA_1, ATA_1 に正弦法則を適用して，次を得る：

$$\frac{|AA_1|}{|SA_1|} = \frac{\sin\angle ASA_1}{\sin\angle SAA_1} = \frac{\sin\angle ASA_1}{\sin\angle BAA_2}, \quad \frac{|TA_1|}{|AA_1|} = \frac{\sin\angle A_1AT}{\sin\angle ATA_1} = \frac{\sin\angle A_2AC}{\sin\angle ATA_1}.$$

$|A_1S| = |A_1T|$, $\angle ASA_1 = B + 45°$, $\angle ATA_1 = C + 45°$ だから，上の等式を辺々掛け合わせて次を得る：

$$1 = \frac{|AA_1|}{|SA_1|} \cdot \frac{|TA_1|}{|AA_1|} = \frac{\sin\angle ASA_1}{\sin\angle BAA_2} \cdot \frac{\sin\angle A_2AC}{\sin\angle ATA_1}.$$

この等式から次が得られる：

$$\frac{\sin\angle BAA_2}{\sin\angle A_2AC} = \frac{\sin\angle ASA_1}{\sin\angle ATA_1} = \frac{\sin(B + 45°)}{\sin(C + 45°)}.$$

まったく同様にして，次の等式も証明できる：

$$\frac{\sin\angle CBB_2}{\sin\angle B_2BA} = \frac{\sin(C + 45°)}{\sin(A + 45°)}, \quad \frac{\sin\angle ACC_2}{\sin\angle C_2CB} = \frac{\sin(A + 45°)}{\sin(B + 45°)}.$$

これら最後の 3 つの等式を辺々掛け合わせると，求める結果が得られる．∎

ところで，次のような疑問が自然に出てくる：与えられた三角形 ABC に対して，コンパスと定規のみを用いて，三角形 ABC に内接する正方形 $DETS$ で 2 頂点 D, E が辺 BC 上にあるようなものを，いかにすれば構成できるだろうか？

箱の外での考察

相似変換 (homothety, central similarity, dilation) は，平面上の変換で，1 点 O を固定し (この点はその変換の**中心** (center) と呼ばれる)，各点 P を点 P' に次のように移す：O, P, P' は同一直線上にあり，比 $OP : OP' = k$ が一定である．この定数 k はこの相似変換の**相似比** (magnitude) と呼ばれ，正の値も負の値もとりうる．点 P' は点 P の**像** (image), P は P' の**原像** (preimage) と呼ばれる．

この相似変換を用いると，前の疑問に答えることができる．図 1.34 に示すように，まずはじめに，三角形 ABC の外部に正方形 BCE_2D_2 を構成する．(コ

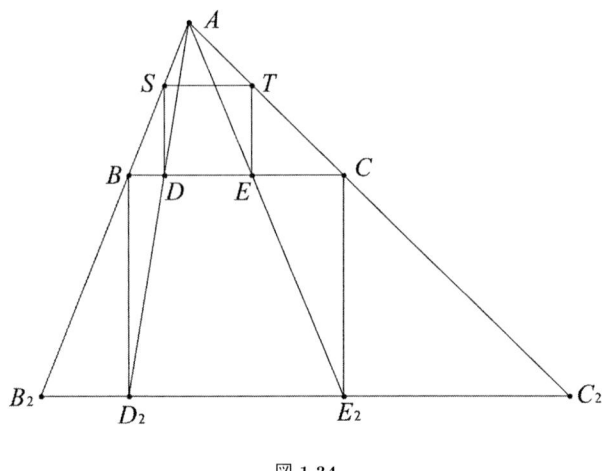

図 1.34

ンパスと定規 (直線を引くだけの道具) を用いて，与えられた直線に与えられた点を通って直交する直線を構成することは可能である．なぜか？) 直線 AD_2, AE_2 と線分 BC との交点を，それぞれ，D, E とする．この D, E が求める正方形の 4 頂点のうちの 2 点であることに注意する．(なぜだろうか？) 直線 D_2E_2 と直線 AB, AC との交点を，それぞれ，B_2, C_2 とすると，三角形 ABC と三角形 AB_2C_2 は (A を中心として) 相似の位置にある；すなわち，点 A を中心とする相似変換で，三角形 ABC を三角形 AB_2C_2 に移すものが存在する．この相似変換の相似比が $\dfrac{|AB_2|}{|AB|} = \dfrac{|AC_2|}{|AC|} = \dfrac{|B_2C_2|}{|BC|}$ であることは容易にわかる．ここで正方形 BCE_2D_2 は三角形 AB_2C_2 に内接していることに注意する．したがって，D_2 の原像 D と E_2 の原像 E は，三角形 ABC に内接する正方形の求める頂点である．

メネラウス (Menelaus) の定理

チェバの定理はいくつかの直線が同一点を通るかを考察したのに対して，メネラウスの定理はいくつかの点が同一直線上にあるかを考察する．

[メネラウスの定理] 与えられた三角形 ABC において，F, G, H を順に直線 BC, CA, AB 上の点とする (図 1.35)．このとき，F, G, H が同一直線上に

あるための必要十分条件は，次の等式が成り立つことである：
$$\frac{|AH|}{|HB|} \cdot \frac{|BF|}{|FC|} \cdot \frac{|CG|}{|GA|} = 1.$$

これは正弦法則のもうひとつの応用である．三角形 AGH, BHF, CFG に正弦法則を適用して，次を得る：
$$\frac{|AH|}{|GA|} = \frac{\sin\angle AGH}{\sin\angle GHA}, \quad \frac{|BF|}{|HB|} = \frac{\sin\angle BHF}{\sin\angle HFB}, \quad \frac{|CG|}{|FC|} = \frac{\sin\angle GFC}{\sin\angle CGF}.$$

この 3 つの等式を辺々掛け合わせて，求める結果が得られる (次の等式が成り立っていることに注意：$\sin\angle AGH = \sin\angle CGF$, $\sin\angle BHF = \sin\angle GHA$, $\sin\angle GFC = \sin\angle HFB$).

メネラウスの定理は幾何的な計算や証明においてとても有効である．しかし，そのような場面や例は，三角法での計算よりは総合的な考察に関連している．本書ではそのような例題は議論しない．

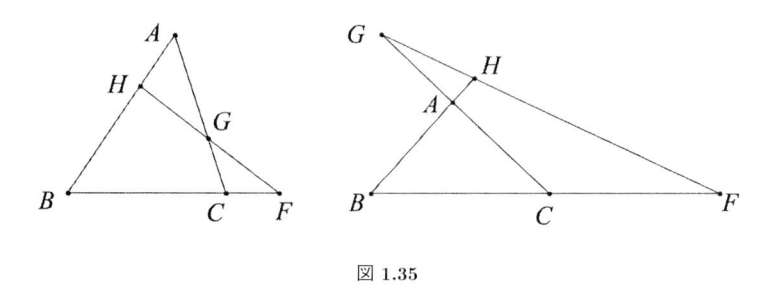

図 1.35

余 弦 法 則

[余弦法則] 三角形 ABC において，次が成り立つ：
$$|CA|^2 = |AB|^2 + |BC|^2 - 2|AB| \cdot |BC| \cos\angle ABC.$$
$$b^2 = c^2 + a^2 - 2ca\cos B.$$

$|AB|^2$, $|BC|^2$ についても同様の等式が成り立つ．

実際，C から直線 AB に下ろした垂線の足を D とする (図 1.36)．直角三角形 BCD において，$|BD| = a\cos B$, $|CD| = a\sin B$ である．したがって，$|DA| = |c - a\cos B|$；ここで，$0° < A \leqq 90°$ と $90° < A < 180°$ の場合に分け

図 1.36

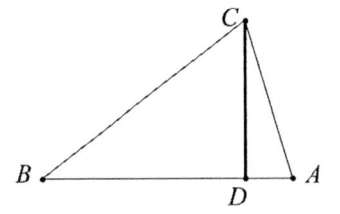

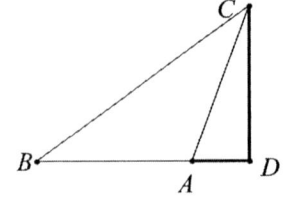

て考察する．すると，$\sin^2 B + \cos^2 B = 1$ に注意すると，直角三角形 ACD において，次を得る：

$$b^2 = |CA|^2 = |CD|^2 + |AD|^2 = a^2 \sin^2 B + (c - a\cos B)^2$$
$$= a^2 \sin^2 B + c^2 + a^2 \cos^2 B - 2ca \cos B$$
$$= c^2 + a^2 - 2ca \cos B.$$

辺 AB の長さ，$\angle ABC$ の大きさ，辺 BC の長さから，余弦法則によって第 3 の辺 BC の長さを計算できるわけである．これを余弦法則の SAS 型 (side-angle-side form) と呼ぶ．一方，この等式を $\cos \angle ABC$ に関して解いて，次式を得る：

$$\cos \angle ABC = \frac{|AB|^2 + |BC|^2 - |CA|^2}{2|AB| \cdot |BC|},$$
$$\cos B = \frac{c^2 + a^2 - b^2}{2ca}.$$

この式についても，$\cos C$, $\cos A$ に対して同様な等式が成り立つ．これは余弦法則の SSS 型 (side-side-side form) である．

スチュワート (Stewart) の定理

[スチュワートの定理] 三角形 ABC の辺 BC 上に点 D をとると (図 1.37)，次が成り立つ：

$$|BC|(|AD|^2 + |BD| \cdot |CD|) = |AB|^2 \cdot |CD| + |AC|^2 \cdot |BD|.$$

三角形 ABD, ACD に余弦法則を適用して，次を得る：

$$\cos \angle ADB = \frac{|AD|^2 + |BD|^2 - |AB|^2}{2|AD| \cdot |BD|},$$

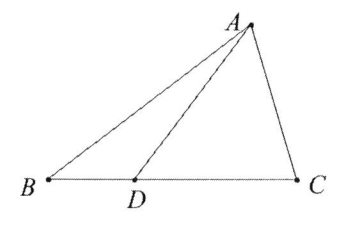

$$\cos\angle ADC = \frac{|AD|^2 + |CD|^2 - |AC|^2}{2|AD|\cdot|CD|}.$$

$\angle ADB + \angle ADC = 180°$ だから，$\cos\angle ADB + \cos\angle ADC = 0$ である；つまり，次が成り立っている：

$$\frac{|AD|^2 + |BD|^2 - |AB|^2}{2|AD|\cdot|BD|} + \frac{|AD|^2 + |CD|^2 - |AC|^2}{2|AD|\cdot|CD|} = 0.$$

この等式の両辺に $2|AD|\cdot|BD|\cdot|CD|$ を掛け合わせて，次を得る：

$$|CD|(|AD|^2 + |BD|^2 - |AB|^2) + |BD|(|AD|^2 + |CD|^2 - |AC|^2) = 0,$$

または，

$$|AB|^2\cdot|CD| + |AC|^2\cdot|BD|$$
$$= |CD|(|AD|^2 + |BD|^2) + |BD|(|AD|^2 + |CD|^2)$$
$$= (|CD| + |BD|)|AD|^2 + |BD|\cdot|CD|(|BD| + |CD|)$$
$$= |BC|(|AD|^2 + |BD|\cdot|CD|).$$

辺 BC の中点を M とし，$D = M$ とおくと，スチュワートの定理の特別な場合として，中線 AM の長さを計算できる．実際，次が得られる：

$$|AB|^2\cdot|CM| + |AC|^2\cdot|BM| = |BM|(|AM|^2 + |BM|\cdot|CM|),$$
$$c^2\cdot\frac{a}{2} + b^2\cdot\frac{a}{2} = a\Big(|AM|^2 + \frac{a}{2}\cdot\frac{a}{2}\Big).$$

この等式から，$2c^2 + 2b^2 = 4|AM|^2 + a^2$ が得られるから，**中線公式** (median formula) といわれる次式を得る：

$$|AM|^2 = \frac{2b^2 + 2c^2 - a^2}{4}.$$

ヘロン (Heron) の公式とブラーマグプタ (Brahmagupta) の公式

[ブラーマグプタの公式] 四角形 $ABCD$ は円に内接している (図 1.38).
$|AB| = a$, $|BC| = b$, $|CD| = c$, $|DA| = d$, $s = (a+b+c+d)/2$ とすると,次が成り立つ:

$$[ABCD] = \sqrt{(s-a)(s-b)(s-c)(s-d)}.$$

$B = \angle ABC$, $D = \angle CDA$ とおく.三角形 ABC, ACD に余弦法則を適用して

$$a^2 + b^2 - 2ab\cos B = |AC|^2 = c^2 + d^2 - 2cd\cos D$$

を得る.四角形 $ABCD$ は円に内接しているから,$B + D = 180°$ であり,$\cos B = -\cos D$ が成り立っている.したがって,次を得る:

$$\cos B = \frac{a^2 + b^2 - c^2 - d^2}{2(ab+cd)}.$$

この等式を利用して,次も得られる:

$$\sin^2 B = 1 - \cos^2 B = (1+\cos B)(1-\cos B)$$
$$= \Big(1 + \frac{a^2+b^2-c^2-d^2}{2(ab+cd)}\Big)\Big(1 - \frac{a^2+b^2-c^2-d^2}{2(ab+cd)}\Big)$$
$$= \frac{a^2+b^2+2ab - (c^2+d^2-2cd)}{2(ab+cd)} \cdot \frac{c^2+d^2+2cd - (a^2+b^2-2ab)}{2(ab+cd)}$$
$$= \frac{[(a+b)^2 - (c-d)^2][(c+d)^2 - (a-b)^2]}{4(ab+cd)^2}.$$

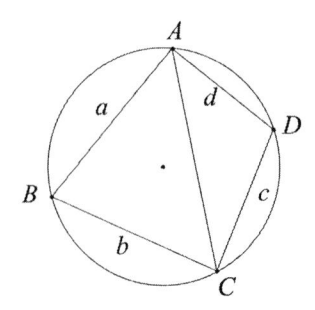

図 **1.38**

ここで,次式に注意する:
$$(a+b)^2 - (c-d)^2 = (a+b+c-d)(a+b+d-c) = 4(s-d)(s-c).$$
同様にして, $(c+d)^2 - (a-b)^2 = 4(s-a)(s-b)$ である. したがって, $B + D = 180°$, $0° < B, D < 180°$ であるから,次を得る:
$$\sin B = \sin D = \frac{2\sqrt{(s-a)(s-b)(s-c)(s-d)}}{ab+cd},$$
$$\frac{1}{2} \cdot (ab+cd) \sin B = \sqrt{(s-a)(s-b)(s-c)(s-d)}.$$
ところで,
$$[ABC] = \frac{1}{2}|AB| \cdot |BC| \sin B = \frac{1}{2} \cdot ab \sin B$$
である. 同様に, $[ADC] = \frac{1}{2} \cdot cd \sin D = \frac{1}{2} \cdot cd \sin B$ である. したがって,
$$[ABCD] = [ABC] + [ADC] = \frac{1}{2} \cdot (ab+cd) \sin B$$
$$= \sqrt{(s-a)(s-b)(s-c)(s-d)}.$$
これでブラーマグプタの公式の証明が完了した.

さらに,四角形 $ABCD$ に内接する円があると仮定する (図 1.39 左). すると,「円外の 1 点 P からこの円へ引いた接線の接点を T, T' とすると, $|PT| = |PT'|$」であることから, $a+c = b+d$ を得る. したがって, $[ABCD] = \sqrt{abcd}$ でもある.

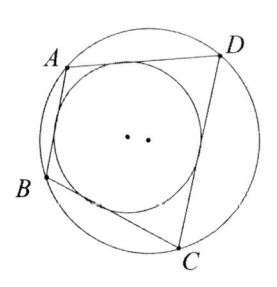

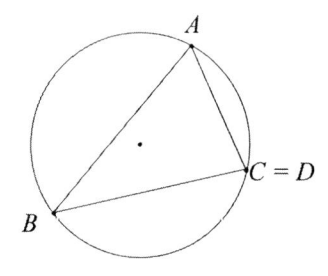

図 1.39

[ヘロンの公式] 3 辺の長さが a, b, c である三角形 ABC の面積は,

$$[ABC] = \sqrt{s(s-a)(s-b)(s-c)}$$

である．ここに，$s = (a+b+c)/2$ は三角形の周の半分である．

ヘロンの公式はブラーマグプタの公式の退化したものとみることができる．三角形は常にある円に内接する (外接円がある) から，三角形 ABC は円に内接する四角形 $ABCD$ で $C = D$ となったものとみることができる (図 1.39 右)．このような方法で，ブラーマグプタの公式はヘロンの公式になる．ここではヘロンの公式の証明は省略したが，興味ある読者にとっては，ブラーマグプタの公式の証明にならって，ヘロンの公式も独立に証明するのはよい演習問題である．

ブロカール (Brocard) 点

ここでは，次を証明しよう：任意の三角形 ABC の内部には，次の性質をみたす点 P がただ 1 つ存在する (図 1.40)：

$$\angle PAB = \angle PBC = \angle PCA.$$

この点は三角形 ABC の 2 つのブロカール点 (Brocard point) の 1 つと呼ばれる．(実は，もう 1 つの点は，上の性質の頂点の順序を逆にしたものをみたす．) 実際，$\angle PAB = \angle PCA$ ならば，三角形 ACP の外接円は点 A において直線 AB に接する．この円の中心を S とすると，S は辺 AC の垂直 2 等分線上にある．よって，この中心は容易に作図できる．したがって，点 P は，S を中心とする半径 $|SA|$ の円周上にある (この円周は，$|BA| = |BC|$ の場合を除いて，直線 BC には接しないことに注意)．等式 $\angle PBC = \angle PCA$ を用いて，点 B を通

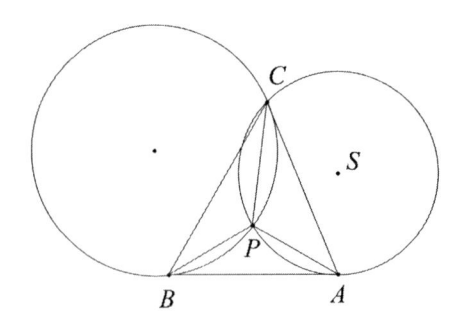

図 1.40

り直線 AC に接する円を作図することもできる．ブロカール点 P はこれら 2 つの円周上にあり，点 C とは異なるので，そのような点は一意的である．第 3 の等式 $\angle PAB = \angle PBC$ はもちろん成立している．

もう 1 つのブロカール点を Q とすると，これは $\angle QAC = \angle QCB = \angle QBA$ をみたす点である．直線 AP, BP, CP を，それぞれ，$\angle CAB$, $\angle ABC$, $\angle BCA$ の 2 等分線に関して対称移動させた直線を考える．チェバの定理によって，これらの 3 直線はまた共点であるが，この共点が第 2 のブロカール点 Q である (図 1.41)．これが 2 つのブロカール点が等角で共役である理由である．

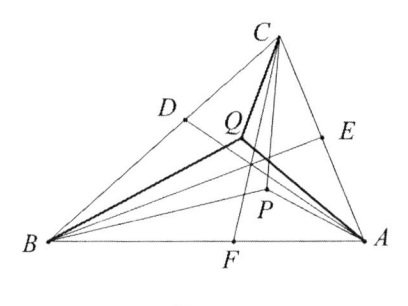

図 1.41

例題 1.13. [AIME 1999] 点 P は三角形 ABC の内部にあって，$\angle PAB = \angle PBC = \angle PCA$ である (図 1.42)．この三角形の辺の長さは，$|AB| = 13$, $|BC| = 14$, $|CA| = 15$ であり，$\tan \angle PAB = m/n$ であって，m, n

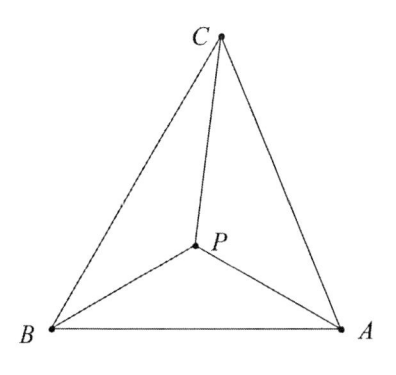

図 1.42

は互いに素な正の整数である．$m+n$ を求めよ．

解答． $\alpha = \angle PAB = \angle PBC = \angle PCA$ とおき，$|PA| = x$, $|PB| = y$, $|PC| = z$ とおく．三角形 PCA, PAB, PBC に余弦法則を適用して，次を得る：
$$x^2 = z^2 + b^2 - 2bz\cos\alpha,$$
$$y^2 = x^2 + c^2 - 2cx\cos\alpha,$$
$$z^2 = y^2 + a^2 - 2ay\cos\alpha.$$

これら3つの等式を辺々加えて整理すると，$2(cx+ay+bz)\cos\alpha = a^2+b^2+c^2$ を得る．3つの三角形 PAB, PBC, PCA の面積を加えると $\dfrac{(cx+ay+bz)\sin\alpha}{2}$ となるから，前の等式は
$$\tan\alpha = \frac{4[ABC]}{a^2+b^2+c^2}$$
と書き換えられる．いま，$a=14$, $b=15$, $c=13$ だから，ヘロンの公式から，$[ABC] = 84$ である．これより，$\tan\alpha = \dfrac{168}{295}$ が得られるから，$m+n = 463$ である． ∎

一般に，$4[ABC] = 2ab\sin C = 2bc\sin A = 2ca\sin B$ であるから，正弦法則より次を得る：
$$\cot\alpha = \frac{1}{\tan\alpha} = \frac{a^2+b^2+c^2}{4[ABC]} = \frac{a^2}{2bc\sin A} + \frac{b^2}{2ca\sin B} + \frac{c^2}{2ab\sin C}$$
$$= \frac{\sin^2 A}{2\sin B \sin C \sin A} + \frac{\sin^2 B}{2\sin C \sin A \sin B} + \frac{\sin^2 C}{2\sin A \sin B \sin C}$$
$$= \frac{\sin^2 A + \sin^2 B + \sin^2 C}{2\sin A \sin B \sin C}.$$

また，別の対称的な等式
$$\csc^2\alpha = \csc^2 A + \csc^2 B + \csc^2 C$$
が存在する．

$\angle PCA + \angle PAC = \angle PAB + \angle PAC = \angle CAB$ であるから，$\angle CPA = 180° - \angle CAB$ が成り立ち，したがって，$\sin\angle CPA = \sin A$ である．三角形 CAP に正弦法則を適用すると
$$\frac{x}{\sin\alpha} = \frac{b}{\sin\angle CPA}, \qquad x = \frac{b\sin\alpha}{\sin A}$$

が導かれる．同様に，三角形 ABP, BCP から，$y = \dfrac{c\sin\alpha}{\sin B}$, $z = \dfrac{a\sin\alpha}{\sin C}$ が得られる．この結果，次が得られる：

$$[CAP] = \frac{1}{2}zx\sin\angle CPA = \frac{1}{2}\cdot\frac{a\sin\alpha}{\sin C}\cdot\frac{b\sin\alpha}{\sin A}\cdot\sin A$$

$$= \frac{ab\sin C}{2}\cdot\frac{\sin^2\alpha}{\sin^2 C} = [ABC]\cdot\frac{\sin^2\alpha}{\sin^2 C}.$$

同様にして，次も得られる：

$$[ABP] = [ABC]\cdot\frac{\sin^2\alpha}{\sin^2 A}, \qquad [BCP] = [ABC]\cdot\frac{\sin^2\alpha}{\sin^2 B}.$$

これら3つの等式を辺々加えて，

$$[ABC] = [ABC]\left(\frac{\sin^2\alpha}{\sin^2 C} + \frac{\sin^2\alpha}{\sin^2 A} + \frac{\sin^2\alpha}{\sin^2 B}\right)$$

を得るが，これから当初の等式 $\csc^2\alpha = \csc^2 A + \csc^2 B + \csc^2 C$ が導かれる．

ベクトル

座標平面において，$A = (x_1, y_1)$, $B = (x_2, y_2)$ とする．そこで，ベクトル $\overrightarrow{AB} = [x_2-x_1, y_2-y_1]$ を，A から B への変位と定義する．ベクトルを表すのに向きをもつ線分，つまり矢印を用いる．出発点(この場合は，点 A)をこのベクトルの尾(tail)と呼び，第2の点(この場合は，点 B)を頭(head)と呼ぶ．ベクトル $\overrightarrow{AB}$ と $\overrightarrow{BC}$ の和(sum)をベクトル $\overrightarrow{AC}$ と書くのは意味がある，というのは，A から B と B から C への合成変位は，合計して A から C への変位となるからである．例えば，図1.43左に示したように，$A = (10, 45)$, $B = (30, 5)$, $C = (35, 20)$ とすると，$\overrightarrow{AB} = [20, -40]$, $\overrightarrow{BC} = [5, 15]$, $\overrightarrow{AC} = [25, -25]$ である．

一般に(図1.43右)，$\mathbf{u} = [a, b]$, $\mathbf{v} = [m, n]$ の場合，$\mathbf{u}+\mathbf{v} = [a+m, b+n]$ である．$\mathbf{u}$ の尾を原点においてみると，その頭は点 $A = (a, b)$ となる．$\mathbf{v}$ の尾もまた原点においてみると，その頭は点 $B = (m, n)$ となる．すると，$\mathbf{u}+\mathbf{v} = \overrightarrow{OA}+\overrightarrow{OB} = \overrightarrow{OE}$ で，$OAEB$ は平行四辺形となる．

ベクトル $\overrightarrow{OA} = [a, b]$ は，定数 c が存在して，$\overrightarrow{OC} = [ca, cb]$ と書けるとき，ベクトル $\overrightarrow{OC}$ のスカラー倍(scalar multiple)であるといい，c をスカラー因子(scalar factor)という．ベクトル $\overrightarrow{OA}$ がベクトル $\overrightarrow{OC}$ のスカラー倍ならば，3点 O, A, C は同一直線上にあることが容易にわかる．c が正のときは，2つのベクトルは同じ向きにあるといい，負のときには，2つのベクトルは逆の向きにある

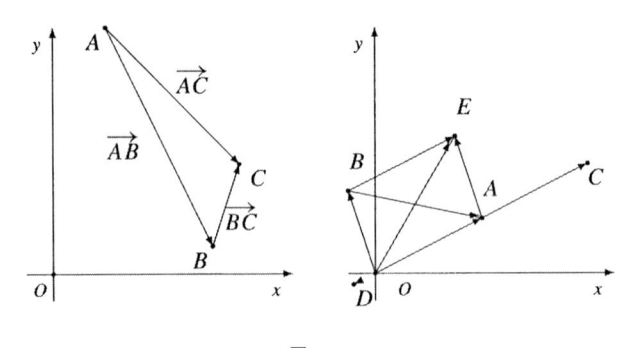

図 1.43

という.

ベクトル $\mathbf{u} = [a, b]$ について，$\sqrt{a^2 + b^2}$ を $\mathbf{u}$ の長さ (length) または大きさ (magnitude) といい，$|\mathbf{u}|$ で表す．$a \neq 0$ のとき，$\dfrac{b}{a}$ をこのベクトルの傾き (slope) といい，$a = 0$ のとき，ベクトル $\mathbf{u}$ は鉛直であるという．(これらの用語は解析幾何から自然に持ち込まれた．) 2 つのベクトルが互いに直交するとは，それらを尾が一致するように配置したとき，それらが 90° の角をなす場合をいう．傾きの性質によって，$\mathbf{u}$ と $\mathbf{v}$ が直交するのは，$am + bn = 0$ の場合であり，この場合に限る．この事実は $|OA|^2 + |OB|^2 = |AB|^2$；つまり，$|\mathbf{u}|^2 + |\mathbf{v}|^2 = |\mathbf{u} - \mathbf{v}|^2$ を確認することで示される．これから，$\mathbf{u}$ と $\mathbf{v}$ が直交するための必要十分条件は，$(a^2 + b^2) + (m^2 + n^2) = (a - m)^2 + (b - n)^2$；つまり，$am + bn = 0$ である (図 1.44 左).

菱形の対角線は内角を 2 等分することに注意する (図 1.44 右)．というのは，

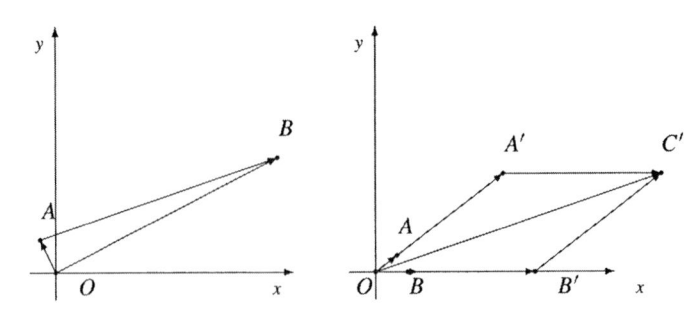

図 1.44

ベクトル $\overrightarrow{OA'} = |\mathbf{v}|\mathbf{u}$, $\overrightarrow{OB'} = |\mathbf{u}|\mathbf{v}$ は同じ長さであるから，3 つのベクトル $\overrightarrow{OA'}$, $\overrightarrow{OB'}$, $\overrightarrow{OC'} = \overrightarrow{OA'} + \overrightarrow{OB'}$ が同じ尾をもつように配置されていると，ベクトル $\overrightarrow{OC'}$ は，ベクトル $\overrightarrow{OA'}$ と $\overrightarrow{OB'}$ のなす角を 2 等分する．そして，$\overrightarrow{OA'}$ と $\overrightarrow{OB'}$ のなす角は，ベクトル $\mathbf{u}, \mathbf{v}$ のなす角に等しいのである．

ベクトルは 2 つの重要な情報を含んでいる：それはその長さと向き (傾き) である．それゆえベクトルは解析幾何の問題を扱う際にきわめて強力な道具となる．いくつかの例をみてみよう．

訳注．日本では，平面上の点 P の座標 (a,b) と，原点を基点とする (位置) ベクトル $\overrightarrow{OP} = [a,b]$ を同一視し，記号の上では区別せずに $[a,b]$ を (a,b) で表すことが多い．

例題 1.14. アレックス君はおとぎの国の散策に時刻 11:00 に出発した．時刻 12:00 にアレックス君は $A = (5, 26)$ 地点におり，時刻 13:00 には $B = (-7, 6)$ 地点にいた．もしアレックス君が固定した方向に一定の速度で動いたとしたら，アレックス君は時刻 12:35 にはどの地点にいただろうか？ 時刻 11:45 には？ 時刻 13:30 には？ また，アレックス君は何時にどこでセサミ街 (y 軸) を横切ったであろうか？

解答． 図 1.45 左に示すように，アレックス君の時刻 12:35, 時刻 11:45, 時刻 13:30 の位置を，順に，A_3, A_1, A_4 とする．アレックス君はベクトル $\overrightarrow{AB} = [-12, -20]$ に沿って 60 分かけて移動した．したがって，彼は時刻 12:35 にはベクトル $\overrightarrow{AA_3} = \frac{35}{60}\overrightarrow{AB} = \left[-7, -\frac{35}{3}\right]$ によって A_3 に位置していたことになる．同様にして，$\overrightarrow{AA_1} = -\frac{15}{60}\overrightarrow{AB} = [3, 5]$, $\overrightarrow{AA_4} = \frac{90}{60}\overrightarrow{AB} = [-18, -30]$. $O = (0, 0)$ を原点とすると，$\overrightarrow{OA_3} = \overrightarrow{OA} + \overrightarrow{AA_3} = \left[-2, \frac{43}{3}\right]$ だから，$A_3 = \left(-2, \frac{43}{3}\right)$ を得る．同様にして，$A_1 = (8, 31)$, $A_4 = (-13, -4)$.

$A_2 = (0, b)$ でアレックス君がセサミ街を横切った地点を表す．アレックス君は時刻 12:00 から t 分後にセサミ街を横切ったと仮定する．すると，$\overrightarrow{AA_2} = \frac{t}{60}\overrightarrow{OA_1}$, $\overrightarrow{OA_2} = \overrightarrow{OA} + \overrightarrow{AA_2}$；すなわち，$[0, b] = [5, 26] + \frac{t}{60}[-12, -20]$ が成り立つ．これより，$[0, b] = \left[5 - \frac{t}{5}, 26 - \frac{t}{3}\right]$. $0 = 5 - \frac{t}{5}$ を解いて，$t = 25$ を得る．

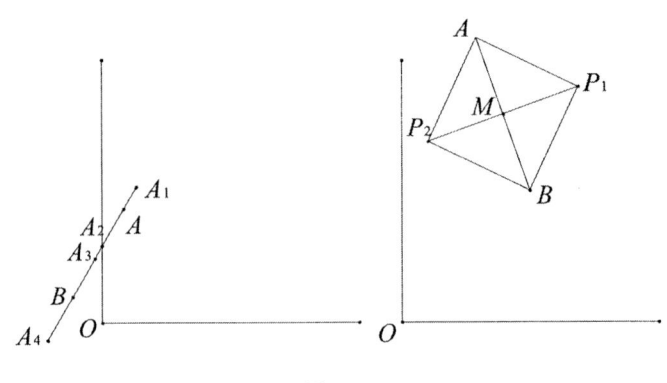

図 1.45

これから，$b = 26 - \dfrac{25}{3} = \dfrac{53}{3}$. よって，アレックス君は時刻 12:25 に $\left(0, \dfrac{53}{3}\right)$ でセサミ街を横切った.

例題 1.15. 平面上の点 $A = (7, 26)$, $B = (12, 12)$ に対して，次の条件をみたす点 P を求めよ：

$$|AP| = |BP|, \quad \angle APB = 90° \quad \text{(図 1.45 右参照)}$$

解答． 三角形 ABP は $|AP| = |BP|$ なる直角二等辺三角形であることに注意する．M を線分 AB の中点とすると，$M = \left(\dfrac{19}{2}, 19\right)$, $|MA| = |MB| = |MP|$, $MA \perp MB$ が成り立つ．よって，$\overrightarrow{MA} = \left[\dfrac{5}{2}, -7\right]$, $\overrightarrow{MP} = \left[7, \dfrac{5}{2}\right]$ または $\overrightarrow{MP} = -\left[7, \dfrac{5}{2}\right]$．そこで，$O = (0, 0)$ を原点とすると，以下が成り立つ：$\overrightarrow{OP} = \overrightarrow{OM} + \overrightarrow{MP} = \left[\dfrac{19}{2}, 19\right] \pm \left[7, \dfrac{5}{2}\right]$．したがって，求める点 P は，$P = \left(\dfrac{33}{2}, \dfrac{43}{2}\right), \left(\dfrac{5}{2}, \dfrac{33}{2}\right)$. ∎

これに続く 2 つの例題には，2 つの解答を与える．解答 1 はベクトルを用いるもので，解答 2 は三角法の計算を活用するものである．

例題 1.16. [ARML 2002] 座標平面上で，原点から出た光線がこの平面に垂直な鏡で点 $A = (4, 8)$ で反射して点 $B = (8, 12)$ に到達した．この鏡の平面上での傾きを求めよ．

注． この問題の鍵となる事実は，入射角と反射角が等しいことである；つまり，図 1.46 左に示すように，鏡が直線 PQ 上にあるならば，$\angle OAQ = \angle PAB$ が成り立つ．

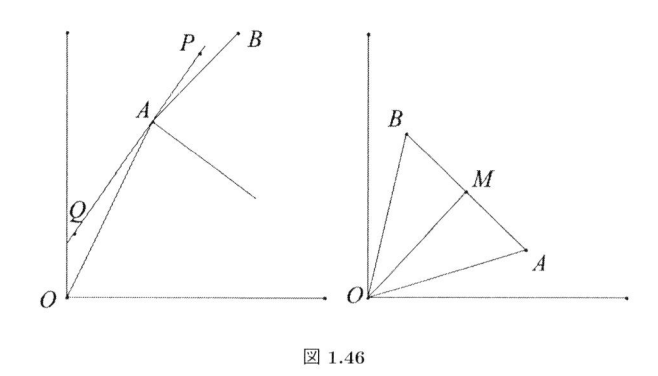

図 1.46

解答 1． 鏡のある直線上に 2 点 P, Q を，$\angle OAQ = \angle BAP$ となるように選ぶ．点 A を通り，直線 PQ と垂直な直線 ℓ を引くと，ℓ は $\angle OAB$ を 2 等分する．$|\overrightarrow{AB}| = \sqrt{(8-4)^2 + (12-8)^2} = 4\sqrt{2}$, $|\overrightarrow{AO}| = \sqrt{4^2 + 8^2} = 4\sqrt{5}$ である．したがって，ベクトル $\sqrt{5} \cdot \overrightarrow{AB} + \sqrt{2} \cdot \overrightarrow{AO}$ はベクトル $\overrightarrow{AO}$, $\overrightarrow{AB}$ のなす角を 2 等分する；つまり，このベクトルと直線 ℓ の傾きは同じである．$\sqrt{5} \cdot \overrightarrow{AB} + \sqrt{2} \cdot \overrightarrow{AO} = [4\sqrt{5} - 4\sqrt{2}, 4\sqrt{5} - 8\sqrt{2}]$ であるから，直線 ℓ の傾きは $\dfrac{4\sqrt{5} - 8\sqrt{2}}{4\sqrt{5} - 4\sqrt{2}} = \dfrac{\sqrt{5} - 2\sqrt{2}}{\sqrt{5} - \sqrt{2}}$ である．したがって，求める鏡の傾きは，

$$\frac{\sqrt{5} - \sqrt{2}}{2\sqrt{2} - \sqrt{5}} = \frac{(\sqrt{5} - \sqrt{2})(2\sqrt{2} + \sqrt{5})}{(2\sqrt{2} - \sqrt{5})(2\sqrt{2} + \sqrt{5})} = \frac{\sqrt{10} + 1}{3}.$$

解答 2． ℓ_1, ℓ_2 を 2 本の直線とし，$i = 1, 2$ について，m_i, θ_i を，それぞれ，直線 ℓ_i の傾きと一般角とする；ただし，$0° \leqq \theta_i < 180°$．一般性を失うことなく，$\theta_1 > \theta_2$ と仮定してよい．θ をこれらの 2 直線のなす角とすると，$\theta = \theta_1 - \theta_2$ であり，加法定理から次が成り立つ：

$$\tan \theta = \frac{\tan \theta_1 - \tan \theta_2}{1 + \tan \theta_1 \theta_2} = \frac{m_1 - m_2}{1 - m_1 m_2}.$$

さて，鏡のある直線上に 2 点 P, Q を，$\angle OAQ = \angle BAP$ となるように選ぶ．この直線 PQ の傾きを m とする．直線 OA, AB の傾きは，それぞれ，2 と 1 で

あるから，上記の議論より (直線 $OA = \ell_1$, $AB = \ell_2$ とおいて)，次を得る：
$$\frac{m-1}{1+m} = \tan\angle PAB = \tan\angle QAO = \frac{2-m}{1+2m},$$
$$(m-1)(1+2m) = (2-m)(1+m).$$

これから 2 次方程式 $3m^2 - 2m - 1 = 0$ を得るが，これを解いて，$m = \dfrac{1 \pm \sqrt{10}}{3}$. このうち，$m = \dfrac{1+\sqrt{10}}{3}$ がこの問題の解であることは容易にわかる． ■

訳注． 2 直線が 1 点で交わるとき，それらの交角としては 2 つの角が考えられる．これらは互いに補角をなすので，それぞれの 2 等分線は直交する．この事実は，三角形の頂点における内角と外角の 2 等分線が直交するなどの場面でよく使われる．上の例題のように，2 等分線を計算で求めようとすると，これら 2 つの 2 等分線が現れる．

例題 1.17.[AIME 1994]　3 点 $O = (0,0)$, $A = (a, 11)$, $B = (b, 37)$ は二等辺三角形の頂点である (図 1.46 右)．このとき，ab を求めよ．

解答 1. M を線分 AB の中点とすると，$M = \left(\dfrac{a+b}{2}, 24\right)$ で，$OM \perp MA$, $|OM| = \sqrt{3}|MA|$ が成り立つ．$\overrightarrow{AM} = \left(\dfrac{a-b}{2}, -13\right)$ だから，$\overrightarrow{OM} = \sqrt{3}\left[13, \dfrac{a-b}{2}\right]$. したがって，$\left[\dfrac{a+b}{2}, 24\right] = \sqrt{3}\left[13, \dfrac{a-b}{2}\right]$；すなわち，次を得る：
$$\frac{a+b}{2} = 13\sqrt{3}, \qquad \frac{a-b}{2} = 8\sqrt{3}.$$

この 2 つの等式から，辺々加えて $a = 21\sqrt{3}$ を，辺々減じて $b = 5\sqrt{3}$ を得る．したがって，$ab = 315$.

解答 2. 半直線 OA と x 軸の正の部分とのなす角を $\angle\alpha$ とし，$x = |OA| = |OB| = |AB|$ とおく．すると，$\sin\alpha = \dfrac{11}{x}$, $\cos\alpha = \dfrac{a}{x}$. 半直線 OB は x 軸の正の部分と $\alpha + 60°$ の角をなすことに注意する．加法定理により，以下が成り立つ：
$$\frac{37}{x} = \sin(\alpha + 60°) = \sin\alpha\cos 60° + \cos\alpha\sin 60° = \frac{11}{2x} + \frac{a\sqrt{3}}{2x},$$
$$\frac{b}{x} = \cos(\alpha + 60°) = \cos\alpha\cos 60° - \sin\alpha\sin 60° = \frac{a}{2x} - \frac{11\sqrt{3}}{2x}.$$

第1の方程式を解いて,$a = 21\sqrt{3}$. これを用いて第2の方程式を解いて,$b = 5\sqrt{3}$. したがって,$ab = 315$. ∎

内積と余弦法則のベクトル版

ここではベクトルの作用についてのある基本的な知識を紹介する.$\mathbf{u} = [a, b]$ と $\mathbf{v} = [m, n]$ をベクトルとする.これらの内積 (inner product, dot product) を

$$\mathbf{u} \cdot \mathbf{v} = am + bn$$

で定義する.次の事実は容易に確認できる:

(ⅰ) $\mathbf{v} \cdot \mathbf{v} = m^2 + n^2 = |\mathbf{v}|^2$; つまり,ベクトル $\mathbf{v}$ とそれ自身の内積は $\mathbf{v}$ の大きさの平方であり,$\mathbf{v} \cdot \mathbf{v} \geqq 0$ が成り立ち,しかも,$\mathbf{v} \cdot \mathbf{v} = 0$ が成り立つのは $\mathbf{v} = [0, 0]$ の場合でそのときに限る;

(ⅱ) $\mathbf{u} \cdot \mathbf{v} = \mathbf{v} \cdot \mathbf{u}$;

(ⅲ) $\mathbf{u} \cdot (\mathbf{v} + \mathbf{w}) = \mathbf{u} \cdot \mathbf{v} + \mathbf{u} \cdot \mathbf{w}$, ここで $\mathbf{w}$ もベクトル;

(ⅳ) $(c\mathbf{u}) \cdot \mathbf{v} = c(\mathbf{u} \cdot \mathbf{v})$;ここで c はスカラー (実数).

ベクトル $\mathbf{u}, \mathbf{v}$ の尾を原点 O におき,A, B をそれぞれの頭とすると,$\overrightarrow{AB} = \mathbf{v} - \mathbf{u}$ となる.直線 OA, OB のなす角を θ とする;$\angle AOB = \theta$. 三角形 AOB に余弦法則を適用して,

$$|\mathbf{v} - \mathbf{u}|^2 = AB^2 = OA^2 + OB^2 - 2OA \cdot OB \cos\theta$$
$$= |\mathbf{u}|^2 + |\mathbf{v}|^2 - 2|\mathbf{u}||\mathbf{v}|\cos\theta$$

を得る.これを書き換えて,

$$(\mathbf{v} - \mathbf{u}) \cdot (\mathbf{v} - \mathbf{u}) = \mathbf{u} \cdot \mathbf{u} + \mathbf{v} \cdot \mathbf{v} - 2|\mathbf{u}||\mathbf{v}|\cos\theta.$$

この等式を変形して,次を得る.

$$\mathbf{v} \cdot \mathbf{v} - 2\mathbf{u} \cdot \mathbf{v} + \mathbf{u} \cdot \mathbf{u} = \mathbf{v} \cdot \mathbf{v} + \mathbf{u} \cdot \mathbf{u} - 2|\mathbf{u}||\mathbf{v}|\cos\theta,$$
$$\cos\theta = \frac{\mathbf{u} \cdot \mathbf{v}}{|\mathbf{u}||\mathbf{v}|}.$$

コーシー・シュワルツ (Cauchy–Schwartz) の不等式

$\mathbf{u} = [a, b]$, $\mathbf{v} = [m, n]$ とし,これらのベクトルの (尾を同じ点にしたときの) なす角を θ とする.$|\cos\theta| \leqq 1$ だから,前節の議論により,$(\mathbf{u} \cdot \mathbf{v})^2 \leqq (|\mathbf{u}||\mathbf{v}|)^2$;

つまり,
$$(am+bn)^2 \leq (a^2+b^2)(m^2+n^2)$$
が成り立つ．等号が成立するのは，$|\cos\theta|=1$ の場合で，この場合に限る；つまり，2つのベクトルが平行である場合である．とにかく，等号が成り立つのは，0 でない定数 k があって，$\mathbf{u}=k\cdot\mathbf{v}$，つまり，$\dfrac{a}{m}=\dfrac{b}{n}=k$ が成り立つことである．

ベクトルの次元は高次元に拡張でき，これに伴って内積を定義しベクトルの長さを定義する．これはコーシー・シュワルツの不等式としてまとめられる：任意の実数 $a_1, a_2, \ldots, a_n; b_1, b_2, \ldots, b_n$ について次が成り立つ：
$$(a_1^2+a_2^2+\cdots+a_n^2)(b_1^2+b_2^2+\cdots+b_n^2) \geq (a_1b_1+a_2b_2+\cdots+a_nb_n)^2.$$
等号が成立するのは，a_i と b_i が比例する場合であり $(i=1,2,\ldots,n)$，この場合に限る．

ここで，例題 1.11 を再考する．コーシー・シュワルツの不等式において，
$$n=3, \quad (a_1,a_2,a_3)=(\sqrt{x},\sqrt{y},\sqrt{z}), \quad (b_1,b_2,b_3)=\left(\frac{1}{\sqrt{x}},\frac{2}{\sqrt{y}},\frac{3}{\sqrt{z}}\right)$$
とおくと，次が得られる：
$$\frac{1}{x}+\frac{4}{y}+\frac{9}{z}=(x+y+z)\left(\frac{1}{x}+\frac{4}{y}+\frac{9}{z}\right) \geq (1+2+3)^2=36.$$
等号が成立するのは，$\dfrac{x}{1}=\dfrac{y}{2}=\dfrac{z}{3}$，すなわち，$(x,y,z)=\left(\dfrac{1}{6},\dfrac{1}{3},\dfrac{1}{2}\right)$ であり，この場合に限る．

ラジアンと重要な極限

単位円周上を点が $A=(1,0)$ から $B=(0,-1)$ まで動くとき，その点は π の距離と $180°$ の角度だけ移動する．これより，角度を測る方法として弧長を用いることができる．まず単位の間の変換を行い，$\pi=180°$ とする；つまり，$180°$ を π ラジアン (radians) とする．したがって，1 ラジアンは $\dfrac{180}{\pi}$ 度で，これは約 $57.3°$ になる．したがって，$\alpha=x°$ の角度は，ラジアンで測って $x\cdot\dfrac{\pi}{180}$ となり，$\theta=y$ ラジアンの角度は，度数で測って $y\cdot\dfrac{180}{\pi}$ 度となる．問題を上手に解くためには，読者は $12°, 15°, 30°, 45°, 60°, 120°, 135°, 150°, 210°$ のような特別な角度について，そのラジアンでの角度に (またその逆に) 慣れ親しんで

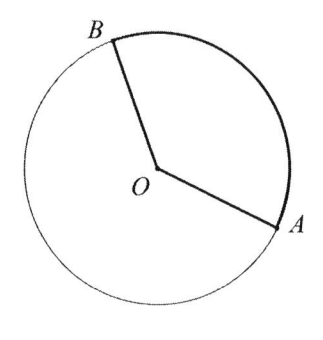

図 1.47

おくことを勧める.

ω を円周とし, O をその中心, R をその半径とする. 点 A, B はこの円周上にあるとする (図 1.47). $\angle AOB = x°$ でかつ $\angle AOB = y$ (ラジアン) であるとする. 上での考察より, $\dfrac{x\pi}{180} = y$ である. $|\widehat{AB}|$ で弧 AB の長さを表す. 円周の対称性より, 次を得る:

$$\frac{|\widehat{AB}|}{2\pi R} = \frac{x°}{360°}, \qquad |\widehat{AB}| = \frac{x\pi}{180} \cdot R = yR.$$

したがって, もし $\angle AOB$ がラジアン測度で与えられるならば, 弧 AB の長さはこの測度とこの円周の半径の積になる. また, 円周の対称性より, (弧 AB と 2 つの半径 OA, OB で囲まれる) 扇形 (sector) の面積は

$$\frac{x°}{360°} \cdot \pi R^2 = \frac{yR^2}{2}$$

となる. すなわち, 扇形の面積は, その中心角のラジアン測度とその円周の半径の平方の積の半分である.

ラジアン測度は中心角とその角に対する弧の長さの間の重要な関係を明らかにするから, 幾何的な対象を (代数的に) 数量によって表す際にはよい単位である. 本書ではこれ以後, 三角関数 $f(x)$ について, 特に断らない限り, 変数 x はラジアン測度であると仮定する.

θ を $0 < \theta < \dfrac{\pi}{2}$ なる角度とする.

$$\sin\theta < \theta < \tan\theta \qquad (*)$$

であることを以下で示す.

中心が $O = (0,0)$ である単位円周を考え, その上の点 $A = (1,0)$, $B =$

$(\cos\theta, \sin\theta)$ を考える (図 1.48). すると,$\angle AOB = \theta$ である. B から線分 OA に下ろした垂線の足を C とする.点 D は半直線 OB 上にあって,$AD \perp AO$ なる点である.すると,$|BC| = \sin\theta$, $|AD| = \tan\theta$ である. (この前の議論により,弧 AB の長さは $1 \cdot \theta = \theta$ である.したがって,線分 BC の長さ,弧 AB の長さ,線分 AD の長さがこの順に大きくなることを示すことと同値である.読者はまた $\cot\theta$, $\sec\theta$, $\csc\theta$ の幾何的な解釈を見つけ出すよう心がけてほしい.) 三角形 OAB,扇形 OAB,三角形 OAD の面積が,この順に大きくなるのは明らかである;すなわち,

$$\frac{|BC| \cdot |OA|}{2} < \frac{1^2 \cdot \theta}{2} < \frac{|AD| \cdot |OA|}{2}$$

が成り立ち,これから求める結果が得られる.

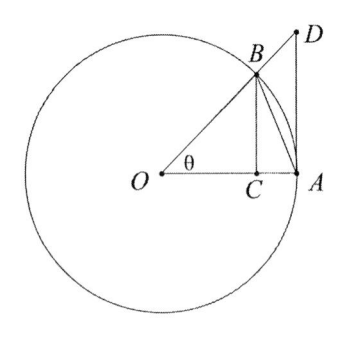

図 1.48

θ を 0 に近づけると,$\sin\theta$ は 0 に近づく.θ を 0 に近づけたときの $\sin\theta$ の極限値 (limiting value) は 0 であるといい,この事実を

$$\lim_{\theta \to 0} \sin\theta = 0$$

で表す.(読者は,等式 $\lim_{\theta \to 0} \cos\theta = \lim_{\theta \to 0} \sec\theta = 1$ も説明できるようにすべきである.) 比の値 $\dfrac{\theta}{\sin\theta}$ に関してはどうなるであろうか? 不等式 $(*)$ において,すべての辺を $\sin\theta$ で割ると

$$1 < \frac{\theta}{\sin\theta} < \frac{1}{\cos\theta} = \sec\theta$$

を得る.$\lim_{\theta \to 0} \sec\theta = 1$ だから,$\dfrac{\theta}{\sin\theta}$ の値を見いだすのはさほど難しくはない;

実際，この値は 1 と $\sec\theta$ の間に挟まれており，$\sec\theta$ は 1 に近づいた；すなわち，
$$\lim_{\theta \to 0} \frac{\theta}{\sin\theta} = 1, \qquad \lim_{\theta \to 0} \frac{\sin\theta}{\theta} = 1$$
が成り立つ．この極限は微分積分において三角関数の微分の計算の基礎である．

注． 近づくという用語の意味に関してはいささか曖昧である．実際，θ が 0 に近づくとき，それは小さな絶対値をもつ小さな正の値かまたは小さな負の値である．その詳細は微分積分では容易に取り扱われることであるが，そのことは本書の中心課題ではない．ここでは，これら重要な極限をラジアン測度の重要性にからめて紹介した．

円柱の切断によるサニュソイド的曲線の構成

例題 1.18. [Phillips Exeter Academy Math Materials] ジャッキーは直径が 2 (cm) の蝋燭に紙をきちっと巻きつけた．そして，それを鋭いナイフで，蝋燭の芯と 45°の角度をなすようにして切断した．紙を取り外して平らに伸ばした後，ジャッキーは切断の切り口の波線をみて，この曲線を数学的に表せないだろうかと思い巡らせた．この曲線はサニュソイド的であることを示しなさい．

解答． 巻紙は動かすことができるので，一般性を失うことなく，紙の 1 辺が図 1.49 に示すように，直線 AP に合致していると仮定してよい．ここで，点 A はナイフで切断した後の蝋燭の切断面の最も低い点である．後の考察を少々単純にするために，蝋燭を鋭いナイフで底を 1 (cm) だけ残して図 1.49 に示すように芯に垂直に切り落とす．

紙を巻き取る前の切断曲線を S とし，紙を平らに伸ばした後の切断曲線を T とする．S 上の点 X に対して，対応する T 上の点を X_1 で表す．（先ほど定めた点 A は，T 上では 2 点になるので，これらを A_1, A_2 とする．）点 A を通り，蝋燭の芯と直交する切断面を考え，この半径 1 の円の中心を C とし，この円上で点 A を通る直径を AO とし，この円の周を ω とする．Q を S 上の点で，直線 QO が蝋燭の芯と並行となる点とする．（平らに伸ばした紙の上に）次のように座標系を設定する：$O_1 = (0,0)$, $Q_1 = (0,2)$, $A_1 = (-\pi, 0)$. 対称性から，$A_2 = (\pi, 0)$ である．

D を S 上の任意の点とする．D から ω に下ろした垂線の足を B とし，$\angle OCB = \theta$ とする．ω の半径は 1 だから，弧 OB の長さ $|\widehat{OB}|$ は θ であ

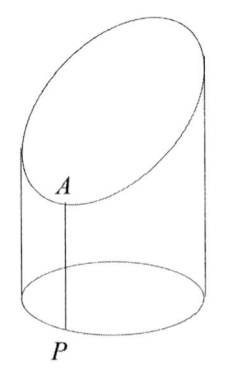

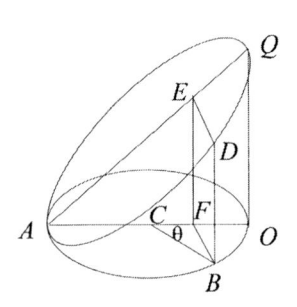

図 1.49

る (これが θ についてラジアン測度を採用した理由である). すると, $B_1 = (\theta, 0)$, $D_1 = (\theta, y)$, $y = |BD|$ が成り立つ. B から直線 AO に下ろした垂線の足を F とすると, $|CF| = \cos\theta$, $|AF| = 1 + \cos\theta$ である. ここで, 5 点 A, Q, C, F, O は同一平面上にあり, $\angle OAQ = 45°$ であることに注意する. E を線分 AQ 上の点で, $EF \perp AO$ をみたすものとする. この結果, $\angle AEF = \angle OAQ = 45°$, $\angle AFE = 90°$ となるので, 直角三角形 AEF では $|AF| = |EF|$ が成り立つ. また, 四角形 $BDEF$ が長方形であることも容易にわかる. したがって, $|BD| = |EF| = |AF| = 1 + \cos\theta$ が成り立つ. これより, $D_1 = (\theta, 1 + \cos\theta)$; つまり, D_1 は曲線 $y = 1 + \cos x$ 上にあることが結論される.

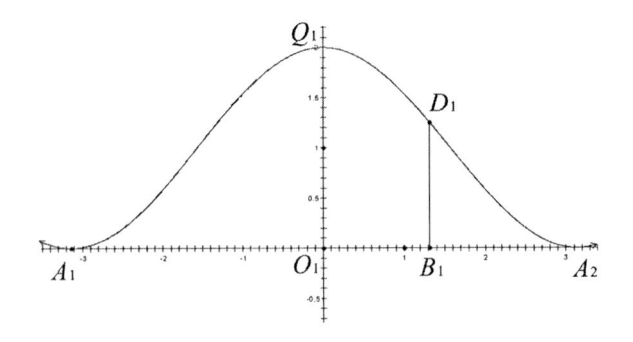

図 1.50

最終的には，蝋燭の底を切断してあるので，曲線の方程式は，$y = 2 + \cos x$ である． ■

3次元の座標系

地球を半径 3960 マイルの球面として眺めよう．この地球上の場所の地点を表示するのに 2 通りの 3 次元の座標系を設定する．

第 1 の系は 3 次元の直交座標系である．これは平面上の通常の座標系 (つまり，xy 平面) の単純な一般化である．空間内の点の xy 平面からの向きを考慮した距離を表すために，第 3 の座標軸 z を加える．図 1.51 は直方体 $ABCDEFG$ を示す．$A = (0,0,0)$ で，B, D, E は座標軸上にあることに注意する．点 $G = (6,0,2)$ が与えられると，$B = (6,0,0)$, $C = (6,3,0)$, $D = (0,3,0)$, $E = (0,0,2)$, $F = (6,0,2)$, $H = (0,3,2)$ である．点 G から xy, yz, zx の各平面への距離，x, y, z の各座標軸への距離，および原点への距離は，それぞれ，$|GC| = 2$, $|GH| = 6$, $|GF| = 3$, $|GB| = \sqrt{13}$, $|GD| = 2\sqrt{10}$, $|GE| = 3\sqrt{5}$, $|GA| = 7$ である．

この座標系を目にみえるようにするのはそんなに難しくない．あなたがいる普通の部屋で床の隅を原点に選び (もし逆に世界をみる方がよいなら，天井の隅を選んでみるのもよい)，この隅から出る 3 つの辺を 3 つの軸に選ぶ．一般に，点 $P = (x, y, z)$ については，x は P から yz 平面への向きを考慮した距離を，y は P から zx 平面への向きを考慮した距離を，z は P から xy 平面への向きを考慮した

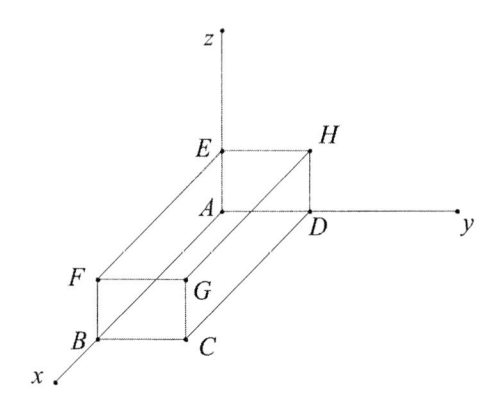

図 1.51

距離を表す．$\sqrt{x^2+y^2}$, $\sqrt{y^2+z^2}$, $\sqrt{z^2+x^2}$ は，それぞれ，点 P から z 軸，x 軸，y 軸への距離を表すことも容易にわかる．さらに，2 点 $P_1=(x_1,y_1,z_1)$, $P_2=(x_2,y_2,z_2)$ の間の距離が，$\sqrt{(x_1-x_2)^2+(y_1-y_2)^2+(z_1-z_2)^2}$ であることも容易にわかる．この一般化を基礎にして，3 次元ベクトルとその長さ，および尾を共通点としてもつ 2 つのベクトルのなす角について述べることができる (一般角については何も述べられないことに注意)．したがって，3 次元ベクトル $\mathbf{u}=[a,b,c]$ と $\mathbf{v}=[m,n,p]$ との内積の定義を，$\mathbf{u}\cdot\mathbf{v}=am+bn+cp$ と容易に一般化することができ，以前に議論した内積のすべての性質が成り立つことも所定の手順で確かめることができる．

O を地球の中心とする．xy 平面 (または，赤道面 (equatorial plane)) として赤道を含む平面を設定し，北極点は z 軸の正の方にあるようにする．しかしながら，地球上の場所の地点を表すには，このような直交座標系のみを用いるのは必ずしも適切ではない．というのは，地球は球面だからである．

例題 1.19. 北極から 100 マイル上空にある宇宙基地からみることのできる地球の表面上の点を記述せよ．

解答． S を宇宙基地の位置とし，E を地球の表面上 (以下，地表という) の点で，直線 SE が地表と接する点とする．このような点 E はたくさんあって，赤道面と並行な平面 $\mathcal{P}$ の中にある円周 $\mathcal{C}$ を形成している．この平面 $\mathcal{P}$ は地球を 2 つの部分に分割するが，北極点を含む方がまさにいま求めている点の全体であ

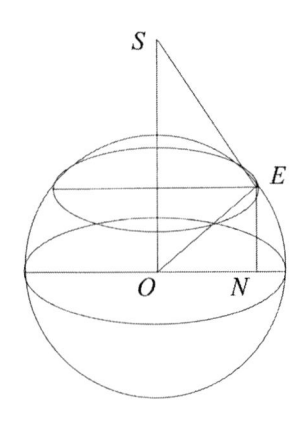

図 1.52

る．$\mathcal{C}$ 上の点 E を表示する最良の方法は，半直線 OE と赤道面とのなす角を用いることである．点 E が $\mathcal{C}$ 上を動いても，この角度が変わらないことは容易にわかる．

N を赤道面上にあって E に最も近い点とする．中心角 EON は E の**緯度** (latitude) と呼ばれる．もし E が北半球にあるならば，その緯度は正であり，そうでなければ負である．したがって，緯度は $[-90°, 90°]$ の範囲の値であり，$90°$（または 北緯 $90°$）は北極点に対応し，$-90°$（または 南緯 $90°$）は南極点に対応する．緯度 $x°$ の点の全体は赤道と並行な円周である．そのような円周が $x°$ の**緯線** (latitudinal circle) と呼ばれる．

この問題を解くために，$\cos\angle SOE = \dfrac{|OE|}{|OS|} = \dfrac{3960}{4060}$ に注意すると，これは $\angle SOE \approx 12.743°$ だから，$\angle NOE = 90° - \angle SOE \approx 77.254°$ である．したがって，宇宙基地からみることのできる地点は，緯度が $77.254°$ 以上のすべての点である．■

例題 1.20. ニュー・ハンプシャー州のエクスター市の緯度は北緯約 $43°$ である．

(a) エクスター市は赤道面から，地球の中を通るとして，どのくらいの距離があるか？地球の表面を通るとすれば，どのくらいの距離があるか？

(b) エクスターの市民は，地球の自転によって 1 日にどのくらいの距離を移動するか？

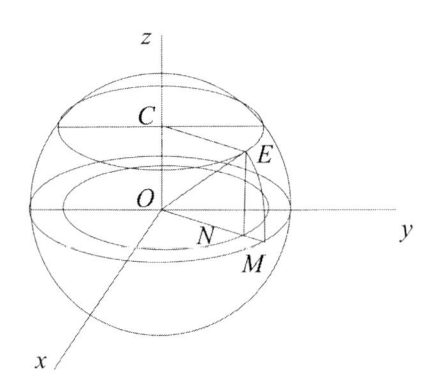

図 1.53

解答. 地球の中心点を O とし，エクスター市を E で表す．

(a) E から赤道面に下ろした垂線の足を N とすると，$\angle EON = 43°$ である．直角三角形 EON において，$|EN| = |EO|\sin 43° = 3960\sin 43° \approx 2700.714$；つまり，$E$ から赤道面までの距離は約 2700.714 マイルであり，これが E の z 座標である．

次に，半直線 ON と赤道との交点を M とする．すると次が成り立つ：
$$|\widehat{EM}| = \frac{\angle EON}{360°} \cdot 2\pi \cdot 3960 \approx 2971.947,$$
つまり，地表を旅行するとして，エクスター市から赤道までの距離は約 2971.947 マイルである．

(b) 北緯 $43°$ の緯線を $\mathcal{C}$ とし，$\mathcal{C}$ の中心を C とする．1日でエクスター市民は円周 $\mathcal{C}$ に沿って一周する．したがって，その距離は円周 $\mathcal{C}$ の長さであり，次のように計算される：
$$2\pi \cdot |CE| = 2\pi \cdot |ON| = 7920\pi \cos 43° \approx 18197.114 \quad (\text{マイル}). \quad \blacksquare$$

上の問題の解答のなかで，点 E，N は x 座標と y 座標は共通であることと，N は O を中心とする半径 $3960\cos 43°$ の円周上にあることは容易にわかる．ここで空間に x 軸と y 軸を設定する．**本初子午線** (primary meridian) は北極点と南極点を通る大円のうち，イギリスのグリニッチを通る方の北極点から南極点までの半円である．x 軸は，この本初子午線と赤道の交点を通るように設定する；本初子午線と赤道の交点の座標は $(3960, 0, 0)$ となる．この点は南大西洋のなかで，ガーナの海岸近くの地点である．y 軸は，x 軸，y 軸，z 軸の正の方向が右手系をなすように設定する．本初子午線を z 軸の周りに回転させると，共通の半径をもつ北極点と南極点を結ぶ半円周が得られる．これらの半円周を**経線** (meridian) と呼ぶ．経度が $x°$ (または，$x°$ の経線) であるとは，経線と赤道との交点の (赤道上で x 軸となす) 角が $x°$ であることで，同一経線上の点はすべて $x°$ である．地球の表面上のどの点も 1 本の緯線と 1 本の経線の交点である．したがって，地表上の点は，経度 α と緯度 β の順序対 (α, β) によって表すことができる．一般に，球面上の点を考える場合には，その上の点は $E = (r, \alpha, \beta)$ のように表すことができる．ただし，r はその球面の半径である．これは点 E の**極座標**または**球座標** (spherical coordinates) である．地球の表面上の点を考察する特別の場合では，r は 3960 マイルである．

E を球座標 (r, α, β) なる点とする (図 1.54). この点の直交座標系による表示を計算してみる. 以前にやったように, E から赤道面 (xy 平面) へ下ろした垂線の足を N とする. また, E の直交座標を $E = (x, y, z)$ とする. すると, $z = |EN| = r\sin\beta$ で, $N = (x, y, 0)$ である. xy 平面においては, N は半径 $r\cos\beta$ の円周上にあり, 角度は α であるから, $x = r\cos\alpha\cos\beta$, $y = r\sin\alpha\cos\beta$ である:つまり,

$$E = (r\cos\alpha\cos\beta, r\sin\alpha\cos\beta, r\sin\beta)$$

である. これはしばしば $E = r(\cos\alpha\cos\beta, \sin\alpha\cos\beta, \sin\beta)$ とも書かれる. これが球座標を直交座標に移行する際の方法である. 逆の移行, つまり直交座標を球座標に移行するのも難しくはない.

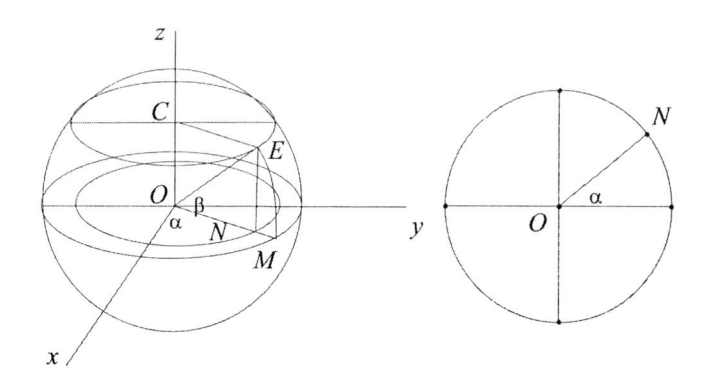

図 1.54

地球上の旅行

少なくとも予見可能な未来においては, ニューヨークと東京のような大都市を結ぶのに地球の内部を直線的に掘ってトンネルを通すなどというのは不可能である. したがって, 地球上である場所から他の場所へ旅行するときには, 地表を旅行しなければならない. 地球上の 2 地点に対して, 地表に沿ってこれらを結ぶ最短の道の長さをどうすれば計算できるであろうか？ $\mathcal{C}$ をこの最短の道とする. 直感的には, $\mathcal{C}$ 上の点はすべて同一平面上にあることを示すのは難しくない. この事実の証明は簡単ではないが, ここではこれを認めることにしよう. $\mathcal{C}$ を含む

平面を $\mathcal{P}$ とする．$\mathcal{P}$ と地球の表面との交わりが円周になることは明らかである．この結果，$\mathcal{C}$ は円周の一部分としての弧となることがわかる．2 個の固定点に対して，これらの 2 点を通る円周をいくつも描くことができる (図 1.55)．これらの円周についてはその半径を増加させるにしたがって，固定点で区切られる円周の短い方の長さは減少することが容易にわかる．(円周の半径を無限大に近づけると，円周は直線に近づき，その円周の固定点で区切られた部分はこの固定点を結ぶ線分に近づく．)

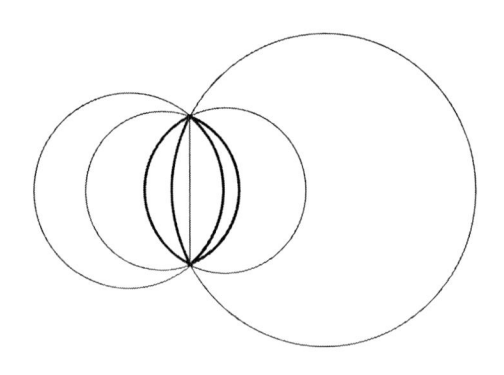

図 1.55

地球の表面上の 2 点 A, B に対して，地球上で A, B を通る最大の円周は地球の中心点を中心とする円周である．このような円周は大円 (great circle) と呼ばれる．例えば，赤道は大円であり，各経線は大半円である．読者には，地球儀上に任意に 2 点を選び，これらの 2 点を通る大円を描いてみることを勧める．これをやってみると，なぜ多くの国際線の航空機が高緯度地域を飛行するかが納得できるであろう．

例題 1.21. モニカとリンダは中国の上海 (東経 121°，北緯 31°) からアメリカ・ニューヨーク州のアルバニー (西経 73°，北緯 42°) まで彼らの友人ヒラリーを訪ねる旅をした．モニカとリンダの旅の距離を計算せよ．

解答． 一般に，地表上の 2 点を $A = (3960, \alpha_1, \beta_1)$, $B = (3960, \alpha_2, \beta_2)$ とすると，

$$A = 3960(\cos\alpha_1 \cos\beta_1, \sin\alpha_1 \cos\beta_1, \sin\beta_1)$$

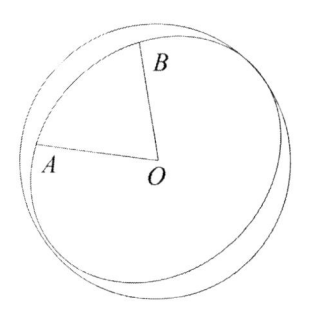

あなたはどこにいるの？ 65

$$B = 3960(\cos\alpha_2 \cos\beta_2, \sin\alpha_2 \cos\beta_2, \sin\beta_2)$$

である．$\theta = \angle AOB$ とおく．すると余弦法則のベクトル版より，次を得る：

$$\cos\theta = \frac{\overrightarrow{OA} \cdot \overrightarrow{OB}}{|\overrightarrow{OA}||\overrightarrow{OB}|}$$
$$= \cos\alpha_1 \cos\beta_1 \cos\alpha_2 \cos\beta_2 + \sin\alpha_1 \cos\beta_1 \sin\alpha_2 \cos\beta_2 + \sin\beta_1 \sin\beta_2.$$

この問題については，$\alpha_1 = 121°$，$\beta_1 = 31°$，$\alpha_2 = -73°$，$\beta_2 = 42°$ である．これらの値を上の等式に代入して，$\cos\theta \approx -0.273$ を得る．これから，$\theta \approx 105.870°$．したがって，上海とアルバニーの間の距離は，地表に沿って測って，約 $\dfrac{\theta}{360°} \cdot 2\pi \cdot 3960 \approx 7317.786$ マイルである．∎

あなたはどこにいるの？

長距離フライトの間，航空機の客室のスクリーンはしばしばその航空機の位置と経路を映し出す．これはいかにして行うのであろうか？ あるいは，GPS (global positioning system) はいかに機能するのであろうか？ この課題についてのちょっとした案内旅行をしよう．

例題 1.22. モニカとリンダは中国の上海（東経 121°，北緯 31°）からアメリカ・ニューヨーク州のアルバニー（西経 73°，北緯 42°）の友人ヒラリーを訪ねる旅をした．モニカの郷里，ビルロックはこの飛行行程の 5 分の 4 の位置にある．ビルロックの球座標を求めよ．

解答． 例題 1.21 の解答と同じ記法を採用する．C を弧 $\overparen{AB}$ 上の任意の点を表し，$\angle AOC = k\angle AOB = k\theta$ と仮定する；ただし，k は $0 \leq \theta \leq 1$ なる実数で

ある．すると，$\angle COB = (1-k)\theta$ である．D, E を，それぞれ，直線 OA, OB 上の点で，$AO \parallel CE$, $BO \parallel CD$ をみたすものとする．すると，四角形 $CDOE$ は平行四辺形である．$\mathbf{u} = \overrightarrow{OA}$, $\mathbf{v} = \overrightarrow{OB}$, $\mathbf{w} = \overrightarrow{OC}$ とおく．実数 a, b, c が存在して，$|OD| = a \cdot |OA|$, $|OE| = b \cdot |OB|$ と表せる (図 1.57)．内積の分配法則によって，次を得る：

$$\mathbf{w} \cdot \mathbf{u} = a\mathbf{u} \cdot \mathbf{u} + b\mathbf{u} \cdot \mathbf{v}, \quad \mathbf{w} \cdot \mathbf{v} = a\mathbf{u} \cdot \mathbf{v} + b\mathbf{v} \cdot \mathbf{v}.$$

$|\mathbf{u}| = |\mathbf{v}| = |\mathbf{w}| = 3960$ であることに注意する．余弦法則のベクトル版により，これらの等式は次の等式

$$\cos k\theta = a + b\cos\theta, \quad \cos(1-k)\theta = a\cos\theta + b.$$

と同値である．これらを A, b についての連立方程式として解くと，

$$a = \frac{\cos k\theta - \cos(1-k)\theta \cos\theta}{\sin^2\theta}, \quad b = \frac{\cos(1-k)\theta - \cos k\theta \cos\theta}{\sin^2\theta}.$$

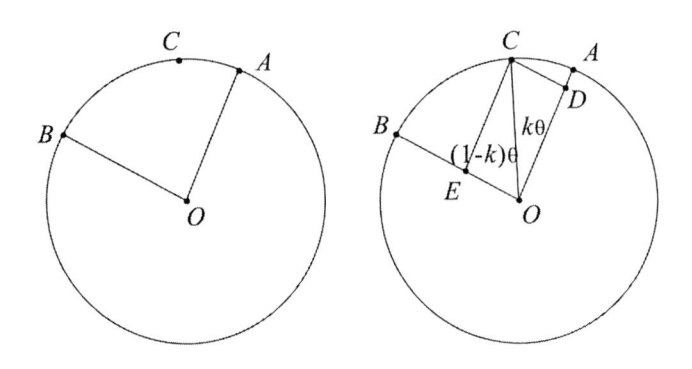

図 1.57

この問題に関しては，$k = \dfrac{4}{5}$, $\theta \approx 105.870°$ (例題 1.21 による)．これらの値を上の等式に代入して，$a \approx 0.376$, $b \approx 1.035$ を得る．これより，

$$\mathbf{w} = a\mathbf{u} + b\mathbf{v} \approx 3960[0.059, -0.460, 0.886]$$

を得る：これは直交座標系に関する点 C の座標である．$(3960, \gamma, \phi)$ を点 C の球座標とする．すると，$\sin\phi \approx 0.886$ より $\phi \approx 62.383°$, $\sin\gamma\cos\phi \approx -0.460$ より $\gamma \approx -82.67°$ となる．よって，ビルロックは，西経 $82.67°$, 北緯 $62.383°$

である.

ド・モアブル (de Moivre) の公式

　実数係数の多項式から得られる方程式の多くは，例えば，$x^2 + 1 = 0$ のように，実数解をもたない．伝統的な解決法は性質 $i^2 = -1$ をみたす i を数の仲間に入れることである．そして，$x^2 - 4x + 7 = 0$ のような方程式を解くには，$(x-2)^2 = -3$ として $x - 2 = \pm\sqrt{3}i$ を求め，$x = 2 \pm \sqrt{3}i$ をこの方程式の解とすることである (平方式を適用して平方を完成する段階は省略することができる)．そこで，a, b を実数として，$a + bi$ の形をした数を考える．このような数は**複素数** (complex number, imaginary number) と呼ばれる．実数は $a = a + 0i$ として複素数とみなすことができる．厳密にいうと，数 i は**虚数単位** (imaginary unit) と呼ばれ，$z = bi$ は $b \neq 0$ のとき**純虚数** (pure imaginary) と呼ばれる．

　これらの数を表そうとするならば，目にみえるようにすることが重要である．数 $a + bi$ は点 (a, b) または原点から点 (a, b) へのベクトル $[a, b]$ と対応させられる．この同意のもとで，座標平面は**複素平面**または**複素数平面** (complex plane) と呼ばれる．y 軸上の点 $(0, b)$ は純虚数 bi に対応し，それゆえ，y 軸は複素平面では**虚軸** (imaginary axis) と呼ばれる．同様に，x 軸は**実軸** (real axis) と呼ばれる．O で原点を表し，各小文字は，これに対応する大文字がラベル付けされた点に呼応する複素数を表すものとしよう (例えば，もし $z = 3 + 4i$ ならば，$Z = (3, 4)$ である)．図 1.58 を参照されたい．

　複素平面の定義から，複素数の作用に関して述べることが許されることになる．複素数 $z_1 = a_1 + b_1 i$ と $z_2 = a_2 + b_2 i$ の和は $z = z_1 + z_2 = (a_1 + a_2) + (b_1 + b_2)i$ であり，差は $z' = z_1 - z_2 = (a_1 - a_2) + (b_1 - b_2)i$ である．複素数をベクトルと呼応すると考えると，四角形 $OZ_1 ZZ_2$ は平行四辺形であり，z と z' は対角線ベクトル $\overrightarrow{OZ}$ と $\overrightarrow{Z_2 Z_1}$ に対応していることは容易にわかる．

　複素数 z の**絶対値** (magnitude) または**長さ** (length) (これを $|z|$ で表す) に関しても，その複素数に呼応するベクトルの絶対値に対応させて述べることができる．例えば，$|3 - 4i| = 5$ であり，一般に，$|a + bi| = \sqrt{a^2 + b^2}$ である．したがって，$|z| = 5$ であるようなすべての複素数 z の全体は，原点を中心とする半径 5 の円周となる．複素数の**極形式** (polar form) についても述べることができる．もし点 $Z = (a, b)$ が極座標で $Z = (r, \theta)$ と表されたとすると，$r = \sqrt{a^2 + b^2}$, $a = r\cos\theta$, $b = r\sin\theta$

$Z = (-2, 6)$
$z = -2 + 6i$

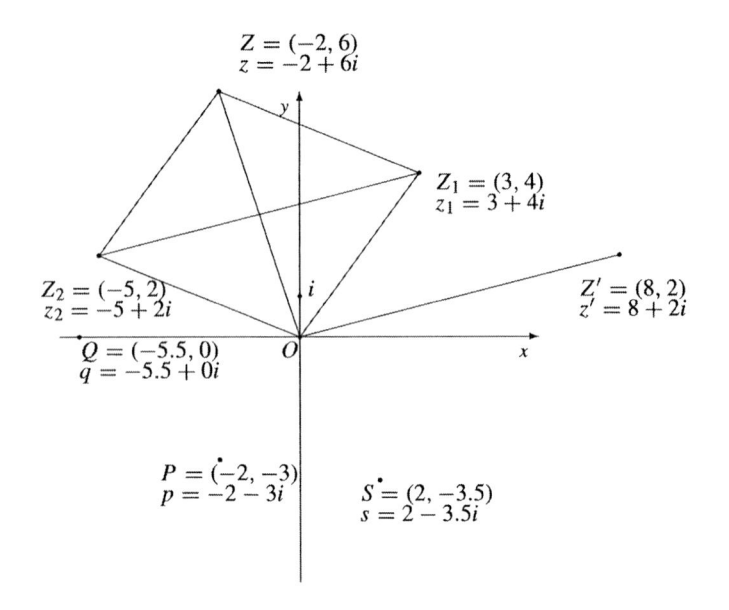

$Z_1 = (3, 4)$
$z_1 = 3 + 4i$

$Z_2 = (-5, 2)$
$z_2 = -5 + 2i$

$Z' = (8, 2)$
$z' = 8 + 2i$

$Q = (-5.5, 0)$
$q = -5.5 + 0i$

$P = (-2, -3)$
$p = -2 - 3i$

$S = (2, -3.5)$
$s = 2 - 3.5i$

図 1.58

である：$z = a + bi = r\cos\theta + ri\sin\theta = r(\cos\theta + i\sin\theta)$.

同じ絶対値をもつベクトルの和についての興味深い性質を展開したが，同様な性質を複素数の言葉で書くことができる．z_1, z_2 を $|z_1| = |z_2| = r$ なる複素数とする．$z_1 = r(\cos\theta_1 + i\sin\theta_1)$, $z_2 = r(\cos\theta_2 + i\sin\theta_2)$ とおき，$z = z_1 + z_2$ とする．すると，四角形 OZ_1ZZ_2 は菱形となるので，直線 OZ は $\angle Z_1OZ_2$ を 2 等分する；すなわち，ある実数 r' について，$z = r'\left(\cos\dfrac{\theta_1 + \theta_2}{2} + i\sin\dfrac{\theta_1 + \theta_2}{2}\right)$ と表される．特に，$z_1 = 1$, $z_2 = \cos\dfrac{a}{2} + i\sin\dfrac{a}{2}$ ならば，$z = r'\left(\cos\dfrac{a}{2} + i\sin\dfrac{a}{2}\right)$ である．ただし，$r' = |OZ| = |z|$ である．したがって，$\tan\dfrac{a}{2}$ は直線 OZ の勾配と等しい；つまり，

$$\tan\frac{a}{2} = \frac{\sin\theta}{1 + \cos a}$$

が成り立つ．これは半角の公式 (half-angle formulas) のひとつである．その他の半角の公式も似たような形で得ることができる．$r' = |OZ| = 2\cos\dfrac{a}{2}$ であることを確かめるのも難しくはない．

例題 **1.23.**[AMC12 2002]　a, b は実数で，次の条件をみたす：
$$\sin a + \sin b = \frac{\sqrt{2}}{2},$$
$$\cos a + \cos b = \frac{\sqrt{6}}{2}.$$
このとき，$\sin(a+b)$ を計算せよ．

解答 1.　与えられた2つの条件式を平方してその結果を辺々加えると，加法定理によって
$$\sin^2 a + \cos^2 a + \sin^2 b + \cos^2 b + 2(\sin a \sin b + \cos a \cos b) = \frac{2}{4} + \frac{6}{4},$$
$$\cos(a-b) = \sin a \sin b + \cos a \cos b = 0$$
を得る．また2つの条件式を辺々掛け合わせると，2倍角の公式と加法定理より
$$\sin a \cos a + \sin b \cos b + \sin a \cos b + \sin b \cos a = \frac{\sqrt{3}}{2},$$
$$\sin 2a + \sin 2b + 2\sin(a+b) = \sqrt{3}$$
を得る．これに和積公式を適用して，次を得る：
$$\sin 2a + \sin 2b = 2\sin(a+b)\cos(a-b) = 0.$$
したがって，$\sin(a+b) = \dfrac{\sqrt{3}}{2}$.

解答 2.　次の図 1.59 のように，複素数
$$z_1 = \cos a + i\sin a, \quad z_2 = \cos b + i\sin b$$
を考える．

複素数の演算法則と与えられた条件から，次を得る：

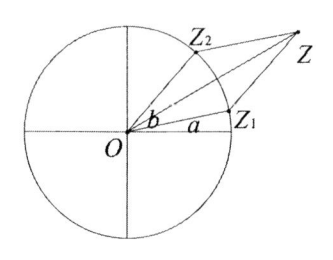

図 1.59

$$z = z_1 + z_2 = r'\left(\cos\frac{a+b}{2} + i\sin\frac{a+b}{2}\right) = \cos a + i\sin a + \cos b + i\sin b$$
$$= \frac{\sqrt{6}}{2} + \frac{\sqrt{2}i}{2} = \sqrt{2}\left(\frac{\sqrt{3}}{2} + \frac{i}{2}\right) = \sqrt{2}\left(\cos\frac{\pi}{6} + i\sin\frac{\pi}{6}\right).$$

これより，$r' = \sqrt{2}$, $\dfrac{a+b}{2} = \dfrac{\pi}{6}$ を得るから，$\sin(a+b) = \sin\dfrac{\pi}{3} = \dfrac{\sqrt{3}}{2}$ を得る． ∎

複素数の最も興味深い性質のひとつはその積に関係している．複素数 $z_1 = a_1 + b_1 i$, $z_2 = a_2 + b_2 i$ の積は

$$\begin{aligned} z = z_1 z_2 &= (a_1 + b_1 i)(a_2 + b_2 i) \\ &= a_1 a_2 + a_2 b_1 i + a_1 b_2 i + b_1 b_2 i^2 \\ &= (a_1 a_2 - b_1 b_2) + (a_1 b_2 + a_2 b_1)i \end{aligned}$$

と定義するのが自然である．これはまさに加法定理の真似である．実際，極形式 $z_1 = r_1(\cos\theta_1 + i\sin\theta_1)$, $z_2 = r_2(\cos\theta_2 + i\sin\theta_2)$ で考察すると，加法定理を適用して，

$$\begin{aligned} z = z_1 z_2 &= (a_1 + b_1 i)(a_2 + b_2 i) \\ &= r_1(\cos\theta_1 + i\sin\theta_1)r_2(\cos\theta_2 + i\sin\theta_2) \\ &= r_1 r_2(\cos\theta_1\cos\theta_2 + i\cos\theta_1\sin\theta_2 + i\sin\theta_1\cos\theta_2 + i^2\sin\theta_1\sin\theta_2) \\ &= r_1 r_2[(\cos\theta_1\cos\theta_2 - \sin\theta_1\sin\theta_2) + i(\sin\theta_1\cos\theta_2 + \cos\theta_1\sin\theta_2)] \\ &= r_1 r_2[\cos(\theta_1 + \theta_2) + i\sin(\theta_1 + \theta_2)] \end{aligned}$$

を得る．すると

$$\frac{z_1}{z_2} = \frac{r_1(\cos\theta_1 + i\sin\theta_1)}{r_2(\cos\theta_2 + i\sin\theta_2)} = \frac{r_1}{r_2}[\cos(\theta_1 - \theta_2) + i\sin(\theta_1 - \theta_2)]$$

も容易に証明される．これで複素数の積（除）の角に関する加法（減法）的性質を示したことになる．これは，複素数の演算が三角法と密接な関係がある理由である．例えば，$\theta_1 = \tan^{-1}\dfrac{1}{2}$, $\theta_2 = \tan^{-1}\dfrac{1}{3}$ ならば，加法定理により，$\theta_1 + \theta_2 = 45°$ であることを示すことができる．一方，この事実は複素数の単純な積：$(2+i)(3+i) = 5+5i$ によってもまた示すことができる．（読者はなぜだか答えられるだろうか？）

上で述べた複素数の積の角に関する加法的性質によって，

$$(\cos\theta + i\sin\theta)^2 = \cos 2\theta + i\sin 2\theta,$$
$$(\cos\theta + i\sin\theta)^3 = \cos 3\theta + i\sin 3\theta$$

などが見て取れる．これを帰納法の前提として次に挙げるド・モアブルの公式を証明することができる：

任意の角 θ と任意の自然数 n について，次が成り立つ：
$$(\cos\theta + i\sin\theta)^n = \cos n\theta + i\sin n\theta.$$

この公式から，$\sin n\alpha$ と $\cos n\alpha$ を，それぞれ，$\sin\alpha$ と $\cos\alpha$ によって表す展開公式 (expansion formulas) は，上の等式の左辺を展開し，両辺の対応する実部と虚部を呼応させることによって容易に導かれる：

$$\sin n\alpha = {}_nC_1 \cos^{n-1}\alpha \sin\alpha - {}_nC_3 \cos^{n-3}\alpha \sin^3\alpha$$
$$+ {}_nC_5 \cos^{n-5}\alpha \sin^5\alpha - \cdots,$$
$$\cos n\alpha = {}_nC_0 \cos^n\alpha - {}_nC_2 \cos^{n-2}\alpha \sin^2\alpha$$
$$+ {}_nC_4 \cos^{n-4}\alpha \sin^4\alpha - \cdots.$$

第 2 章

基 本 問 題

1. 実数 x は $\sec x - \tan x = 2$ をみたす．$\sec x + \tan x$ を求めよ．

2. $0° < \theta < 45°$ とする．以下の値を大きい順に並べよ．
$$t_1 = (\tan\theta)^{\tan\theta}, \quad t_2 = (\tan\theta)^{\cot\theta},$$
$$t_3 = (\cot\theta)^{\tan\theta}, \quad t_4 = (\cot\theta)^{\cot\theta}$$

3. 以下を計算せよ．
  (a) $\sin\dfrac{\pi}{12}, \quad \cos\dfrac{\pi}{12}, \quad \tan\dfrac{\pi}{12}$
  (b) $\cos^4\dfrac{\pi}{24} - \sin^4\dfrac{\pi}{24}$
  (c) $\cos 36° - \cos 72°$
  (d) $\sin 10° \sin 50° \sin 70°$

4. 以下の式を簡単にせよ．
$$\sqrt{\sin^4 x + 4\cos^2 x} - \sqrt{\cos^4 x + 4\sin^2 x}$$

5. 次の等式を証明せよ．
$$1 - \cot 23° = \dfrac{2}{1 - \cot 22°}$$

6. 区間 $\left(0, \dfrac{\pi}{2}\right)$ に含まれる実数 x であって，以下の等式をみたすものをすべて

求めよ．
$$\frac{\sqrt{3}-1}{\sin x} + \frac{\sqrt{3}+1}{\cos x} = 4\sqrt{2}$$

7. xy 座標平面上で，$x^2 + y^2 \leqq 100$, $\sin(x+y) \geqq 0$ の両方をみたす点 (x, y) の領域を $\mathcal{R}$ とする．$\mathcal{R}$ の面積を求めよ．

8. 三角形 ABC において以下を示せ．
$$\sin\frac{A}{2} \leqq \frac{a}{b+c}$$

9. 区間 $[-1, 1]$ 上で $f(\sin 2x) = \sin x + \cos x$ をみたす関数 f を決定せよ．また，区間 $\left[-\dfrac{\pi}{4}, \dfrac{\pi}{4}\right]$ 上の x に対して，$f(\tan^2 x)$ の値を簡単にせよ．

10. $f_k(x)$ を
$$f_k(x) = \frac{1}{k}\left(\sin^k x + \cos^k x\right) \quad (k = 1, 2, \dots)$$
で定義する．任意の実数 x に対して，
$$f_4(x) - f_6(x) = \frac{1}{12}$$
を示せ．

11. 半径 1 の円が 15×36 の長方形 $ABCD$ の内部に完全に含まれるようにおかれている．この円が対角線 AC と共有点をもたない確率を求めよ．

12. 三角形 ABC に対して，
$$3\sin A + 4\cos B = 6, \quad 4\sin B + 3\cos A = 1$$
が成立している．$\angle C$ の大きさを求めよ．

13. $a \neq \dfrac{k\pi}{2}$ $(k \in \mathbb{Z})$ なる任意の実数 a に対して，
$$\tan 3a - \tan 2a - \tan a = \tan 3a \tan 2a \tan a$$
が成立することを示せ．

14. a, b, c, d はいずれも区間 $[0, \pi]$ 上の実数で,
$$\sin a + 7 \sin b = 4(\sin c + 2 \sin d),$$
$$\cos a + 7 \cos b = 4(\cos c + 2 \cos d)$$
をみたす. $2 \cos(a - d) = 7 \cos(b - c)$ を証明せよ.

15. 次の式を単項式で表せ.
$$\sin(x - y) + \sin(y - z) + \sin(z - x)$$

16. 次を示せ.
$$(4 \cos^2 9° - 3)(4 \cos^2 27° - 3) = \tan 9°$$

17. $a, b \geqq 0, 0 < x < \dfrac{\pi}{2}$ をみたす任意の実数 a, b, x に対して,
$$\left(1 + \dfrac{a}{\sin x}\right)\left(1 + \dfrac{b}{\cos x}\right) \geqq \left(1 + \sqrt{2ab}\right)^2$$
が成立することを示せ.

18. 三角形 ABC は $\sin A + \sin B + \sin C \leqq 1$ をみたす. このとき,
$$\min\{A + B, B + C, C + A\} < 30°$$
を示せ.

19. 三角形 ABC において, 以下を証明せよ.
(a) $\tan \dfrac{A}{2} \tan \dfrac{B}{2} + \tan \dfrac{B}{2} \tan \dfrac{C}{2} + \tan \dfrac{C}{2} \tan \dfrac{A}{2} = 1$
(b) $\tan \dfrac{A}{2} \tan \dfrac{B}{2} \tan \dfrac{C}{2} \leqq \dfrac{\sqrt{3}}{9}$

20. 鋭角三角形 ABC に対して, 以下を示せ.
(a) $\tan A + \tan B + \tan C = \tan A \tan B \tan C$
(b) $\tan A \tan B \tan C \geqq 3\sqrt{3}$

21. 三角形 ABC に対して，次を示せ．
$$\cot A \cot B + \cot B \cot C + \cot C \cot A = 1$$
逆に，実数 x, y, z が $xy + yz + zx = 1$ をみたすとき，三角形 ABC であって $\cot A = x, \cot B = y, \cot C = z$ をみたすものが存在することを示せ．

22. 三角形 ABC に対して，
$$\sin^2 \frac{A}{2} + \sin^2 \frac{B}{2} + \sin^2 \frac{C}{2} + 2\sin \frac{A}{2} \sin \frac{B}{2} \sin \frac{C}{2} = 1$$
が成立することを示せ．逆に，正の実数 x, y, z が
$$x^2 + y^2 + z^2 + 2xyz = 1$$
をみたすとき，三角形 ABC であって $x = \sin \frac{A}{2}, y = \sin \frac{B}{2}, z = \sin \frac{C}{2}$ をみたすようなものが存在することを示せ．

23. 三角形 ABC に対して，以下を示せ．
 (a) $\sin \frac{A}{2} \sin \frac{B}{2} \sin \frac{C}{2} \leq \frac{1}{8}$
 (b) $\sin^2 \frac{A}{2} + \sin^2 \frac{B}{2} + \sin^2 \frac{C}{2} \geq \frac{3}{4}$
 (c) $\cos^2 \frac{A}{2} + \cos^2 \frac{B}{2} + \cos^2 \frac{C}{2} \leq \frac{9}{4}$
 (d) $\cos \frac{A}{2} \cos \frac{B}{2} \cos \frac{C}{2} \leq \frac{3\sqrt{3}}{8}$
 (e) $\csc \frac{A}{2} + \csc \frac{B}{2} + \csc \frac{C}{2} \geq 6$

24. 三角形 ABC において，以下を示せ．
 (a) $\sin 2A + \sin 2B + \sin 2C = 4 \sin A \sin B \sin C$
 (b) $\cos 2A + \cos 2B + \cos 2C = -1 - 4 \cos A \cos B \cos C$
 (c) $\sin^2 A + \sin^2 B + \sin^2 C = 2 + 2 \cos A \cos B \cos C$
 (d) $\cos^2 A + \cos^2 B + \cos^2 C + 2\cos A \cos B \cos C = 1$
　　　逆に，正の実数 x, y, z が
$$x^2 + y^2 + z^2 + 2xyz = 1$$

をみたすとき，鋭角三角形 ABC であって，$x = \cos A$, $y = \cos B$, $z = \cos C$ となるようなものが存在する．

25. 三角形 ABC において以下を示せ．
(a) $4R = \dfrac{abc}{[ABC]}$
(b) $2R^2 \sin A \sin B \sin C = [ABC]$
(c) $2R \sin A \sin B \sin C = r(\sin A + \sin B + \sin C)$
(d) $r = 4R \sin \dfrac{A}{2} \sin \dfrac{B}{2} \sin \dfrac{C}{2}$
(e) $a \cos A + b \cos B + c \cos C = \dfrac{abc}{2R^2}$

26. s を三角形 ABC の周りの長さの半分とするとき，以下を示せ．
(a) $s = 4R \cos \dfrac{A}{2} \cos \dfrac{B}{2} \cos \dfrac{C}{2}$
(b) $s \leqq \dfrac{3\sqrt{3}}{2} R$

27. 三角形 ABC において，以下を示せ．
(a) $\cos A + \cos B + \cos C = 1 + 4 \sin \dfrac{A}{2} \sin \dfrac{B}{2} \sin \dfrac{C}{2}$
(b) $\cos A + \cos B + \cos C \leqq \dfrac{3}{2}$

28. 三角形 ABC において以下を示せ．
(a) $\cos A \cos B \cos C \leqq \dfrac{1}{8}$
(b) $\sin A \sin B \sin C \leqq \dfrac{3\sqrt{3}}{8}$
(c) $\sin A + \sin B + \sin C \leqq \dfrac{3\sqrt{3}}{2}$
(d) $\cos^2 A + \cos^2 B + \cos^2 C \geqq \dfrac{3}{4}$
(e) $\sin^2 A + \sin^2 B + \sin^2 C \leqq \dfrac{9}{4}$
(f) $\cos 2A + \cos 2B + \cos 2C \geqq -\dfrac{3}{2}$

(g) $\sin 2A + \sin 2B + \sin 2C \leq \dfrac{3\sqrt{3}}{2}$

29. $x \neq \dfrac{k\pi}{6}$ $(k \in \mathbb{Z})$ なる任意の実数 x に対して，
$$\dfrac{\tan 3x}{\tan x} = \tan\left(\dfrac{\pi}{3} - x\right)\tan\left(\dfrac{\pi}{3} + x\right)$$
を示せ．

30. 以下をみたす n を求めよ．
$$(1 + \tan 1°)(1 + \tan 2°)\cdots(1 + \tan 45°) = 2^n$$

31. 座標平面上に 2 点 $A(0,0), B(b,2)$ をとる．凸六角形 $ABCDEF$ はすべての辺の長さが等しく，$\angle FAB = 120°, AB \| DE, BC \| EF, CD \| FA$ である．また，この六角形の各頂点の y 座標は $\{0,2,4,6,8,10\}$ の並べ替えである．この六角形の面積を求めよ．

32. ある電卓には 6 つのボタン $\sin, \cos, \tan, \sin^{-1}, \cos^{-1}, \tan^{-1}$ がある．画面に値 x が表示されているときに $\sin$ のボタンを押すと画面の表示が $\sin x$ に変わる．他のボタンについても同様である．このとき，画面に任意の値 x が表示されているとき，これら 6 つのボタンを有限回押すことで画面の表示を $\dfrac{1}{x}$ にできることを示せ．ただし，この電卓は無限桁の計算を行うものとする．

33. 三角形 ABC は，$A - B = 120°$ と $R = 8r$ をみたす．$\cos C$ を求めよ．

34. 三角形 ABC において，
$$\dfrac{a-b}{a+b} = \tan\dfrac{A-B}{2}\tan\dfrac{C}{2}$$
を示せ．

35. 三角形 ABC は $\dfrac{a}{b} = 2 + \sqrt{3}, \angle C = 60°$ をみたす．$\angle A, \angle B$ を求めよ．

36. a, b, c はいずれも $-1, 1$ と異なる実数で，$a + b + c = abc$ をみたす．以下を示せ．
$$\frac{a}{1-a^2} + \frac{b}{1-b^2} + \frac{c}{1-c^2} = \frac{4abc}{(1-a^2)(1-b^2)(1-c^2)}$$

37. 三角形 ABC が二等辺三角形であることと，
$$a\cos B + b\cos C + c\cos A = \frac{a+b+c}{2}$$
であることは同値であることを示せ．

38. $a = \dfrac{2\pi}{1999}$ とするとき，以下を計算せよ．
$$\cos a \cos 2a \cos 3a \cdots \cos 999a$$

39. α, β が $\dfrac{k\pi}{2}$ ($k \in \mathbb{Z}$) でない任意の実数値を動くとき，以下の値の最小値を求めよ．
$$\frac{\sec^4 \alpha}{\tan^2 \beta} + \frac{\sec^4 \beta}{\tan^2 \alpha}$$

40. 実数の組 (x, y) であって，$0 < x < \dfrac{\pi}{2}$ および
$$\frac{(\sin x)^{2y}}{(\cos x)^{y^2/2}} + \frac{(\cos x)^{2y}}{(\sin x)^{y^2/2}} = \sin 2x$$
をみたすようなものをすべて求めよ．

41. $\cos 1°$ は無理数であることを示せ．

42. c を正の定数とする．実数 x_1, x_2, y_1, y_2 が $x_1^2 + x_2^2 = y_1^2 + y_2^2 = c^2$ をみたす範囲を動くとき，
$$S = (1-x_1)(1-y_1) + (1-x_2)(1-y_2)$$
の最大値を求めよ．

43. $0 < a, b < \dfrac{\pi}{2}$ のとき
$$\frac{\sin^3 a}{\sin b} + \frac{\cos^3 a}{\cos b} \geqq \sec(a-b)$$
が成り立つことを示せ．

44. $\sin\alpha\cos\beta = -\dfrac{1}{2}$ のとき，$\cos\alpha\sin\beta$ のとりうる値の範囲を求めよ．

45. 実数 a, b, c に対して，
$$(ab + bc + ca - 1)^2 \leqq (a^2 + 1)(b^2 + 1)(c^2 + 1)$$
を示せ．

46. 実数 a, b, x に対して，次を証明せよ．
$$(\sin x + a\cos x)(\sin x + b\cos x) \leqq 1 + \left(\frac{a+b}{2}\right)^2$$

47. 正の整数 n と実数 $a_1, a_2, \ldots, a_n$ に対し，次を示せ．
$$|\sin a_1| + |\sin a_2| + \cdots + |\sin a_n| + |\cos(a_1 + a_2 + \cdots + a_n)| \geqq 1$$

48. 集合
$$S = \{\sin\alpha, \sin 2\alpha, \sin 3\alpha\}$$
と集合
$$T = \{\cos\alpha, \cos 2\alpha, \cos 3\alpha\}$$
がいずれも 3 つの元からなり，かつ $S = T$ (すなわち，S の元を並べ替えると T になる) ような実数 α をすべて求めよ．

49. 多項式からなる列 $\{T_n(x)\}_{n=0}^{\infty}$ を $T_0(x) = 1$, $T_1(x) = x$, $T_{i+1} = 2xT_i(x) - T_{i-1}(x)$ (i は正の整数) と定める．多項式 $T_n(x)$ は n 番目のチェビシェフ多項式と呼ばれる．
 (a) $T_{2n+1}(x)$ は奇関数，$T_{2n}(x)$ は偶関数であることを示せ．

(b) 任意の実数 $x\ (>1)$ に対して，$T_{n+1}(x) > T_n(x) > 1$ を示せ．

(c) $T_n(\cos\theta) = \cos(n\theta)$ が任意の非負整数 n，実数 θ で成立することを示せ．

(d) 各非負整数 n に対して，$T_n(x) = 0$ の解 x をすべて求めよ．

(e) $P_n(x) = T_n(x) - 1$ とする．$P_n(x) = 0$ の実数解 x をすべて求めよ．

50. 三角形 ABC は $\angle BAC = 40°, \angle ABC = 60°$ をみたす．辺 AC, AB 上に2点 D, E を $\angle CBD = 40°, \angle BCE = 70°$ となるようにとる．直線 BD と CE の交点を F とする．直線 AF，BC は直交することを示せ．

51. 三角形 ABC の内部に点 S をとったとき，$\angle SAB, \angle SBC, \angle SCA$ の少なくとも1つは $30°$ 以下であることを示せ．

52. $a = \dfrac{\pi}{7}$ とおく．
(a) $\sin^2 3a - \sin^2 a = \sin 2a \sin 3a$ を示せ．
(b) $\csc a = \csc 2a + \csc 4a$ を示せ．
(c) $\cos a - \cos 2a + \cos 3a$ を計算せよ．
(d) $\cos a$ は方程式 $8x^3 + 4x^2 - 4x - 1 = 0$ の解であることを示せ．
(e) $\cos a$ は無理数であることを示せ．
(f) $\tan a \tan 2a \tan 3a$ を計算せよ．
(g) $\tan^2 a + \tan^2 2a + \tan^2 3a$ を計算せよ．
(h) $\tan^2 a \tan^2 2a + \tan^2 2a \tan^2 3a + \tan^2 3a \tan^2 a$ を計算せよ．
(i) $\cot^2 a + \cot^2 2a + \cot^2 3a$ を計算せよ．

第 3 章

上 級 問 題

1. $\sin k° \sin(k+1)°$ に関する 2 つの問題に答えよ.
   (a) 次の等式をみたす正の整数 n の最小値を求めよ.
   $$\frac{1}{\sin 45° \sin 46°} + \frac{1}{\sin 47° \sin 48°} + \cdots + \frac{1}{\sin 133° \sin 134°} = \frac{1}{\sin n°}$$
   (b) 次の等式を証明せよ.
   $$\frac{1}{\sin 1° \sin 2°} + \frac{1}{\sin 2° \sin 3°} + \cdots + \frac{1}{\sin 89° \sin 90°} = \frac{\cos 1°}{\sin^2 1°}$$

2. 三角形 ABC と非負実数 x に対して,
   $$a^x \cos A + b^x \cos B + c^x \cos C \leq \frac{1}{2}(a^x + b^x + c^x)$$
   が成立することを示せ.

3. x, y, z は正の実数とする.
   (a) $x + y + z = xyz$ のとき,
   $$\frac{x}{\sqrt{1+x^2}} + \frac{y}{\sqrt{1+y^2}} + \frac{z}{\sqrt{1+z^2}} \leq \frac{3\sqrt{3}}{2}$$
   が成立することを示せ.
   (b) $0 < x, y, z < 1$, $xy + yz + zx = 1$ のとき,
   $$\frac{x}{1-x^2} + \frac{y}{1-y^2} + \frac{z}{1-z^2} \geq \frac{3\sqrt{3}}{2}$$
   が成立することを示せ.

4. x, y, z は $x \geq y \geq z \geq \dfrac{\pi}{12}$, $x + y + z = \dfrac{\pi}{2}$ をみたす実数とする. $\cos x \sin y \cos z$ の最大値と最小値を求めよ.

5. 三角形 ABC は鋭角三角形である. $n = 1, 2, 3$ に対して,
$$x_n = 2^{n-3}(\cos^n A + \cos^n B + \cos^n C) + \cos A \cos B \cos C$$
とする. このとき,
$$x_1 + x_2 + x_3 \geq \dfrac{3}{2}$$
が成立することを示せ.

6. 区間 $[0, 2\pi]$ に属する実数 x であって,
$$3\cot^2 x + 8\cot x + 3 = 0$$
をみたすものすべての和を求めよ.

7. 三角形 ABC は面積が K の鋭角三角形とする. 次を示せ.
$$\sqrt{a^2 b^2 - 4K^2} + \sqrt{b^2 c^2 - 4K^2} + \sqrt{c^2 a^2 - 4K^2} = \dfrac{a^2 + b^2 + c^2}{2}$$

8. 以下の値を計算せよ.
 (a) ${}_nC_1 \sin a + {}_nC_2 \sin 2a + \cdots + {}_nC_n \sin na$
 (b) ${}_nC_1 \cos a + {}_nC_2 \cos 2a + \cdots + {}_nC_n \cos na$

9. x が実数全体を動くとき,
$$|\sin x + \cos x + \tan x + \cot x + \sec x + \csc x|$$
の最小値を求めよ.

10. 実数列 $x_1, x_2, \ldots$ と $y_1, y_2, \ldots$ を
$$x_1 = y_1 = \sqrt{3}, \quad x_{n+1} = x_n + \sqrt{1 + x_n^2}, \quad y_{n+1} = \dfrac{y_n}{1 + \sqrt{1 + y_n^2}} \quad (n \geq 1)$$
で定める. $2 < x_n y_n < 3$ が 2 以上の任意の整数 n で成立することを示せ.

11. a, b, c は実数で,
$$\sin a + \sin b + \sin c \geq \frac{3}{2}$$
をみたす. 次の不等式を示せ.
$$\sin\left(a - \frac{\pi}{6}\right) + \sin\left(b - \frac{\pi}{6}\right) + \sin\left(c - \frac{\pi}{6}\right) \geq 0$$

12. 区間 $\left[\dfrac{\sqrt{2}-\sqrt{6}}{2}, \dfrac{\sqrt{2}+\sqrt{6}}{2}\right]$ に含まれる 4 つの実数 r_1, r_2, r_3, r_4 を任意に選ぶ. このとき, この 4 つの中に $a = r_i, b = r_j \ (i \neq j)$ が存在して,
$$\left|a\sqrt{4-b^2} - b\sqrt{4-a^2}\right| \leq 2$$
が成立することを示せ.

13. a, b は区間 $\left[0, \dfrac{\pi}{2}\right]$ に含まれる実数とする. このとき,
$$\sin^6 a + 3\sin^2 a \cos^2 b + \cos^6 b = 1$$
であることと, $a = b$ となることは同値であることを示せ.

14. x, y, z は実数で, $0 < x < y < z < \dfrac{\pi}{2}$ をみたす. 次が成立することを示せ.
$$\frac{\pi}{2} + 2\sin x \cos y + 2\sin y \cos z \geq \sin 2x + \sin 2y + \sin 2z$$

15. 三角形 XYZ において, その内接円の半径を r_{XYZ} とする. 円に内接する凸五角形 $ABCDE$ が与えられている. $r_{ABC} = r_{AED}$ と $r_{ABD} = r_{AEC}$ が成立するとき, 三角形 ABC, AED は合同であることを示せ.

16. 三角形 ABC のすべての角は $120°$ より小さい. このとき,
$$\frac{\cos A + \cos B - \cos C}{\sin A + \sin B - \sin C} > -\frac{\sqrt{3}}{3}$$
が成立することを示せ.

17. 三角形 ABC は, その内接円の半径を r, 周りの長さの半分を s としたとき,

$$\left(\cot\frac{A}{2}\right)^2 + \left(2\cot\frac{B}{2}\right)^2 + \left(3\cot\frac{C}{2}\right)^2 = \left(\frac{6s}{7r}\right)^2$$

をみたす．このとき，3辺の長さが公約数をもたない正の整数であるような三角形 T が存在し，上記のような三角形 ABC はすべて T に相似になることを示せ．また，T の3辺の長さを決定せよ．

18. 以下の値の (相加) 平均は $\cot 1°$ であることを示せ．
$$2\sin 2°, 4\sin 4°, 6\sin 6°, \ldots, 180\sin 180°$$

19. 鋭角三角形 ABC に対して，
$$\cot^3 A + \cot^3 B + \cot^3 C + 6\cot A \cot B \cot C \geqq \cot A + \cot B + \cot C$$
が成立することを示せ．

20. 実数からなる数列 $\{a_n\}$ を漸化式 $a_1 = t, a_{n+1} = 4a_n(1-a_n)$ $(n \geqq 1)$ で定める．$a_{1998} = 0$ となるような t の値はいくつあるか．

21. 三角形 ABC の内部に点 P をとったところ，$\angle PAB = 10°$，$\angle PBA = 20°$，$\angle PCA = 30°$，$\angle PAC = 40°$ となった．三角形 ABC は二等辺三角形であることを示せ．

22. 漸化式 $a_0 = \sqrt{2} + \sqrt{3} + \sqrt{6}$, $a_{n+1} = \dfrac{a_n^2 - 5}{2(a_n + 2)}$ $(n > 0)$ として数列 $\{a_n\}$ を定める．任意の n で
$$a_n = \cot\left(\frac{2^{n-3}\pi}{3}\right) - 2$$
が成立することを示せ．

23. n は 2 以上の整数とする．次の等式を示せ．
$$\prod_{k=1}^{n} \tan\left[\frac{\pi}{3}\left(1 + \frac{3^k}{3^n - 1}\right)\right] = \prod_{k=1}^{n} \cot\left[\frac{\pi}{3}\left(1 - \frac{3^k}{3^n - 1}\right)\right]$$

24. 多項式からなる列 $\{P_k(x)\}_{k=1}^{\infty}$ は以下のすべてをみたす．
- 任意の正の整数 k に対して，$P_k(x)$ は最高次係数が 1 の k 次多項式である．
- $P_2(x) = x^2 - 2$ である．
- 任意の正の整数 i, j に対して，$P_i(P_j(x)) = P_j(P_i(x))$ が成り立つ．

多項式からなる列 $\{P_k(x)\}$ として考えられるものをすべて求めよ．

25. 三角形 ABC は $a \leqq b \leqq c$ をみたす．$a + b - 2R - 2r$ が正になる条件，0 になる条件，負になる条件を $\angle C$ を用いて表せ．

26. 三角形 ABC の辺 BC, CA, AB 上にそれぞれ点 D, E, F を，$|DC| + |CE| = |EA| + |AF| = |FB| + |BD|$ となるようにとる．次を示せ．
$$|DE| + |EF| + |FD| \geqq \frac{1}{2}(|AB| + |BC| + |CA|)$$

27. a, b は正の実数である．(1) $0 < a, b \leqq 1$ または，(2) $ab \geqq 3$ をみたすとき，
$$\frac{1}{\sqrt{1+a^2}} + \frac{1}{\sqrt{1+b^2}} \geqq \frac{2}{\sqrt{1+ab}}$$
が成立することを示せ．

28. 三角形 ABC のすべての角は $90°$ 以下であり，$AB > AC$，$\angle B = 45°$ をみたす．この三角形の外心，内心をそれぞれ O, I としたところ，$\sqrt{2}|OI| = |AB| - |AC|$ となった．$\sin A$ としてありうる値をすべて求めよ．

29. 正の整数 n が与えられている．以下の式をみたす実数 a_0 と $a_{k,l}$ ($1 \leqq l < k \leqq n$) の組を 1 つ求めよ．ただし，x は π の整数倍ではないとする．
$$\frac{\sin^2 nx}{\sin^2 x} = a_0 + \sum_{1 \leqq l < k \leqq n} a_{l,k} \cos 2(k-l)x$$

30. 三角形 ABC の内接円と辺 BC, CA, AB の接点をそれぞれ P, Q, R とする．このとき，

$$5\left(\frac{1}{|AP|}+\frac{1}{|BQ|}+\frac{1}{|CR|}\right)-\frac{3}{\min\{|AP|,|BQ|,|CR|\}}=\frac{6}{r}$$
をみたすような三角形 ABC 全体の集合を S とする．このとき，S に属するすべての三角形は二等辺三角形であり，任意の 2 元は相似であることを示せ．

31. a,b,c はいずれも区間 $\left(0,\dfrac{\pi}{2}\right)$ に属する実数とする．以下を示せ．
$$\frac{\sin a\sin(a-b)\sin(a-c)}{\sin(b+c)}+\frac{\sin b\sin(b-c)\sin(b-a)}{\sin(c+a)}$$
$$+\frac{\sin c\sin(c-a)\sin(c-b)}{\sin(a+b)}\geqq 0$$

32. 三角形 ABC において，次を示せ．
$$\sin\frac{3A}{2}+\sin\frac{3B}{2}+\sin\frac{3C}{2}\leqq\cos\frac{A-B}{2}+\cos\frac{B-C}{2}+\cos\frac{C-A}{2}$$

33. 2 以上の整数 n と $[-1,1]$ に含まれる相異なる実数 $x_1,x_2,\ldots,x_n$ が与えられている．$t_i=\displaystyle\prod_{j\neq i}|x_j-x_i|$ とおく．次を示せ．
$$\frac{1}{t_1}+\frac{1}{t_2}+\cdots+\frac{1}{t_n}\geqq 2^{n-2}$$

34. 区間 $\left[0,\dfrac{\pi}{2}\right]$ に含まれる実数 $x_1,x_2,\ldots,x_{10}$ は，$\sin^2 x_1+\sin^2 x_2+\cdots+\sin^2 x_{10}=1$ をみたす．このとき，次を示せ．
$$3(\sin x_1+\cdots+\sin x_{10})\leqq\cos x_1+\cdots+\cos x_{10}$$

35. 任意の実数 $x_1,x_2,\ldots,x_n$ に対して，
$$\frac{x_1}{1+x_1^2}+\frac{x_2}{1+x_1^2+x_2^2}+\cdots+\frac{x_n}{1+x_1^2+\cdots+x_n^2}<\sqrt{n}$$
が成立することを示せ．

36. $a_0,a_1,\ldots,a_n$ は区間 $\left(0,\dfrac{\pi}{2}\right)$ に含まれる実数で，

$$\tan\left(a_0 - \frac{\pi}{4}\right) + \tan\left(a_1 - \frac{\pi}{4}\right) + \cdots + \tan\left(a_n - \frac{\pi}{4}\right) \geqq n - 1$$

をみたす．次の不等式を示せ．

$$\tan a_0 \tan a_1 \cdots \tan a_n \geqq n^{n+1}$$

37. $a^2 - 2b^2 = 1, 2b^2 - 3c^2 = 1, ab + bc + ca = 1$ のすべてをみたす実数の組 (a, b, c) を求めよ．

38. n は正の整数，$\theta_1, \theta_2, \ldots, \theta_n$ はすべて開区間 $(0°, 90°)$ に含まれる角で，

$$\cos^2 \theta_1 + \cos^2 \theta_2 + \cdots + \cos^2 \theta_n = 1$$

をみたす．次の不等式が成立することを示せ．

$$\tan \theta_1 + \tan \theta_2 + \cdots + \tan \theta_n \geqq (n-1)(\cot \theta_1 + \cot \theta_2 + \cdots + \cot \theta_n)$$

39. 2つの不等式，

$$(\sin x)^{\sin x} < (\cos x)^{\cos x}, \quad (\sin x)^{\sin x} > (\cos x)^{\cos x}$$

のうち，一方は $0 < x < \dfrac{\pi}{4}$ なる任意の実数 x で成立する．どちらの不等式か特定し，それを証明せよ．

40. k, n を正の整数とする．$\sqrt{k+1} - \sqrt{k}$ が $z^n = 1$ をみたす複素数 z の実部になることはないことを示せ．

41. 鋭角三角形 $A_1A_2A_3$ の辺 A_2A_3, A_3A_1, A_1A_2 上にそれぞれ点 B_1, B_2, B_3 をとる．$i = 1, 2, 3$ に対して，$a_i = |A_{i+1}A_{i+2}|, b_i = |B_{i+1}B_{i+2}|$（添え字は $\bmod 3$ で考える．すなわち，$x_{i+3} = x_i$ である）としたとき，

$$2(b_1 \cos A_1 + b_2 \cos A_2 + b_3 \cos A_3) \geqq a_1 \cos A_1 + a_2 \cos A_2 + a_3 \cos A_3$$

が成立することを示せ．

42. 三角形 ABC，実数 x, y, z，正の実数 n が与えられている．以下の不等式を示せ．

(a) $x^2 + y^2 + z^2 \geq 2yz\cos A + 2zx\cos B + 2xy\cos C$
(b) $x^2 + y^2 + z^2 \geq 2(-1)^{n+1}(yz\cos nA + zx\cos nB + xy\cos nC)$
(c) $yza^2 + zxb^2 + xyc^2 \leq R^2(x+y+z)^2$
(d) $xa^2 + yb^2 + zc^2 \geq 4[ABC]\sqrt{xy+yz+zx}$

43. 四角形 $ABCD$ は内接円 ω をもつ．ω の中心を I とする．等式
$$(|AI| + |DI|)^2 + (|BI| + |CI|)^2 = (|AB| + |CD|)^2$$
が成立するとき，$ABCD$ は等脚台形であることを示せ．

44. a, b, c は非負実数で，
$$a^2 + b^2 + c^2 + abc = 4$$
をみたす．このとき，
$$0 \leq ab + bc + ca - abc \leq 2$$
が成立することを示せ．

45. s, t, u, v は区間 $\left(0, \dfrac{\pi}{2}\right)$ に含まれる実数で，$s+t+u+v = \pi$ をみたす．このとき，次の不等式を示せ．
$$\frac{\sqrt{2}\sin s - 1}{\cos s} + \frac{\sqrt{2}\sin t - 1}{\cos t} + \frac{\sqrt{2}\sin u - 1}{\cos u} + \frac{\sqrt{2}\sin v - 1}{\cos v} \geq 0$$

46. ある電卓は壊れていて，$\sin, \cos, \tan, \sin^{-1}, \cos^{-1}, \tan^{-1}$ のボタンしかうまく動作しない．液晶画面に実数 x が表示されている状態で $\sin$ のボタンを押すと画面に表示されている数は $\sin x$ に変化する．他のボタンについても同様である．任意の有理数 q が与えられている．液晶画面に 0 が表示されている状態から，これら 6 つのボタンを有限回押すことで画面の表示を q にできることを証明せよ．ただし，この電卓は実数の計算を誤差なく行うことができるものとする．また，角度の単位はラジアンで計算するものとする．

47. 正の整数 n を任意にとり固定する．λ は正の定数とする．区間 $\left(0, \dfrac{\pi}{2}\right)$ に属

する実数 $\theta_1, \theta_2, \ldots, \theta_n$ であって,
$$\tan\theta_1 \tan\theta_2 \cdots \tan\theta_n = 2^{n/2}$$
をみたすようなものが任意に与えられたとき，常に,
$$\cos\theta_1 + \cos\theta_2 + \cdots + \cos\theta_n \leqq \lambda$$
が成立するという．λ の値として考えられる最小値を求めよ．

48. 任意の鋭角三角形 ABC について，以下が成り立つことを示せ．
$$(\sin 2B + \sin 2C)^2 \sin A + (\sin 2C + \sin 2A)^2 \sin B$$
$$+ (\sin 2A + \sin 2B)^2 \sin C \leqq 12 \sin A \sin B \sin C$$

49. 6 以上の整数 m, n，および鈍角をもたない三角形 ABC が与えられている．この三角形の各辺に正方形 P_4，正 m 角形 P_m，正 n 角形 P_n をそれぞれ三角形と辺を共有し，三角形の外部にくるように作図する．これら 3 つの正多角形の中心を結んだところ，正三角形が得られた．このとき，$m = n = 6$ であることを示し，三角形 ABC の 3 つの角の大きさを求めよ．

50. 鋭角三角形 ABC が与えられている．次を示せ．
$$\left(\frac{\cos A}{\cos B}\right)^2 + \left(\frac{\cos B}{\cos C}\right)^2 + \left(\frac{\cos C}{\cos A}\right)^2 + 8\cos A \cos B \cos C \geqq 4$$

51. 任意の実数 x と任意の正の整数 n に対して，
$$\left|\sum_{k=1}^{n} \frac{\sin kx}{k}\right| \leqq 2\sqrt{\pi}$$
が成立することを示せ．

第4章

基本問題の解答

1. [AMC12 1999] 実数 x は $\sec x - \tan x = 2$ をみたす. $\sec x + \tan x$ を求めよ.

   解答. 等式,
   $$1 = \sec^2 x - \tan^2 x = (\sec x + \tan x)(\sec x - \tan x)$$
   より, $\sec x + \tan x = \dfrac{1}{2}$ である.

2. $0° < \theta < 45°$ とする. 以下の値を大きい順に並べよ.
   $$t_1 = (\tan \theta)^{\tan \theta}, \quad t_2 = (\tan \theta)^{\cot \theta},$$
   $$t_3 = (\cot \theta)^{\tan \theta}, \quad t_4 = (\cot \theta)^{\cot \theta}$$

   解答. $a > 1$ のとき, 関数 $y = a^x$ は増加関数である. $0° < \theta < 45°$ のとき, $\cot \theta > 1 > \tan \theta > 0$ なので, $t_3 < t_4$ である.

   $a < 1$ のとき, 関数 $y = a^x$ は減少関数であるから, $t_1 > t_2$ である. 再び, $\cot \theta > 1 > \tan \theta > 0$ から, $t_1 < 1 < t_3$ である. よって, $t_4 > t_3 > t_1 > t_2$ である.

3. 以下を計算せよ.
   (a) $\sin \dfrac{\pi}{12}, \quad \cos \dfrac{\pi}{12}, \quad \tan \dfrac{\pi}{12}$
   (b) $\cos^4 \dfrac{\pi}{24} - \sin^4 \dfrac{\pi}{24}$
   (c) $\cos 36° - \cos 72°$
   (d) $\sin 10° \sin 50° \sin 70°$

解答.

(a) 2倍角の公式と加法定理により，次を得る：
$$\cos\frac{\pi}{12} = \cos\left(\frac{\pi}{3} - \frac{\pi}{4}\right) = \cos\frac{\pi}{3}\cos\frac{\pi}{4} + \sin\frac{\pi}{3}\sin\frac{\pi}{4}$$
$$= \frac{1}{2}\cdot\frac{\sqrt{2}}{2} + \frac{\sqrt{3}}{2}\cdot\frac{\sqrt{2}}{2} = \frac{\sqrt{2}+\sqrt{6}}{4}.$$
同様に，$\sin\frac{\pi}{12} = \frac{\sqrt{6}-\sqrt{2}}{4}$ である．これらより，
$$\tan\frac{\pi}{12} = \frac{\sqrt{6}-\sqrt{2}}{\sqrt{6}+\sqrt{2}} = 2 - \sqrt{3}.$$

(b) 2倍角の公式と加法定理により，次のように計算される：
$$\cos^4\frac{\pi}{24} - \sin^4\frac{\pi}{24} = \left(\cos^2\frac{\pi}{24} + \sin^2\frac{\pi}{24}\right)\left(\cos^2\frac{\pi}{24} - \sin^2\frac{\pi}{24}\right)$$
$$= 1\cdot\cos\frac{\pi}{12} = \frac{\sqrt{2}+\sqrt{6}}{4}.$$

(c) 2倍角の公式を用いることで，次のように計算される：
$$\cos 36° - \cos 72° = \frac{2(\cos 36° - \cos 72°)(\cos 36° + \cos 72°)}{2(\cos 36° + \cos 72°)}$$
$$= \frac{2\cos^2 36° - 2\cos^2 72°}{2(\cos 36° + \cos 72°)}$$
$$= \frac{\cos 72° + 1 - \cos 144° - 1}{2(\cos 36° + \cos 72°)}$$
$$= \frac{\cos 72° + \cos 36°}{2(\cos 36° + \cos 72°)}$$
$$= \frac{1}{2}.$$

この事実は，$|AB| = |AC|$, $|BC| = 1$, $\angle A = 36°$ なる二等辺三角形を考えることによっても導かれる．D を辺 AC 上の $\angle ABD = \angle DBC$ となるような点とすると，$|BC| = |BD| = |AD| = 1$, $|AB| = 2\cos 36°$, $|CD| = 2\cos 72°$ が成立する (証明は読者に委ねる)．このことから，直ちに上記の結果が導かれる．

(d) 2倍角の公式を用いると，
$$8\sin 20°\sin 10°\sin 50°\sin 70° = 8\sin 20°\cos 20°\cos 40°\cos 80°$$
$$= 4\sin 40°\cos 40°\cos 80°$$

$$= 2\sin 80° \cos 80°$$
$$= \sin 160° = \sin 20°.$$

よって，
$$\sin 10° \sin 50° \sin 70° = \frac{1}{8}.$$

4. [AMC12P 2002] 以下の式を簡単にせよ．
$$\sqrt{\sin^4 x + 4\cos^2 x} - \sqrt{\cos^4 x + 4\sin^2 x}$$

解答． $\sin^2 x + \cos^2 x = 1$ を用いて，平方完成すると，
$$\sqrt{\sin^4 x + 4(1-\sin^2 x)} - \sqrt{\cos^4 x + 4(1-\cos^2 x)}$$
$$= \sqrt{(2-\sin^2 x)^2} - \sqrt{(2-\cos^2 x)^2}$$
$$= (2-\sin^2 x) - (2-\cos^2 x)$$
$$= \cos^2 x - \sin^2 x = \cos 2x.$$

5. 次の等式を証明せよ．
$$1 - \cot 23° = \frac{2}{1-\cot 22°}$$

解答 1. 以下を示せばよい．
$$(1-\cot 23°)(1-\cot 22°) = 2.$$
加法定理により，
$$(1-\cot 23°)(1-\cot 22°) = \left(1 - \frac{\cos 23°}{\sin 23°}\right)\left(1 - \frac{\cos 22°}{\sin 22°}\right)$$
$$= \frac{\sin 23° - \cos 23°}{\sin 23°} \cdot \frac{\sin 22° - \cos 22°}{\sin 22°}$$
$$= \frac{\sqrt{2}\sin(23°-45°)\sqrt{2}\sin(22°-45°)}{\sin 23° \cdot \sin 22°}$$
$$= \frac{2\sin(-22°)\sin(-23°)}{\sin 23° \sin 22°}$$
$$= \frac{2\sin 22° \sin 23°}{\sin 23° \sin 22°} = 2.$$

よって，示された．

解答 2. (cot の) 加法定理により,
$$\frac{\cot 22° \cot 23° - 1}{\cot 22° + \cot 23°} = \cot(22° + 23°) = \cot 45° = 1$$
よって, $\cot 22° \cot 23° - 1 = \cot 22° + \cot 23°$ であり,
$$1 - \cot 22° - \cot 23° + \cot 22° \cot 23° = 2$$
よって, $(1 - \cot 23°)(1 - \cot 22°) = 2$ である.

6. 区間 $\left(0, \dfrac{\pi}{2}\right)$ に含まれる実数 x であって, 以下の等式をみたすものをすべて求めよ.
$$\frac{\sqrt{3}-1}{\sin x} + \frac{\sqrt{3}+1}{\cos x} = 4\sqrt{2}$$

解答. 問題 3(a) より, $\cos \dfrac{\pi}{12} = \dfrac{\sqrt{2}+\sqrt{6}}{4}$ であり, $\sin \dfrac{\pi}{12} = \dfrac{\sqrt{6}-\sqrt{2}}{4}$ である. すると問題文の式は,
$$\frac{\frac{\sqrt{3}-1}{4}}{\sin x} + \frac{\frac{\sqrt{3}+1}{4}}{\cos x} = \sqrt{2}$$
であり,
$$\frac{\sin \frac{\pi}{12}}{\sin x} + \frac{\cos \frac{\pi}{12}}{\cos x} = 2.$$
両辺に $\sin x \cos x$ を掛けると,
$$\sin \frac{\pi}{12} \cos x + \cos \frac{\pi}{12} \sin x = 2 \sin x \cos x,$$
すなわち, $\sin\left(\dfrac{\pi}{12} + x\right) = \sin 2x$ となって, $\dfrac{\pi}{12} + x = 2x, \dfrac{\pi}{12} + x = \pi - 2x$ を得る. よって, $x = \dfrac{\pi}{12}, \dfrac{11\pi}{36}$ となり, これらはいずれも条件をみたす.

7. xy 座標平面上で, $x^2 + y^2 \leqq 100, \sin(x+y) \geqq 0$ の両方をみたす点 (x,y) の領域を $\mathcal{R}$ とする. $\mathcal{R}$ の面積を求めよ.

解答. 円盤 $x^2 + y^2 \leqq 100$ を $\mathcal{C}$ で表す. $\sin(x+y) = 0$ であることと, ある整数 k で $x + y = k\pi$ となることは同値なので, $\mathcal{C}$ は直線 $x + y = k\pi$ でいくつかの領域に切り分けられ, $\sin(x+y) > 0$ なる領域と, $\sin(x+y) < 0$ なる領域が交互に現れる. $\sin(-x-y) = -\sin(x+y)$ なので, $\sin(x+y) > 0$ なる点 (x,y) の原点対称の点は $\sin(x+y) < 0$ であり, 逆も同様である. よっ

て，領域 $\mathcal{R}$ の面積は $\mathcal{C}$ の面積の半分であり，50π である (図 4.1 参照).

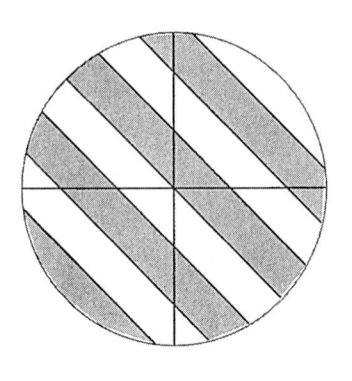

図 4.1

8. 三角形 ABC において以下を示せ.
$$\sin\frac{A}{2} \leqq \frac{a}{b+c}$$

解答． 正弦法則により，
$$\frac{a}{b+c} = \frac{\sin A}{\sin B + \sin C}$$
である．2 倍角の公式と和積公式により，
$$\frac{a}{b+c} = \frac{2\sin\frac{A}{2}\cos\frac{A}{2}}{2\sin\frac{B+C}{2}\cos\frac{B-C}{2}} = \frac{\sin\frac{A}{2}}{\cos\frac{B-C}{2}} \geqq \sin\frac{A}{2}$$
ここで，$0 \leqq |B-C| < 180°$ なので，$0 < \cos\dfrac{B-C}{2} \leqq 1$ であることを用いた．

注． 対称性から，同様に以下が示される．
$$\sin\frac{B}{2} \leqq \frac{b}{c+a}, \quad \sin\frac{C}{2} \leqq \frac{c}{a+b}$$

9. 区間 $[-1,1]$ 上で $f(\sin 2x) = \sin x + \cos x$ をみたす関数 f を決定せよ．また，区間 $\left[-\dfrac{\pi}{4}, \dfrac{\pi}{4}\right]$ 上の x に対して，$f(\tan^2 x)$ の値を簡単にせよ．

解答． $I = \left[-\dfrac{\pi}{4}, \dfrac{\pi}{4}\right]$ とおく．

$$[f(\sin 2x)]^2 = (\sin x + \cos x)^2$$
$$= \sin^2 x + \cos^2 x + 2\sin x \cos x$$
$$= 1 + \sin 2x.$$

$\sin 2x$ は I から $[-1, 1]$ へ 1 対 1 に移すので，$-1 \leqq t \leqq 1$ なる任意の t に対して $t = \sin 2x$ なる $x\,(\in I)$ がただ 1 つ存在する．よって，$-1 \leqq t \leqq 1$ であれば，$[f(t)]^2 = 1 + t$ である．$x \in I$ であれば，$\sin x + \cos x \geqq 0$ であったので，$f(t) = \sqrt{1+t}\,(-1 \leqq t \leqq 1)$ である．
$-\dfrac{\pi}{4} \leqq x \leqq \dfrac{\pi}{4}$ のとき，$-1 \leqq \tan x \leqq 1$ であり，$0 \leqq \tan^2 x \leqq 1$ なので，
$$f(\tan^2 x) = \sqrt{1 + \tan^2 x} = \sec x$$
である．

10. $f_k(x)$ を
$$f_k(x) = \frac{1}{k}\left(\sin^k x + \cos^k x\right) \quad (k = 1, 2, \ldots)$$
で定義する．任意の実数 x に対して，
$$f_4(x) - f_6(x) = \frac{1}{12}$$
を示せ．

解答． 任意の実数 x に対して，以下が成立することを示せばよい．
$$3(\sin^4 x + \cos^4 x) - 2(\sin^6 x + \cos^6 x) = 1.$$
実際，
$$(\text{左辺}) = 3[(\sin^2 x + \cos^2 x)^2 - 2\sin^2 x \cos^2 x]$$
$$- 2(\sin^2 x + \cos^2 x)(\sin^4 x - \sin^2 x \cos^2 x + \cos^4 x)$$
$$= 3 - 6\sin^2 x \cos^2 x - 2[(\sin^2 x + \cos^2 x)^2 - 3\sin^2 x \cos^2 x]$$
$$= 3 - 2 = 1 = (\text{右辺})$$
より成立する．

11. [AIME 2004, Jonathan Kane] 半径 1 の円が 15×36 の長方形 $ABCD$ の内部に完全に含まれるようにおかれている．この円が対角線 AC と共有点をも

たない確率を求めよ.

注. 単位円が長方形の内部に完全に含まれるためには，円の中心が $(15-2) \times (36-2) = 13 \times 34$ の長方形内部になくてはならない．求める確率は円の中心と対角線 AC との距離が 1 よりも大きくなる確率に等しく，13×34 の長方形内に点を 1 つ打ったとき，その点と三角形 ABC, CDA の各辺との距離が 1 より大きくなる確率に等しい．$|AB| = 36, |BC| = 15, |AC| = 39$ である．三角形 ABC の各辺についてその辺から距離 1 だけ離れた線分を描くと，三角形ができる．その三角形の頂点のうち，A, B, C に最も近いものをそれぞれ E, F, G とする．三角形 ABC, EFG の対応する各辺は平行なので，2 つの三角形は相似である．求める確率はその面積比，すなわち相似比の 2 乗に等しく，

$$\frac{2[EFG]}{13 \cdot 34} = \left(\frac{|EF|}{|AB|}\right)^2 \cdot \frac{2[ABC]}{13 \cdot 34} = \left(\frac{|EF|}{|AB|}\right)^2 \cdot \frac{15 \cdot 36}{13 \cdot 34} = \left(\frac{|EF|}{|AB|}\right)^2 \cdot \frac{270}{221}$$

となる．E は AB, AC から等距離にあるため E は $\angle CAB$ の 2 等分線上にある．同様に F, G はそれぞれ $\angle ABC, \angle BCA$ の 2 等分線上にあるために AE, BF, CG は三角形 ABC の内心 I で交わる．

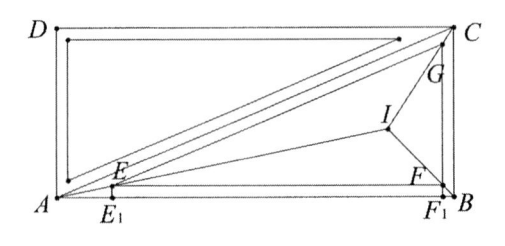

図 4.2

解答 1. E, F から辺 AB に下ろした垂線の足をそれぞれ E_1, F_1 とする．$|EF| = |E_1F_1|$ である．また，$|BF_1| = |FF_1| = |EE_1| = 1$ である．$\theta = \angle EAB$ とおくと，$\angle CAB = 2\theta, \sin 2\theta = \dfrac{5}{12}, \cos 2\theta = \dfrac{12}{13}, \tan 2\theta = \dfrac{5}{12}$ である．2 倍角の公式より，

$$\tan 2\theta = \frac{2\tan\theta}{1-\tan^2\theta}, \quad \tan\theta = \frac{1-\cos 2\theta}{\sin 2\theta}$$

であり，$\tan\theta = \dfrac{1}{5}$ とわかり，$\left|\dfrac{EE_1}{AE_1}\right| = \tan\theta = \dfrac{1}{5}$ より，$|AE_1| = 5$ である．すると，$|EF| = |E_1F_1| = 30$ から，求める確率は $\left(\dfrac{30}{36}\right)^2 \cdot \dfrac{270}{221} = \dfrac{375}{442}$ となる．

解答 2. $A(0,0), B(36,0), C(36,15)$ と座標をおく．E は $\angle CAB$ の 2 等分線上にあるのでベクトル $\overrightarrow{AE}$ の方向ベクトルは

$$|\overrightarrow{AB}|\overrightarrow{AC} + |\overrightarrow{AC}|\overrightarrow{AB} = 36[36,15] + 39[36,0]$$
$$= [75\cdot 36, 36\cdot 15] = 36\cdot 15[5,1]$$

であって，直線 AE の傾きは $\dfrac{1}{5}$ である．よって，$|EE_1| = 5$ である．後は解答 1 と同様である．

解答 3. 三角形 ABC, EFG の対応する各辺は等しく，対応する頂点を結ぶ直線は内心 I で交わるので，I は三角形 EFG の内心でもあり，これら 2 つの三角形は I を中心とする相似拡大の関係にある．三角形 ABC の内接円の半径を r とすると，三角形 EFG の内接円の半径は $r-1$ である．よって，2 つの三角形の相似比は $\dfrac{r-1}{r}$ であり，求める確率は $\left(\dfrac{r-1}{r}\right)^2 \cdot \dfrac{270}{221}$ である．ここで，

$$r(|AB| + |BC| + |CA|) = 2([AIB] + [BIC] + [CIA])$$
$$= 2[ABC] = |AB|\cdot|BC|$$

であるから，$r = 6$ とわかり，求める確率は $\left(\dfrac{5}{6}\right)^2 \cdot \dfrac{270}{221} = \dfrac{375}{442}$ である．

12. [AMC12 1999] 三角形 ABC に対して，

$$3\sin A + 4\cos B = 6, \quad 4\sin B + 3\cos A = 1$$

が成立している．$\angle C$ の大きさを求めよ．

解答. 与式を平方し足し合わせる．定数項を右辺に移項すると，

$$24(\sin A\cos B + \cos A\sin B) = 12$$

となる．よって，$\sin(A+B) = \dfrac{1}{2}$ である．$C = 180° - A - B$ であるので，

$\sin C = \sin(A+B) = \dfrac{1}{2}$ であり,$C = 30°, 150°$.しかし,$C = 150°$ であると,$A < 30°$ なので,$3\sin A + 4\cos B < \dfrac{3}{2} + 4 < 6$ となって矛盾.よって,$C = 30°$ である.

訳注.$C = 30°$ のとき,与えられた条件をみたす三角形 ABC の存在を示す必要があるが,これには言及していない.実際,存在の証明はかなり難しい.

13. $a \neq \dfrac{k\pi}{2}$ $(k \in \mathbb{Z})$ なる任意の実数 a に対して,
$$\tan 3a - \tan 2a - \tan a = \tan 3a \tan 2a \tan a$$
が成立することを示せ.

解答.示すべき式は
$$\tan 3a (1 - \tan 2a \tan a) = \tan 2a + \tan a$$
すなわち,
$$\tan 3a = \dfrac{\tan 2a + \tan a}{1 - \tan 2a \tan a}$$
と同値であり,これが正しいことは $\tan 3a = \tan(a + 2a)$ を加法定理により展開すれば証明される.

注.一般に a_1, a_2, a_3 が $\dfrac{k\pi}{2}$ $(k \in \mathbb{Z})$ と異なる実数で,$a_1 + a_2 + a_3 = 0$ のとき
$$\tan a_1 + \tan a_2 + \tan a_3 = \tan a_1 \tan a_2 \tan a_3$$
が成立する.証明は基本問題 13 や基本問題 20 と同様にできるので,読者に委ねる.

14. a, b, c, d はいずれも区間 $[0, \pi]$ 上の実数で,
$$\sin a + 7\sin b = 4(\sin c + 2\sin d),$$
$$\cos a + 7\cos b = 4(\cos c + 2\cos d)$$
をみたす.$2\cos(a - d) = 7\cos(b - c)$ を証明せよ.

解答.与式を書き直すと,

$$\sin a - 8\sin d = 4\sin c - 7\sin b$$
$$\cos a - 8\cos d = 4\cos c - 7\cos b$$
となる．両辺 2 乗して足し合わせると，
$$1 + 64 - 16(\cos a \cos d + \sin a \sin d) = 16 + 49 - 56(\cos b \cos c + \sin b \sin c)$$
これと，加法定理により題意は示される．

15. 次の式を単項式で表せ．
$$\sin(x-y) + \sin(y-z) + \sin(z-x)$$

解答． 和積公式により
$$\sin(x-y) + \sin(y-z) = 2\sin\frac{x-z}{2}\cos\frac{x+z-2y}{2}$$
であり，2 倍角の公式より，
$$\sin(z-x) = 2\sin\frac{z-x}{2}\cos\frac{z-x}{2}$$
である．よって，和積公式により
$$\sin(x-y) + \sin(y-z) + \sin(z-x)$$
$$= 2\sin\frac{x-z}{2}\left[\cos\frac{x+z-2y}{2} - \cos\frac{z-x}{2}\right]$$
$$= -4\sin\frac{x-z}{2}\sin\frac{z-y}{2}\sin\frac{x-y}{2}$$
$$= -4\sin\frac{x-y}{2}\sin\frac{y-z}{2}\sin\frac{z-x}{2}.$$

注． まったく同様の方法で a, b, c が $a+b+c=0$ をみたす実数であるとき，
$$\sin a + \sin b + \sin c = -4\sin\frac{a}{2}\sin\frac{b}{2}\sin\frac{c}{2}$$
であることが示される．この問題では，$a=x-y, b=y-z, c=z-x$ とおいている．

16. 次を示せ．
$$(4\cos^2 9° - 3)(4\cos^2 27° - 3) = \tan 9°$$

解答． $\cos 3x = 4\cos^3 x - 3\cos x$ より $\cos x \neq 0$ であれば，つまり

$x \neq (2k+1) \cdot 90°(k \in \mathbb{Z})$ であれば $4\cos^2 x - 3 = \dfrac{\cos 3x}{\cos x}$ である．したがって，

$$(4\cos^2 9° - 3)(4\cos^2 27° - 3) = \dfrac{\cos 27°}{\cos 9°} \dfrac{\cos 81°}{\cos 27°} = \dfrac{\cos 81°}{\cos 9°}$$
$$= \dfrac{\sin 9°}{\cos 9°} = \tan 9°.$$

17. $a, b \geqq 0, 0 < x < \dfrac{\pi}{2}$ をみたす任意の実数 a, b, x に対して，

$$\left(1 + \dfrac{a}{\sin x}\right)\left(1 + \dfrac{b}{\cos x}\right) \geqq \left(1 + \sqrt{2ab}\right)^2$$

が成立することを示せ．

解答． 両辺を展開すると，示すべき式は

$$1 + \dfrac{a}{\sin x} + \dfrac{b}{\cos x} + \dfrac{ab}{\sin x \cos x} \geqq 1 + 2ab + 2\sqrt{2ab}$$

となる．相加相乗平均の不等式により，

$$\dfrac{a}{\sin x} + \dfrac{b}{\cos x} \geqq \dfrac{2\sqrt{ab}}{\sqrt{\sin x \cos x}}$$

である．2倍角の公式により $\sin x \cos x = \dfrac{1}{2}\sin 2x \leqq \dfrac{1}{2}$ であって，

$$\dfrac{2\sqrt{ab}}{\sqrt{\sin x \cos x}} \geqq 2\sqrt{2ab}$$

と，

$$\dfrac{ab}{\sin x \cos x} \geqq 2ab$$

が示される．直前の 3 式をあわせることで，題意は示される．

18. 三角形 ABC は $\sin A + \sin B + \sin C \leqq 1$ をみたす．このとき，

$$\min\{A+B, B+C, C+A\} < 30°$$

を示せ．

解答． 一般性を失うことなく，$A \geqq B \geqq C$ と仮定してよい．示すべきは $B + C < 30°$ である．そのためには $A > 150°$ を示せばよい．三角形の 3 辺の構成条件より $b + c > a$ なので，正弦法則により $\sin B + \sin C > \sin A$

であり，$1 \geqq \sin A + \sin B + \sin C > 2\sin A$，つまり，$\sin A < \dfrac{1}{2}$ が成り立つ．$A \geqq \dfrac{A+B+C}{3} = 60°$ より $A > 150°$ が示された．よって，題意は示された．

19. 三角形 ABC において，以下を証明せよ．
(a) $\tan\dfrac{A}{2}\tan\dfrac{B}{2} + \tan\dfrac{B}{2}\tan\dfrac{C}{2} + \tan\dfrac{C}{2}\tan\dfrac{A}{2} = 1$
(b) $\tan\dfrac{A}{2}\tan\dfrac{B}{2}\tan\dfrac{C}{2} \leqq \dfrac{\sqrt{3}}{9}$

解答． 加法定理により，
$$\tan\dfrac{A}{2} + \tan\dfrac{B}{2} = \tan\dfrac{A+B}{2}\left(1 - \tan\dfrac{A}{2}\tan\dfrac{B}{2}\right)$$
$A + B + C = 180°$ より $\dfrac{A+B}{2} = 90° - \dfrac{C}{2}$ であって，$\tan\dfrac{A+B}{2} = \cot\dfrac{C}{2}$ であるから，
$$\tan\dfrac{A}{2}\tan\dfrac{B}{2} + \tan\dfrac{B}{2}\tan\dfrac{C}{2} + \tan\dfrac{C}{2}\tan\dfrac{A}{2}$$
$$= \tan\dfrac{A}{2}\tan\dfrac{B}{2} + \tan\dfrac{C}{2}\cot\dfrac{C}{2}\left(1 - \tan\dfrac{A}{2}\tan\dfrac{B}{2}\right)$$
$$= \tan\dfrac{A}{2}\tan\dfrac{B}{2} + 1 - \tan\dfrac{A}{2}\tan\dfrac{B}{2} = 1.$$
以上で (a) が示された．

相加相乗平均の不等式により，
$$1 = \tan\dfrac{A}{2}\tan\dfrac{B}{2} + \tan\dfrac{B}{2}\tan\dfrac{C}{2} + \tan\dfrac{C}{2}\tan\dfrac{A}{2}$$
$$\geqq 3\sqrt[3]{\left(\tan\dfrac{A}{2}\tan\dfrac{B}{2}\tan\dfrac{C}{2}\right)^2}$$
であるから，(b) が示された．

注． (a) と同値な形として，
$$\cot\dfrac{A}{2} + \cot\dfrac{B}{2} + \cot\dfrac{C}{2} = \cot\dfrac{A}{2}\cot\dfrac{B}{2}\cot\dfrac{C}{2}$$
がある．

20. 鋭角三角形 ABC に対して，以下を示せ．

(a) $\tan A + \tan B + \tan C = \tan A \tan B \tan C$
(b) $\tan A \tan B \tan C \geqq 3\sqrt{3}$

解答. $0° < A, B, C < 90°$ であるから，両辺の $\tan$ は定義される．(a) の証明は基本問題 19(a) と同様である．相加相乗平均の不等式により，

$$\tan A + \tan B + \tan C \geqq 3\sqrt[3]{\tan A \tan B \tan C}$$

である．これと (a) から，

$$\tan A \tan B \tan C \geqq 3\sqrt[3]{\tan A \tan B \tan C}$$

であり，(b) が示される．

注． 実際，(a) は $A + B + C = m\pi$ でかつ $A, B, C \neq \dfrac{k\pi}{2}$ $(k, m \in \mathbb{Z})$ をみたす任意の A, B, C で成立する．

21. 三角形 ABC に対して，次を示せ．

$$\cot A \cot B + \cot B \cot C + \cot C \cot A = 1$$

逆に，実数 x, y, z が $xy + yz + zx = 1$ をみたすとき，三角形 ABC であって $\cot A = x, \cot B = y, \cot C = z$ をみたすものが存在することを示せ．

解答． 前半を示す．

三角形 ABC が直角三角形のとき，一般性を失うことなく $A = 90°$ としてよい．すると，$\cot A = 0, B + C = 90°$ であり，$\cot B \cot C = 1$ である．これにより，問題の式が成立する．

$A, B, C \neq 90°$ のときは，$\tan A \tan B \tan C$ が定義され，この値は 0 でない．これらを問題の式の両辺に掛けると，基本問題 20(a) となるので成立する．

後半は，$\cot x$ が区間 $(0°, 180°)$ から $(-\infty, \infty)$ への全単射な関数であることを用いると容易に示される．

22. 三角形 ABC に対して，

$$\sin^2 \frac{A}{2} + \sin^2 \frac{B}{2} + \sin^2 \frac{C}{2} + 2\sin \frac{A}{2} \sin \frac{B}{2} \sin \frac{C}{2} = 1$$

が成立することを示せ．逆に，正の実数 x, y, z が

$$x^2 + y^2 + z^2 + 2xyz = 1$$

をみたすとき，三角形 ABC であって $x = \sin\dfrac{A}{2}, y = \sin\dfrac{B}{2}, z = \sin\dfrac{C}{2}$ をみたすようなものが存在することを示せ．

解答． 後半から示す．x, y, z の関係式を x についての2次方程式とみると，

$$x = \frac{-2yz + \sqrt{4y^2z^2 - 4(y^2 + z^2 - 1)}}{2} = -yz + \sqrt{(1-y^2)(1-z^2)}$$

となる．$0 < y, z < 1$ なので，$y = \sin u, z = \sin v$ ($0° < u, v < 90°$) とおくと，

$$x = -\sin u \sin v + \cos u \cos v = \cos(u+v)$$

である．$u = \dfrac{B}{2}, v = \dfrac{C}{2}, A = 180° - B - C$ とおく．$1 \geqq y^2 + z^2 = \sin^2\dfrac{B}{2} + \sin^2\dfrac{C}{2}$ より $\cos^2\dfrac{B}{2} \geqq \sin^2\dfrac{C}{2}$ である．また，$0° < \dfrac{B}{2}, \dfrac{C}{2} < 90°$ より $\cos\dfrac{B}{2} > \sin\dfrac{C}{2} = \cos\left(90° - \dfrac{C}{2}\right)$ であり，$\dfrac{B}{2} < 90° - \dfrac{C}{2}$，すなわち $B + C < 180°$ である．よって，$x = \cos(u+v) = \sin\dfrac{A}{2}, y = \sin\dfrac{B}{2}, z = \sin\dfrac{C}{2}$ であって，A, B, C は三角形の3つの角である．

前半はこの逆をたどることで示される．

23. 三角形 ABC に対して，以下を示せ．
(a)　$\sin\dfrac{A}{2}\sin\dfrac{B}{2}\sin\dfrac{C}{2} \leqq \dfrac{1}{8}$
(b)　$\sin^2\dfrac{A}{2} + \sin^2\dfrac{B}{2} + \sin^2\dfrac{C}{2} \geqq \dfrac{3}{4}$
(c)　$\cos^2\dfrac{A}{2} + \cos^2\dfrac{B}{2} + \cos^2\dfrac{C}{2} \leqq \dfrac{9}{4}$
(d)　$\cos\dfrac{A}{2}\cos\dfrac{B}{2}\cos\dfrac{C}{2} \leqq \dfrac{3\sqrt{3}}{8}$
(e)　$\csc\dfrac{A}{2} + \csc\dfrac{B}{2} + \csc\dfrac{C}{2} \geqq 6$

解答． 基本問題 8 より

$$\sin\dfrac{A}{2}\sin\dfrac{B}{2}\sin\dfrac{C}{2} \leqq \dfrac{abc}{(a+b)(b+c)(c+a)}$$

であり，相加相乗平均の不等式により，

$$(a+b)(b+c)(c+a) \geqq (2\sqrt{ab})(2\sqrt{bc})(2\sqrt{ca}) = 8abc.$$

これらをあわせると (a) となる．

(b) は (a) と基本問題 22 から示され，(c) は (b) と $1 - \sin^2 x = \cos^2 x$ から示される．(c) と相加相乗平均の不等式により，

$$\frac{9}{4} \geqq \cos^2 \frac{A}{2} + \cos^2 \frac{B}{2} + \cos^2 \frac{C}{2} \geqq 3\sqrt[3]{\cos^2 \frac{A}{2} \cos^2 \frac{B}{2} \cos^2 \frac{C}{2}}$$

が成立する．これから，(d) が導かれる．再び基本問題 8 から

$$\csc \frac{A}{2} \geqq \frac{b+c}{a} = \frac{b}{a} + \frac{c}{a}$$

である．同様のことが $\csc \frac{B}{2}$, $\csc \frac{C}{2}$ に関してもいえて，(e) は相加相乗平均の不等式により容易に示される．

注． (a) に対する別解を与えよう．$\sin \frac{A}{2}, \sin \frac{B}{2}, \sin \frac{C}{2}$ はすべて正なので，$t = \sqrt[3]{\sin \frac{A}{2} \sin \frac{B}{2} \sin \frac{C}{2}}$ とおくと，$t \leqq \frac{1}{2}$ であることを示せば十分．相加相乗平均の不等式により

$$\sin^2 \frac{A}{2} + \sin^2 \frac{B}{2} + \sin^2 \frac{C}{2} \geqq 3t^2$$

である．これと基本問題 22 より $3t^2 + 2t^3 \leqq 1$ である．よって，

$$0 \geqq 2t^3 + 3t^2 - 1 = (t+1)(2t^2 + t - 1) = (t+1)^2(2t-1)$$

から，$t \leqq \frac{1}{2}$ が導かれ，(a) が示された．

24. 三角形 ABC において，以下を示せ．

(a) $\sin 2A + \sin 2B + \sin 2C = 4 \sin A \sin B \sin C$

(b) $\cos 2A + \cos 2B + \cos 2C = -1 - 4 \cos A \cos B \cos C$

(c) $\sin^2 A + \sin^2 B + \sin^2 C = 2 + 2 \cos A \cos B \cos C$

(d) $\cos^2 A + \cos^2 B + \cos^2 C + 2 \cos A \cos B \cos C = 1$

 逆に，正の実数 x, y, z が

$$x^2 + y^2 + z^2 + 2xyz = 1$$

をみたすとき，鋭角三角形 ABC であって，$x = \cos A, y = \cos B, z = \cos C$ となるようなものが存在する．

解答． (c), (d) は (b) と $\cos 2x = 1 - 2\sin^2 x = 2\cos^2 x - 1$ を用いると容易に導かれる．よって，(a), (b) を示せばよい．

(a) 和積公式と $A + B + C = 180°$ を用いると，

$$\sin 2A + \sin 2B + \sin 2C = 2\sin(A+B)\cos(A-B) + \sin 2C$$
$$= 2\sin C \cos(A-B) + 2\sin C \cos C$$
$$= 2\sin C \left(\cos(A-B) - \cos(A+B)\right)$$
$$= 2\sin C \left(-2\sin A \sin(-B)\right)$$
$$= 4\sin A \sin B \sin C$$

であり，(a) が示された．

(b) 和積公式と $A + B + C = 180°$ により，$\cos 2A + \cos 2B = 2\cos(A+B)\cos(A-B) = -2\cos C \cos(A-B)$ である．また，$\cos 2C + 1 = 2\cos^2 C$ であることから，

$$-2\cos C \left(\cos(A-B) - \cos C\right) = -4\cos A \cos B \cos C$$

であり，$\cos C \left(\cos(A-B) + \cos(A+B)\right) = 2\cos A \cos B \cos C$ が得られる．さらに，和積公式から $\cos(A-B) + \cos(A+B) = 2\cos A \cos B$ であり，これを用いると題意は示される．

(d) の後半を示す．与式より $1 \geqq x^2, 1 \geqq y^2$ であり，$x = \cos A, y = \cos B$ ($0° \leqq A, B \leqq 90°$) である．$f(x, y, z) = x^2 + y^2 + z^2 + 2xyz$ は z について増加関数であるから，この関数の値が 1 となるような $z > 0$ はたかだか 1 つである．ここで，$C = 180° - A - B$ として $z_0 = \cos C$ とおくと，(d) より $f(x, y, z_0) = 1$ となる．ここで，三角形 ABC が鋭角となることを示す．$\cos^2 A + \cos^2 B = x^2 + y^2 \leqq 1$ から，$\cos^2 B \leqq \sin^2 A$ である．$0° < A, B \leqq 90°$ から，$0 < \cos B \leqq \sin A = \cos(90° - A)$ であり，$A + B \geqq 90°$，すなわち，$C \leqq 90°$ である．よって三角形 ABC は鋭角三角形．$z_0 = \cos C \geqq 0$ で，上記の一意性より $z = \cos C$ である．ゆえに，この三角形 ABC が問題の条件をみたす三角形である．

注． (d) の華麗な証明を紹介しよう．以下の連立方程式を考える．

$$\begin{cases} -x + (\cos B)y + (\cos C)z = 0 \\ (\cos B)x - y + (\cos A)z = 0 \\ (\cos C)x + (\cos A)y - z = 0 \end{cases}$$

を考える．この方程式は $\vec{0}$ でない解 $(x, y, z) = (\sin A, \sin C, \sin B)$ をもつので，それらの係数の行列の行列式は 0 である．よって，

$$0 = \begin{vmatrix} -1 & \cos B & \cos C \\ \cos B & -1 & \cos A \\ \cos C & \cos A & -1 \end{vmatrix}$$
$$= -1 + 2\cos A \cos B \cos C + \cos^2 A + \cos^2 B + \cos^2 C$$

が成立する．

25. 三角形 ABC において以下を示せ．
(a) $4R = \dfrac{abc}{[ABC]}$
(b) $2R^2 \sin A \sin B \sin C = [ABC]$
(c) $2R \sin A \sin B \sin C = r(\sin A + \sin B + \sin C)$
(d) $r = 4R \sin \dfrac{A}{2} \sin \dfrac{B}{2} \sin \dfrac{C}{2}$
(e) $a \cos A + b \cos B + c \cos C = \dfrac{abc}{2R^2}$

解答． 正弦法則より，

$$R = \frac{a}{2\sin A} = \frac{abc}{2bc \sin A} = \frac{abc}{4[ABC]}.$$

よって，(a) が示された．また，同様に正弦法則から，

$$2R^2 \sin A \sin B \sin C = \frac{1}{2} \cdot (2R\sin A)(2R\sin B)(\sin C)$$
$$= \frac{1}{2} ab \sin C = [ABC]$$

より，(b) が成立する．

また，

$$2[ABC] = bc \sin A = (a+b+c)r$$

なので，正弦法則により

$$4R^2 \sin A \sin B \sin C = bc \sin A = r(a+b+c)$$
$$= 2rR(\sin A + \sin B + \sin C)$$

より (c) が成立する.

余弦法則により,
$$\cos A = \frac{b^2 + c^2 - a^2}{2bc}$$

であるから,半角の公式により
$$\sin^2 \frac{A}{2} = \frac{1 - \cos A}{2} = \frac{1}{2} - \frac{b^2 + c^2 - a^2}{4bc} = \frac{a^2 - (b^2 + c^2 - 2bc)}{4bc}$$
$$= \frac{a^2 - (b-c)^2}{4bc} = \frac{(a-b+c)(a+b-c)}{4bc}$$
$$= \frac{(2s-2b)(2s-2c)}{4bc} = \frac{(s-b)(s-c)}{bc}$$

である (ここで, $2s = a+b+c$ は三角形 ABC の周の長さである). すると,
$$\sin \frac{A}{2} = \sqrt{\frac{(s-b)(s-c)}{bc}}$$

およびそれと同様のことが $\sin \frac{B}{2}$, $\sin \frac{C}{2}$ についても成り立つので,
$$\sin \frac{A}{2} \sin \frac{B}{2} \sin \frac{C}{2} = \frac{(s-a)(s-b)(s-c)}{abc}$$
$$= \frac{s(s-a)(s-b)(s-c)}{sabc}$$

ここで,ヘロンの公式より,
$$\sin \frac{A}{2} \sin \frac{B}{2} \sin \frac{C}{2} = \frac{[ABC]^2}{sabc} = \frac{[ABC]}{s} \cdot \frac{[ABC]}{abc} = r \cdot \frac{1}{4R}$$

であり, (d) が示された.

最後に (e) を示そう. 正弦法則により, $a \cos A = 2R \sin A \cdot \cos A = R \sin 2A$ を得る. 同様にして, $b \cos B = R \sin 2B$, $c \cos C = R \sin 2C$ が成立する. (a), (b) から
$$4R \sin A \sin B \sin C = \frac{abc}{2R^2}$$

であるので,
$$\sin 2A + \sin 2B + \sin 2C = 4 \sin A \sin B \sin C$$

を示せば十分である．これは，基本問題 24(a) に他ならない．

26. s を三角形 ABC の周りの長さの半分とするとき，以下を示せ．
(a) $s = 4R \cos \dfrac{A}{2} \cos \dfrac{B}{2} \cos \dfrac{C}{2}$
(b) $s \leq \dfrac{3\sqrt{3}}{2} R$

解答． 既知の事実より，$rs = [ABC]$ すなわち $s = \dfrac{[ABC]}{r}$．基本問題 25 の (b), (d), (a) と **2 倍角の公式**より

$$s = \frac{R \sin A \sin B \sin C}{2 \sin \frac{A}{2} \sin \frac{B}{2} \sin \frac{C}{2}} = 4R \cos \frac{A}{2} \cos \frac{B}{2} \cos \frac{C}{2}$$

である．(b) は (a) と基本問題 23(d) から容易に示される．

27. 三角形 ABC において，以下を示せ．
(a) $\cos A + \cos B + \cos C = 1 + 4 \sin \dfrac{A}{2} \sin \dfrac{B}{2} \sin \dfrac{C}{2}$
(b) $\cos A + \cos B + \cos C \leq \dfrac{3}{2}$

解答． まず，(a) を示す．和積公式と **2 倍角の公式**により，

$$\cos A + \cos B = 2 \cos \frac{A+B}{2} \cos \frac{A-B}{2} = 2 \sin \frac{C}{2} \cos \frac{A-B}{2},$$

$$1 - \cos C = 2 \sin^2 \frac{C}{2} = 2 \sin \frac{C}{2} \cos \frac{A+B}{2}$$

が成立する．よって，示すべき式は

$$2 \sin \frac{C}{2} \left(\cos \frac{A-B}{2} - \cos \frac{A+B}{2} \right) = 4 \sin \frac{A}{2} \sin \frac{B}{2} \sin \frac{C}{2}$$

すなわち，

$$\cos \frac{A-B}{2} - \cos \frac{A+B}{2} = 2 \sin \frac{A}{2} \sin \frac{B}{2}$$

となる．これは和積公式から成立する．よって (a) が示された．

基本問題 25(c) を思い出すと，

$$\cos A + \cos B + \cos C = 1 + \frac{r}{R} \tag{$*$}$$

である．三角形 ABC の外心，内心をそれぞれ O, I としたとき，オイラーの公式により $|OI|^2 = R^2 - 2Rr$ である．$|OI|^2 \geq 0$ であるから，$R \geq 2r$

すなわち $\dfrac{r}{R} \leq \dfrac{1}{2}$ であり，(b) が成立する．

注． 関係式 $(*)$ は幾何学的な証明を与えることもできる．図 4.3 に示すよう

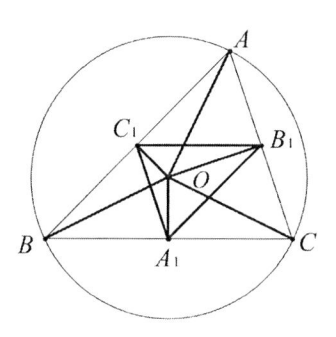

図 4.3

に O を外心，O から BC, CA, AB に下ろした垂線の足をそれぞれ A_1, B_1, C_1 とする (A_1, B_1, C_1 は BC, CA, AB の中点になる)．$\angle AOB = 2C$ で三角形 AOB は二等辺三角形で，$|OA| = |OB| = R$ より，$|OC_1| = R\cos C$ である．同様に，$|OB_1| = R\cos B$, $|OA_1| = R\cos A$ である．すると，示すべき式は

$$|OA_1| + |OB_1| + |OC_1| = R + r \qquad (**)$$

となる．$|OA| = |OB| = |OC| = R$ と $|BA_1| = |A_1C|, |CB_1| = |B_1A|$, $|AC_1| = |C_1B|$ より $|AB| = 2|A_1B_1|, |BC| = 2|B_1C_1|, |CA| = 2|C_1A_1|$ である．三角形 ABC の周りの長さの半分を s とする．円に内接する四角形 $OA_1CB_1, OB_1AC_1, OC_1BA_1$ にトレミーの定理を適用すると，

$$|A_1B_1| \cdot |OC| = |A_1C| \cdot |OB_1| + |CB_1| \cdot |OA_1|$$
$$|B_1C_1| \cdot |OA| = |B_1A| \cdot |OC_1| + |AC_1| \cdot |OB_1|$$
$$|C_1A_1| \cdot |OB| = |C_1B| \cdot |OA_1| + |BA_1| \cdot |OC_1|$$

である．これらを辺々足すと，

$$Rs = |OA_1|(s - |A_1B|) + |OB_1|(s - |B_1C|) + |OC_1|(s - |C_1A|)$$
$$= s(|OA_1| + |OB_1| + |OC_1|) - [ABC]$$

$$= s(|OA_1| + |OB_1| + |OC_1|) - rs$$
よって $(**)$ は示された.

28. 三角形 ABC において以下を示せ.
- (a) $\cos A \cos B \cos C \leqq \dfrac{1}{8}$
- (b) $\sin A \sin B \sin C \leqq \dfrac{3\sqrt{3}}{8}$
- (c) $\sin A + \sin B + \sin C \leqq \dfrac{3\sqrt{3}}{2}$
- (d) $\cos^2 A + \cos^2 B + \cos^2 C \geqq \dfrac{3}{4}$
- (e) $\sin^2 A + \sin^2 B + \sin^2 C \leqq \dfrac{9}{4}$
- (f) $\cos 2A + \cos 2B + \cos 2C \geqq -\dfrac{3}{2}$
- (g) $\sin 2A + \sin 2B + \sin 2C \leqq \dfrac{3\sqrt{3}}{2}$

解答. (a) について, 三角形 ABC が鋭角三角形でなければ, 左辺は 0 以下になるので明らかに成立する. 鋭角三角形であれば $\cos A, \cos B, \cos C$ はすべて正になる. (a), (d), 基本問題 24(d) の関係と, 基本問題 23 の (a), (b), 基本問題 22 の関係は同じであることに注意すると, (a) と (d) は容易に示される (基本問題 23 の注をみよ).

$\cos^2 x + \sin^2 x = 1$ より (d), (e) は同値である. (e) と相加相乗平均の不等式により
$$\dfrac{9}{4} \geqq \sin^2 A + \sin^2 B + \sin^2 C \geqq 3\sqrt[3]{\sin^2 A \sin^2 B \sin^2 C}$$
なので, (b) が成立する.

$(a-b)^2 + (b-c)^2 + (c-a)^2 \geqq 0$ もしくはコーシー・シュワルツの不等式より $3(a^2+b^2+c^2) \geqq (a+b+c)^2$ が成り立つので, (e) において $a = \sin A$, $b = \sin B$, $c = \sin C$ とおくことで (c) を得る.

(f) は (e) と $\cos 2x = 2\cos^2 x - 1$ から示され, (g) は (b) と基本問題 25(e) で示した恒等式
$$\sin 2A + \sin 2B + \sin 2C = 4\sin A \sin B \sin C$$

29. $x \neq \dfrac{k\pi}{6}$ $(k \in \mathbb{Z})$ なる任意の実数 x に対して,
$$\frac{\tan 3x}{\tan x} = \tan\left(\frac{\pi}{3} - x\right) \tan\left(\frac{\pi}{3} + x\right)$$
を示せ.

解答. 3 倍角の公式を用いて,
$$\begin{aligned}
\tan 3x &= \frac{3\tan x - \tan^3 x}{1 - 3\tan^2 x} \\
&= \tan x \cdot \frac{(\sqrt{3} - \tan x)(\sqrt{3} + \tan x)}{(1 - \sqrt{3}\tan x)(1 + \sqrt{3}\tan x)} \\
&= \frac{\sqrt{3} - \tan x}{1 + \sqrt{3}\tan x} \cdot \tan x \cdot \frac{\sqrt{3} + \tan x}{1 - \sqrt{3}\tan x} \\
&= \tan\left(\frac{\pi}{3} - x\right) \tan x \tan\left(\frac{\pi}{3} + x\right)
\end{aligned}$$
が任意の $x \neq \dfrac{k\pi}{6} (k \in \mathbb{Z})$ で成立する.

30. [AMC12 2002] 以下をみたす n を求めよ.
$$(1 + \tan 1°)(1 + \tan 2°) \cdots (1 + \tan 45°) = 2^n$$

解答 1.
$$\begin{aligned}
1 + \tan k° &= 1 + \frac{\sin k°}{\cos k°} = \frac{\cos k° + \sin k°}{\cos k°} \\
&= \frac{\sqrt{2}\sin(45 + k)°}{\cos k°} = \frac{\sqrt{2}\cos(45 - k)°}{\cos k°}
\end{aligned}$$
より,
$$(1 + \tan k°)(1 + \tan(45 - k)°) = \frac{\sqrt{2}\cos(45 - k)°}{\cos k°} \cdot \frac{\sqrt{2}\cos k°}{\cos(45 - k)°} = 2$$
が成立する. よって,
$$\begin{aligned}
&(1 + \tan 1°)(1 + \tan 2°) \cdots (1 + \tan 45°) \\
={}& (1 + \tan 1°)(1 + \tan 44°)(1 + \tan 2°)(1 + \tan 43°) \\
&\cdots (1 + \tan 22°)(1 + \tan 23°)(1 + \tan 45°) \\
={}& 2^{23}
\end{aligned}$$

より $n = 23$ である.

解答 2. $(1 + \tan k°)(1 + \tan(45 - k)°)$ に関して,

$$
\begin{aligned}
(1 + &\tan k°)(1 + \tan(45 - k)°) \\
&= 1 + \Big(\tan k° + \tan(45 - k)°\Big) + \tan k° \tan(45 - k)° \\
&= 1 + \tan 45°\Big(1 - \tan k° \tan(45 - k)°\Big) + \tan k° \tan(45 - k)° \\
&= 2
\end{aligned}
$$

である. (以下解答 1 と同様.)

31. [AIME 2003] 座標平面上に 2 点 $A(0,0), B(b,2)$ をとる. 凸六角形 $ABCDEF$ はすべての辺の長さが等しく, $\angle FAB = 120°$, $AB \| DE$, $BC \| EF$, $CD \| FA$ である. また, この六角形の各頂点の y 座標は $\{0, 2, 4, 6, 8, 10\}$ の並べ替えである. この六角形の面積を求めよ.

注. 一般性を失うことなく $b > 0$ と仮定してよい (そうでなければ, この六角形を y 軸に関して折り返せばよい). C, D, E, F の x 座標をそれぞれ c, d, e, f とする. C の y 座標は 4 以上なので, $\overrightarrow{FE} = \overrightarrow{BC}$, $\overrightarrow{ED} = \overrightarrow{AB}$ の y 成分はともに正である. したがって, E, D の y 座標は F の y 座標よりも大きく, y 座標として 4 となりうる頂点は C, F のみである. しかし, C の y 座標は 4 ではない. なぜならば, もしそうであれば $|AB| = |BC|$ から A, B, C が同一直線上に並ぶか, または $c = 0$ となって六角形が凸ではなくなるからである. よって, $F = (f, 4)$ であり, $\overrightarrow{AF} = \overrightarrow{CD}$ より, C, D の y 座標の差は 4 でなくてはならないので, $C(c, 6), D(d, 10)$ とわかり, $E(e, 8)$ とわかる. B, C, D の y 座標はそれぞれ $2, 6, 10$ であり, $|BC| = |CD|$ であるから, $b = d$ となる. $\overrightarrow{AB} = \overrightarrow{ED}$ より $e = 0$ である. この六角形の辺の長さを a としよう. すると, $f < 0$ であり, 求めるべき面積は

$$
\begin{aligned}
[ABCDEF] &= [ABDE] + [AEF] + [BCD] = [ABDE] + 2[AEF] \\
&= b \cdot AE + (-f) \cdot AE = 8(b - f)
\end{aligned}
$$

である.

図 4.4

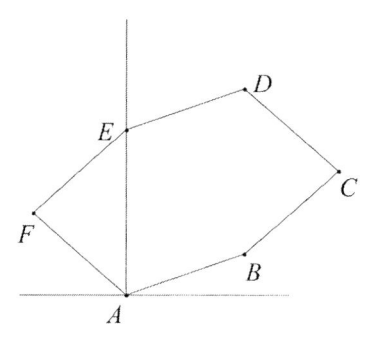

解答 1. $f^2 + 16 = |AF|^2 = a^2 = |AB|^2 = b^2 + 4$ であり，三角形 ABF に余弦法則を用いると，$3a^2 = |BF|^2 = (b-f)^2 + 4$ である．以上で，3 変数の方程式が 3 つ得られた．これを解こう．まず，

$$b^2 + f^2 - 2bf + 4 = (b-f)^2 + 4 = 3a^2 = a^2 + b^2 + 4 + f^2 + 16$$

から $a^2 + 16 = -2bf$ であり，両辺を 2 乗すると，

$$a^4 + 32a^2 + 16^2 = 4b^2 f^2 = 4(a^2 - 4)(a^2 - 16) = 4a^4 - 80a^2 + 16^2$$

となり，$3a^4 - 112a^2 = 0$ から $a^2 = \dfrac{112}{3}$ を得る．よって，$b = \dfrac{10}{\sqrt{3}}, f = -\dfrac{8}{\sqrt{3}}$ である．ゆえに，$[ABCDEF] = 8(b-f) = 48\sqrt{3}$ である．

解答 2. 直線 AB と x 軸のなす角を $\alpha°$ とおく．すると，x 軸と直線 AF のなす角は $\beta = 120° + \alpha$ となる．B, F の y 座標を考えると，$a \sin \alpha = 2$ および

$$4 = a\sin(120° + \alpha) = \frac{a\sqrt{3}\cos\alpha}{2} - \frac{a\sin\alpha}{2} = \frac{a\sqrt{3}\cos\alpha}{2} - 1$$

が得られる (加法定理を用いた)．よって $a\cos\alpha = \dfrac{10}{\sqrt{3}}$ である．次に B, F の x 座標を考えると，$b = a\cos\alpha = \dfrac{10}{\sqrt{3}}$ と

$$f = a\cos(120° + \alpha) = -\frac{a\cos\alpha}{2} - \frac{a\sqrt{3}\sin\alpha}{2} = -\frac{8}{\sqrt{3}}$$

が得られる．よって $[ABCDEF] = 8(b-f) = 48\sqrt{3}$ である．

注．六角形の各頂点は順に
$$A(0,0), B\left(\frac{10}{\sqrt{3}},2\right), C(6\sqrt{3},6), D\left(\frac{10}{\sqrt{3}},10\right), E(0,8), F\left(-\frac{8}{\sqrt{3}},4\right)$$
となる．

32. ある電卓には 6 つのボタン $\sin, \cos, \tan, \sin^{-1}, \cos^{-1}, \tan^{-1}$ がある．画面に値 x が表示されているときに $\sin$ のボタンを押すと画面の表示が $\sin x$ に変わる．他のボタンについても同様である．このとき，画面に任意の値 x が表示されているとき，これら 6 つのボタンを有限回押すことで画面の表示を $\frac{1}{x}$ にできることを示せ．ただし，この電卓は無限桁の計算を行うものとする．

解答． $\cos^{-1}\sin\theta = \frac{\pi}{2}-\theta$ と $\tan\left(\frac{\pi}{2}-\theta\right) = \frac{1}{\tan\theta}$ が $0 < \theta < \frac{\pi}{2}$ であることから，$x > 0$ であれば，
$$\tan\cos^{-1}\sin\tan^{-1}x = \tan\left(\frac{\pi}{2}-\tan^{-1}x\right) = \frac{1}{x}$$
より成立する．同様に，$x < 0$ に対しては $\tan\sin^{-1}\cos\tan^{-1}x = \frac{1}{x}$ が容易に示される．

33. 三角形 ABC は，$A-B = 120°$ と $R = 8r$ をみたす．$\cos C$ を求めよ．

解答． 基本問題 25(d) より
$$2\sin\frac{A}{2}\sin\frac{B}{2}\sin\frac{C}{2} = \frac{1}{16}$$
であるから，積和公式により
$$\left(\cos\frac{A-B}{2} - \cos\frac{A+B}{2}\right)\sin\frac{C}{2} = \frac{1}{16}$$
である．$A-B = 120°$ であることから，
$$\left(\frac{1}{2} - \sin\frac{C}{2}\right)\sin\frac{C}{2} = \frac{1}{16}$$
すなわち，
$$\left(\frac{1}{4} - \sin\frac{C}{2}\right)^2 = 0$$
である．よって $\sin\frac{C}{2} = \frac{1}{4}$ が得られ，$\cos C = 1 - 2\sin^2\frac{C}{2} = \frac{7}{8}$ である．

34. 三角形 ABC において,
$$\frac{a-b}{a+b} = \tan\frac{A-B}{2} \tan\frac{C}{2}$$
を示せ.

解答. 正弦法則と和積公式により
$$\frac{a-b}{a+b} = \frac{\sin A - \sin B}{\sin A + \sin B} = \frac{2\sin\frac{A-B}{2}\cos\frac{A+B}{2}}{2\sin\frac{A+B}{2}\cos\frac{A-B}{2}}$$
$$= \tan\frac{A-B}{2}\cot\frac{A+B}{2} = \tan\frac{A-B}{2}\tan\frac{C}{2}$$
が成立する. よって示された.

35. 三角形 ABC は $\dfrac{a}{b} = 2+\sqrt{3}, \angle C = 60°$ をみたす. $\angle A, \angle B$ を求めよ.

解答. 前問より
$$\frac{\frac{a}{b}-1}{\frac{a}{b}+1} = \tan\frac{A-B}{2}\tan\frac{C}{2}$$
であるから,
$$\frac{1+\sqrt{3}}{\sqrt{3}+3} = \tan\frac{A-B}{2}\cdot\frac{1}{\sqrt{3}}$$
である. よって, $\tan\dfrac{A-B}{2} = 1$ すなわち, $A-B = 90°$ である. $A+B = 180° - C = 120°$ であるから, $A = 105°, B = 15°$ となる.

36. a, b, c はいずれも $-1, 1$ と異なる実数で, $a+b+c = abc$ をみたす. 以下を示せ.
$$\frac{a}{1-a^2} + \frac{b}{1-b^2} + \frac{c}{1-c^2} = \frac{4abc}{(1-a^2)(1-b^2)(1-c^2)}$$

解答. $a = \tan x, b = \tan y, c = \tan z$ とおく. ただし, $x, y, z \neq \dfrac{k\pi}{4}$ ($k \in \mathbb{Z}$) である. $abc = a+b+c$ は基本問題 20(a) の後の注より $\tan(x+y+z) = 0$ と変形される. 2倍角の公式により
$$\tan(2x+2y+2z) = \frac{2\tan(x+y+z)}{1-\tan^2(x+y+z)} = 0$$
であるから, 基本問題 20(a) と同様の考察より
$$\tan 2x + \tan 2y + \tan 2z = \tan 2x \tan 2y \tan 2z$$

が成立する．よって，
$$\frac{2\tan x}{1-\tan^2 x} + \frac{2\tan y}{1-\tan^2 y} + \frac{2\tan z}{1-\tan^2 z}$$
$$= \frac{2\tan x}{1-\tan^2 x} \cdot \frac{2\tan y}{1-\tan^2 y} \cdot \frac{2\tan z}{1-\tan^2 z}$$
が成立するので，題意は示された．

37. 三角形 ABC が二等辺三角形であることと，
$$a\cos B + b\cos C + c\cos A = \frac{a+b+c}{2}$$
であることは同値であることを示せ．

解答． 正弦法則により，$a = 2R\sin A$, $b = 2R\sin B$, $c = 2R\sin C$ が成立する．問題の恒等式は
$$2\sin A\cos B + 2\sin B\cos C + 2\sin C\cos A = \sin A + \sin B + \sin C$$
すなわち，
$$\sin(A+B) + \sin(A-B) + \sin(B+C) +$$
$$\sin(B-C) + \sin(C+A) + \sin(C-A)$$
$$= \sin A + \sin B + \sin C$$
と同値である．$A+B+C = 180°$ より，$\sin(A+B) = \sin C$, $\sin(B+C) = \sin A$, $\sin(C+A) = \sin B$ なので，最後の式は
$$\sin(A-B) + \sin(B-C) + \sin(C-A) = 0$$
となり，基本問題 15 よりこれは
$$4\sin\frac{A-B}{2}\sin\frac{B-C}{2}\sin\frac{C-A}{2} = 0$$
と同値である．よって示された．

38. $a = \dfrac{2\pi}{1999}$ とするとき，以下を計算せよ．
$$\cos a \cos 2a \cos 3a \cdots \cos 999a$$
解答． 求める積を P とする．また，
$$Q = \sin a \sin 2a \sin 3a \cdots \sin 999a$$

とおく．すると，

$$\begin{aligned}
2^{999}PQ &= (2\sin a\cos a)(2\sin 2a\cos 2a)\cdots(2\sin 999a\cos 999a) \\
&= \sin 2a\sin 4a\cdots\sin 1998a \\
&= (\sin 2a\sin 4a\cdots\sin 998a)\cdot\Big(-\sin(2\pi-1000a)\Big) \\
&\quad\times\Big(-\sin(2\pi-1002a)\Big)\cdots\Big(-\sin(2\pi-1998a)\Big) \\
&= \sin 2a\sin 4a\cdots\sin 998a\sin 999a\sin 997a\cdots\sin a = Q
\end{aligned}$$

であり，明らかに $Q\neq 0$ なので，$P = \dfrac{1}{2^{999}}$ である．

39. α, β が $\dfrac{k\pi}{2}$ $(k\in\mathbb{Z})$ でない任意の実数値を動くとき，以下の値の最小値を求めよ．

$$\frac{\sec^4\alpha}{\tan^2\beta} + \frac{\sec^4\beta}{\tan^2\alpha}$$

解答． $a=\tan^2\alpha, b=\tan^2\beta$ とおく．$a,b \geq 0$ であり，以下の値の最小値を求めればよい．

$$\frac{(a+1)^2}{b} + \frac{(b+1)^2}{a}$$

相加相乗平均の不等式により，

$$\begin{aligned}
\frac{(a+1)^2}{b} + \frac{(b+1)^2}{a} &= \frac{a^2+2a+1}{b} + \frac{b^2+2b+1}{a} \\
&= \left(\frac{a^2}{b} + \frac{1}{b} + \frac{b^2}{a} + \frac{1}{a}\right) + 2\left(\frac{a}{b} + \frac{b}{a}\right) \\
&\geq 4\sqrt[4]{\frac{a^2}{b}\cdot\frac{1}{b}\cdot\frac{b^2}{a}\cdot\frac{1}{a}} + 4\sqrt{\frac{a}{b}\cdot\frac{b}{a}} = 8
\end{aligned}$$

となる．等号は $a=b=1$，すなわち $\alpha = \pm 45° + k\cdot 180°$，$\beta = \pm 45° + k'\cdot 180°$ $(k,k'\in\mathbb{Z})$ のときに限り成立する．

40. 実数の組 (x,y) であって，$0<x<\dfrac{\pi}{2}$ および

$$\frac{(\sin x)^{2y}}{(\cos x)^{y^2/2}} + \frac{(\cos x)^{2y}}{(\sin x)^{y^2/2}} = \sin 2x$$

をみたすようなものをすべて求めよ．

解答. 相加相乗平均の不等式により，
$$\frac{(\sin x)^{2y}}{(\cos x)^{y^2/2}} + \frac{(\cos x)^{2y}}{(\sin x)^{y^2/2}} \geq 2(\sin x \cos x)^{y-y^2/4}$$
であるから，
$$2\sin x \cos x = \sin 2x \geq 2(\sin x \cos x)^{y-y^2/4}$$
が成立する．$\sin x \cos x < 1$ であるから，$1 \leq y - y^2/4$, すなわち $(1-y/2)^2 \leq 0$ が成立する．よって，すべての不等号において等号が成立しなくてはならず，$y = 2$, $\sin x = \cos x$ である．よって求める解は $(x,y) = \left(\dfrac{\pi}{4}, 2\right)$ のみである．

41. $\cos 1°$ は無理数であることを示せ．

解答. $\cos 1°$ が有理数であったと仮定する．すると，$\cos 2° = 2\cos^2 1° - 1$ も有理数．和積公式により，
$$\cos(n° + 1°) + \cos(n° - 1°) = 2\cos n° \cos 1° \qquad (*)$$
が成立し，これを用いることで帰納的に任意の整数 $n\ (\geq 1)$ で $\cos n°$ が有理数であることが示される．しかし，これは明らかに間違いである．なぜなら，例えば $\cos 30°$ は有理数でないからである．よって，矛盾が得られたので，$\cos 1°$ は無理数である．

注. 帰納法に慣れていない読者への説明．$\cos 1°, \cos 2°$ が有理数のとき，$(*)$ において $n = 2$ とすることで，$\cos 3°$ が有理数であることが示される．同様に，$\cos 2°, \cos 3°$ が有理数であるとき，$(*)$ において $n = 3$ とすることで，$\cos 4°$ が有理数であることが示される．これを繰り返すことで，$\cos 1°$ が有理数という仮定の下では，任意の正の整数 n に対して $\cos n°$ が有理数であることが示される．

42. [USAMO 2002 提案問題，Cecil Rousseau] c を正の定数とする．実数 x_1, x_2, y_1, y_2 が $x_1^2 + x_2^2 = y_1^2 + y_2^2 = c^2$ をみたす範囲を動くとき，
$$S = (1-x_1)(1-y_1) + (1-x_2)(1-y_2)$$
の最大値を求めよ．

解答． $P = (x_1, x_2)$ とすると，P は原点中心・半径 c の円周上にあり，P の偏角を θ とすると，$x_1 = c\cos\theta, x_2 = c\sin\theta$ とおける．同様に $y_1 = c\cos\phi$，$y_2 = c\sin\phi$ とおける．すると，

$$S = 2 - c(\cos\theta + \sin\theta + \cos\phi + \sin\phi) + c^2(\cos\theta\cos\phi + \sin\theta\sin\phi)$$
$$= 2 - \sqrt{2}c\Big(\sin(\theta + \pi/4) + \sin(\phi + \pi/4)\Big) + c^2\cos(\theta - \phi)$$
$$\leqq 2 + 2\sqrt{2}c + c^2 = (\sqrt{2} + c)^2$$

である．等号は $\theta = \phi = \dfrac{5\pi}{4}$，すなわち，$x_1 = x_2 = y_1 = y_2 = -\dfrac{c\sqrt{2}}{2}$ のときに限り成立する．

43. $0 < a, b < \dfrac{\pi}{2}$ のとき

$$\frac{\sin^3 a}{\sin b} + \frac{\cos^3 a}{\cos b} \geqq \sec(a - b)$$

が成り立つことを示せ．

解答． $\cos(a - b) > 0$ に注意して，$\sin a \sin b + \cos a \cos b = \cos(a - b)$ を辺々掛けると

$$\left(\frac{\sin^3 a}{\sin b} + \frac{\cos^3 a}{\cos b}\right)(\sin a \sin b + \cos a \cos b) \geqq 1$$

となる．よって，これを示せばよいが，コーシー・シュワルツの不等式によると，左辺は $(\sin^2 a + \cos^2 a)^2 = 1$ 以上である．よって，示された．

44. $\sin\alpha\cos\beta = -\dfrac{1}{2}$ のとき，$\cos\alpha\sin\beta$ のとりうる値の範囲を求めよ．

解答． 加法定理により，

$$\sin(\alpha + \beta) = \sin\alpha\cos\beta + \cos\alpha\sin\beta = -\frac{1}{2} + \cos\alpha\sin\beta$$

である．$-1 \leqq \sin(\alpha + \beta) \leqq 1$ より，$-\dfrac{1}{2} \leqq \cos\alpha\sin\beta \leqq \dfrac{3}{2}$ である．同様に $\sin(\alpha - \beta) = \sin\alpha\cos\beta - \cos\alpha\sin\beta$ から，$-\dfrac{3}{2} \leqq \cos\alpha\sin\beta \leqq \dfrac{1}{2}$ である．これらをあわせて，

$$-\frac{1}{2} \leqq \cos\alpha\sin\beta \leqq \frac{1}{2}$$

あとは、$\cos\alpha\sin\beta$ が $\left[-\dfrac{1}{2}, \dfrac{1}{2}\right]$ の任意の値をとることを示せばよい。ここで、

$$(\cos\alpha\sin\beta)^2 = (1-\sin^2\alpha)(1-\cos^2\beta)$$
$$= 1 - (\sin^2\alpha + \cos^2\beta) + \sin^2\alpha\cos^2\beta$$
$$= \dfrac{5}{4} - (\sin^2\alpha + \cos^2\beta)$$
$$= \dfrac{5}{4} - (\sin\alpha + \cos\beta)^2 + 2\sin\alpha\cos\beta$$
$$= \dfrac{1}{4} - (\sin\alpha + \cos\beta)^2$$

である。$x = \sin\alpha$, $y = \cos\beta$ とおくと、x, y は $-1 \leqq x, y \leqq 1$, $xy = -\dfrac{1}{2}$ なる任意の値をとる。$s = \sin\alpha + \cos\beta = x + y$ のとりうる値の範囲を考えよう。$xy = -\dfrac{1}{2}$, $x + y = s$ であることから、x, y は 2 次方程式

$$u^2 - su - \dfrac{1}{2} = 0 \tag{$*$}$$

の 2 つの解である。よって $\{x, y\} = \left\{\dfrac{s + \sqrt{s^2+2}}{2}, \dfrac{s - \sqrt{s^2+2}}{2}\right\}$ である。$x, y \leqq 1$ より $\dfrac{s + \sqrt{s^2+2}}{2} \leqq 1$ であるから、$s \leqq \dfrac{1}{2}$ である。同様に、$-1 \leqq x, y$ より $-\dfrac{1}{2} \leqq s$ である。まとめると、$-\dfrac{1}{2} \leqq s \leqq \dfrac{1}{2}$ なる任意の s で $(*)$ は $-1 \leqq x, y \leqq 1, xy = -\dfrac{1}{2}$ をみたす解 x, y をもつ。$\sin, \cos$ は $[-1, 1]$ のすべての値をとるので、$s = \sin\alpha + \cos\beta$ のとりうる値の範囲は、$\left[-\dfrac{1}{2}, \dfrac{1}{2}\right]$ である。よって、s^2 のとりうる値の範囲は $\left[0, \dfrac{1}{4}\right]$ であるから、$(\cos\alpha\sin\beta)^2$ の範囲は $\left[0, \dfrac{1}{4}\right]$ であり、$\cos\alpha\sin\beta$ の範囲は $\left[-\dfrac{1}{2}, \dfrac{1}{2}\right]$ である。

45. 実数 a, b, c に対して、

$$(ab + bc + ca - 1)^2 \leqq (a^2+1)(b^2+1)(c^2+1)$$

を示せ。

解答. $a = \tan x$, $b = \tan y$, $c = \tan z$ $\left(-\dfrac{\pi}{2} < x, y, z < \dfrac{\pi}{2}\right)$ とおく。この

とき，$a^2+1 = \sec^2 x$, $b^2+1 = \sec^2 y$, $c^2+1 = \sec^2 z$ である．両辺に $\cos^2 x \cos^2 y \cos^2 z$ を掛けると，示すべき式は
$$\Big((ab+bc+ca-1)\cos x \cos y \cos z\Big)^2 \leqq 1$$
となる．ここで，次の 2 つの等式
$$(ab+bc)\cos x \cos y \cos z = \sin x \sin y \cos z + \sin y \sin z \cos x$$
$$= \sin y \sin(x+z),$$
$$(ca-1)\cos x \cos y \cos z = \sin z \sin x \cos y - \cos x \cos y \cos z$$
$$= -\cos y \cos(x+z)$$
より，
$$\Big((ab+bc+ca-1)\cos x \cos y \cos z\Big)^2$$
$$= \Big(\sin y \sin(x+z) - \cos y \cos(x+z)\Big)^2$$
$$= \cos^2(x+y+z) \leqq 1$$
が成立する．よって示された．

46. 実数 a, b, x に対して，次を証明せよ．
$$(\sin x + a \cos x)(\sin x + b \cos x) \leqq 1 + \left(\frac{a+b}{2}\right)^2$$

解答． $\cos x = 0$ のとき，示すべき式は，$\sin^2 x \leqq 1 + \left(\frac{a+b}{2}\right)^2$ となる．これは明らかに成立する．以下，$\cos x \neq 0$ と仮定する．両辺を $\cos^2 x$ で割ると，示すべき式は，
$$(\tan x + a)(\tan x + b) \leqq \left(1 + \left(\frac{a+b}{2}\right)^2\right)\sec^2 x$$
となる．$t = \tan x$ とおくと，$\sec^2 x = 1+t^2$ であり，上式は，
$$t^2 + (a+b)t + ab \leqq \left(\frac{a+b}{2}\right)^2 t^2 + t^2 + \left(\frac{a+b}{2}\right)^2 + 1$$
すなわち，

$$\left(\frac{a+b}{2}\right)^2 t^2 + 1 - (a+b)t + \left(\frac{a+b}{2}\right)^2 - ab \geq 0$$

と同値である．最後の式は

$$\left(\frac{(a+b)t}{2} - 1\right)^2 + \left(\frac{a-b}{2}\right)^2 \geqq 0$$

と変形されるので成立する．

47. 正の整数 n と実数 $a_1, a_2, \ldots, a_n$ に対し，次を示せ．

$$|\sin a_1| + |\sin a_2| + \cdots + |\sin a_n| + |\cos(a_1 + a_2 + \cdots + a_n)| \geqq 1$$

解答． n に関する帰納法で示す．$n = 1$ のとき，

$$|\sin a_1| + |\cos a_1| \geqq \sin^2 a_1 + \cos^2 a_1 = 1$$

より成立する．ある n に対して，

$$|\sin a_1| + |\sin a_2| + \cdots + |\sin a_n| + |\cos(a_1 + a_2 + \cdots + a_n)| \geqq 1$$

が成立するとき，

$$|\sin a_{n+1}| + |\cos(a_1 + a_2 + \cdots + a_{n+1})| \geqq |\cos(a_1 + a_2 + \cdots + a_n)|$$

が成立することを示す．これが示されれば $n+1$ の場合も示される．$s_k = a_1 + a_2 + \cdots + a_k$ ($k = 1, 2, \ldots, n+1$) とおく．最後の式は $|\sin a_{n+1}| + |\cos s_{n+1}| \geqq |\cos s_n|$ と書ける．加法定理により，

$$|\cos s_n| = |\cos(s_{n+1} - a_{n+1})|$$
$$= |\cos s_{n+1} \cos a_{n+1} + \sin s_{n+1} \sin a_{n+1}|$$
$$= |\cos s_{n+1} \cos a_{n+1}| + |\sin s_{n+1} \sin a_{n+1}|$$
$$\leq |\cos s_{n+1}| + |\sin a_{n+1}|$$

が成立する．よって示された．

48. [Russia 2003, Nazar Agakhanov] 集合

$$S = \{\sin \alpha, \sin 2\alpha, \sin 3\alpha\}$$

と集合

$$T = \{\cos\alpha, \cos 2\alpha, \cos 3\alpha\}$$

がいずれも 3 つの元からなり，かつ $S = T$ (すなわち，S の元を並べ替えると T になる) ような実数 α をすべて求めよ．

解答． 答は，$\alpha = \dfrac{\pi}{8} + \dfrac{k\pi}{2}$ $(k \in \mathbb{Z})$ である．

$S = T$ であるとき，S, T の元の和は等しいため，

$$\sin\alpha + \sin 2\alpha + \sin 3\alpha = \cos\alpha + \cos 2\alpha + \cos 3\alpha$$

である．両辺の第 1 項と第 3 項に和積公式を用いると，

$$2\sin 2\alpha \cos\alpha + \sin 2\alpha = 2\cos 2\alpha \cos\alpha + \cos 2\alpha$$

すなわち，

$$\sin 2\alpha(2\cos\alpha + 1) = \cos 2\alpha(2\cos\alpha + 1)$$

となる．

$2\cos\alpha + 1 = 0$ のとき，$\cos\alpha = -\dfrac{1}{2}$ より $\alpha = \pm\dfrac{2\pi}{3} + 2k\pi$ $(k \in \mathbb{Z})$ である．このような α に対して $S \neq T$ であり S, T の元の個数は 3 ではないことは容易に確かめられる．

$2\cos\alpha + 1 \neq 0$ のとき，$\sin 2\alpha = \cos 2\alpha$ であるから，$\tan 2\alpha = 1$ である．よって，考えられる解は $\alpha = \dfrac{\pi}{8} + \dfrac{k\pi}{2}$ $(k \in \mathbb{Z})$ である．$\dfrac{\pi}{8} + \dfrac{3\pi}{8} = \dfrac{\pi}{2}$ より，$\cos\dfrac{\pi}{8} = \sin\dfrac{3\pi}{8}$ である．これを用いることで，上記の α が問題の条件をみたすことが容易に示される．

49. 多項式からなる列 $\{T_n(x)\}_{n=0}^{\infty}$ を $T_0(x) = 1$, $T_1(x) = x$, $T_{i+1} = 2xT_i(x) - T_{i-1}(x)$ (i は正の整数) と定める．多項式 $T_n(x)$ は n 番目のチェビシェフ多項式と呼ばれる．

(a) $T_{2n+1}(x)$ は奇関数，$T_{2n}(x)$ は偶関数であることを示せ．

(b) 任意の実数 x (> 1) に対して，$T_{n+1}(x) > T_n(x) > 1$ を示せ．

(c) $T_n(\cos\theta) = \cos(n\theta)$ が任意の非負整数 n，実数 θ で成立することを示せ．

(d) 各非負整数 n に対して，$T_n(x) = 0$ の解 x をすべて求めよ．

(e) $P_n(x) = T_n(x) - 1$ とする．$P_n(x) = 0$ の実数解 x をすべて求めよ．

解答. (a), (b) は (e) を導くために便利な事実である.

(a) n に関する帰納法で示す. $T_0 = 1, T_1 = x$ なので, T_0, T_1 はそれぞれ偶関数, 奇関数である. T_{2n}, T_{2n+1} がそれぞれ偶関数, 奇関数であったと仮定しよう. すると, $2xT_{2n+1}$ は偶関数であるから, $T_{2n+2} = 2xT_{2n+1} - T_{2n}$ も偶関数である. よって, $2xT_{2n+2}$ は奇関数であるから, $T_{2n+3} = 2xT_{2n+2} - T_{2n+1}$ も奇関数である. よって, T_{2n+2}, T_{2n+3} はそれぞれ偶関数, 奇関数であるから, 帰納法により示された.

(b) n に関する帰納法で示す. $n = 0$ のとき, $T_1(x) = x > 1 = T_0(x)$ より成立. ある非負整数 k を固定する. 任意の $x > 1, n \leq k$ に対して, $T_{n+1}(x) > T_n(x) > 1$ が成立すると仮定しよう. $n = k+1$ の場合を考える. 帰納法の仮定により,

$$T_{k+2}(x) = 2xT_{k+1}(x) - T_k(x) > 2T_{k+1}(x) - T_k(x)$$
$$= T_{k+1}(x) + T_{k+1}(x) - T_k(x) > T_{k+1}(x) (> 1)$$

であるから, $n = k+1$ でも成立する. 以上より, 示された.

(c) 再び n に関する帰納法で示そう. $n = 0, 1$ では明らかに成立する. 正の整数 k を固定する. 任意の $n \ (\leq k)$ で $T_n(\cos\theta) = \cos(n\theta)$ が成立すると仮定しよう. この仮定から,

$$T_{k+1}(\cos\theta) = 2\cos\theta\, T_k(\cos\theta) - T_{k-1}(\cos\theta)$$
$$= 2\cos\theta\cos k\theta - \cos\big((k-1)\theta\big)$$

が成立する. ここで, 積和公式により

$$2\cos\theta\cos k\theta = \cos\big((k+1)\theta\big) + \cos\big((k-1)\theta\big)$$

が成立する. よって, $T_{k+1}(\cos\theta) = \cos\big((k+1)\theta\big)$ である. 以上より示された.

(d) (c) から

$$S = \left\{\cos\frac{k\pi}{2n} \,\Big|\, k = 1, 3, \ldots, 2n-1\right\}$$

はいずれも解で, 関数 $y = \cos x$ は区間 $\left[0, \dfrac{\pi}{2}\right]$ 上では 1 対 1 関数なので, S は n 元からなる. 明らかに T_n は n 次多項式であるから, S の元が T_n のすべての解となる.

(e) (a) から T_n は偶関数もしくは奇関数である．すると，(b) から $x < -1$ のとき，$|T_n(x)| > 1$ が成立する．よって，P_n の実数解は $[-1, 1]$ 上にある．2 つの場合に分けて考える．

n が偶数のとき，P_n の実数解は
$$S_e = \left\{\cos\frac{k\pi}{n} \middle| k = 0, 2, \ldots, n\right\}$$
であり，n が奇数のとき，P_n の実数解は
$$S_e = \left\{\cos\frac{k\pi}{n} \middle| k = 0, 2, \ldots, n-1\right\}$$
である．

50. [Canada 1998] 三角形 ABC は $\angle BAC = 40°, \angle ABC = 60°$ をみたす．辺 AC, AB 上に 2 点 D, E を $\angle CBD = 40°, \angle BCE = 70°$ となるようにとる．直線 BD と CE の交点を F とする．直線 AF, BC は直交することを示せ．

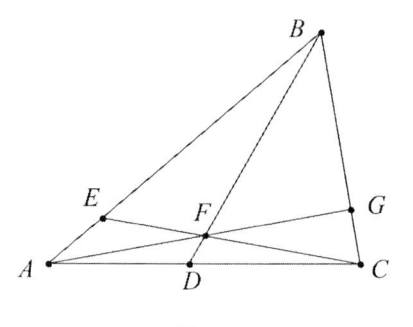

図 4.5

解答． $\angle ABD = 20°, \angle BCA = 80°, \angle ACE = 10°$ であり，A から BC に下ろした垂線の足を G とすると，$\angle BAG = 90° - \angle ABC = 30°$，$\angle CAG = 90° - \angle BCA = 10°$ である．すると，

$$\frac{\sin\angle BAG \sin\angle ACE \sin\angle CBD}{\sin\angle CAG \sin\angle BCE \sin\angle ABD} = \frac{\sin 30° \sin 10° \sin 40°}{\sin 10° \sin 70° \sin 20°}$$
$$= \frac{\frac{1}{2}(\sin 10°)(2\sin 20° \cos 20°)}{\sin 10° \cos 20° \sin 20°}$$
$$= 1$$

である．チェバの定理の三角比による表示により，AG, BD, CE は 1 点で交わる．よって，F は AG 上にあるので，AF と BC は直交する．

51. [IMO 1991] 三角形 ABC の内部に点 S をとったとき，$\angle SAB, \angle SBC, \angle SCA$ の少なくとも 1 つは $30°$ 以下であることを示せ．

解答 1． 三角形 ABC の内部の点 P で，$\angle PAB = \angle PBC = \angle PCA (= \alpha)$ をみたすようなものをブロカール点という．S は三角形 ABC の内部にあるので，S は三角形 PAB, PBC, PCA の少なくとも 1 つの内部もしくは周上にある．すると，$\angle SAB, \angle SBC, \angle SCA$ の少なくとも 1 つは α 以下である．よって，$\alpha \leq 30°$ すなわち，$\sin \alpha \leq \dfrac{1}{2}$, $\csc^2 \alpha \geq 4$ を示せば十分．すでに，
$$\csc^2 \alpha = \csc^2 A + \csc^2 B + \csc^2 C$$
を示しており，これと基本問題 28(e) とコーシー・シュワルツの不等式により，
$$\frac{9}{4} \csc^2 \alpha \geq \left(\sin^2 A + \sin^2 B + \sin^2 C \right) \left(\csc^2 A + \csc^2 B + \csc^2 C \right) \geq 9$$
である．よって，$\csc^2 \alpha \geq 4$ が成立する．

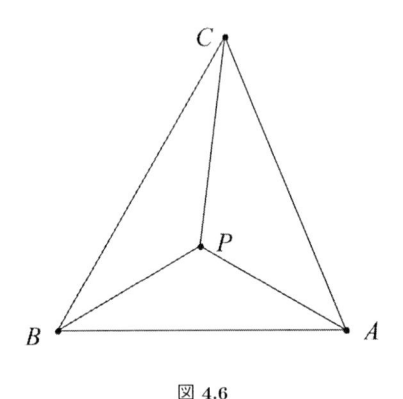

図 4.6

解答 2． この解答では，角度の単位はラジアンとする．$\angle SAB, \angle SBC, \angle SCA$ のうちの 1 つが $\dfrac{\pi}{6}$ 以下であることを示そう．$x = \angle SAB, y = \angle SBC, z = \angle SCA$ とおく．S と直線 BC, CA, AB との距離をそれぞれ

d_a, d_b, d_c とする．このとき，

$$d_c = SA \sin x = SB \sin(B - y)$$
$$d_a = SB \sin y = SC \sin(C - z)$$
$$d_b = SC \sin z = SA \sin(A - x)$$

3つの式を辺々掛けることで，

$$\sin x \sin y \sin z = \sin(A - x) \sin(B - y) \sin(C - z) \qquad (*)$$

を得る．$x+y+z \leq \dfrac{\pi}{2}$ のときは，結論は明らかに成立する．そこで，$x+y+z > \dfrac{\pi}{2}$ と仮定して議論を進める．このとき，$(A-x)+(B-y)+(C-z) < \dfrac{\pi}{2}$ である．関数 $f(x) = \log(\sin x)$ $(0 < x < \dfrac{\pi}{2})$ を考える．このとき，$f'(x) = \dfrac{\cos x}{\sin x} = \cot x$ より f は単調増加，$f''(x) = -\csc^2 x < 0$ なので，$f(x)$ は上に凸である．イェンセンの不等式により

$$\frac{1}{3}\Big(\log \sin(A - x) + \log \sin(B - y) + \log \sin(C - z)\Big)$$
$$\leq \log \sin \frac{(A - x) + (B - y) + (C - z)}{3}$$

であるから，

$$\log \Big(\sin(A - x) \sin(B - y) \sin(C - z)\Big)^{\frac{1}{3}} \leq \log \sin \frac{\pi}{6} = \log \frac{1}{2}$$

である．よって，$\sin x \sin y \sin z = \sin(A - x) \sin(B - y) \sin(C - z) \leq \dfrac{1}{8}$ より，$\sin x$, $\sin y$, $\sin z$ の少なくとも1つが $\dfrac{1}{2}$ 以下である．

解答 3. $(*)$ から，イェンセンの定理を用いずに，証明する賢明な方法を紹介しよう．$(*)$ より

$$(\sin x \sin y \sin z)^2 = \sin x \sin(A - x) \sin y \sin(B - y) \sin z \sin(C - z)$$

積和公式と **2 倍角の公式**より，$2 \sin x \sin(A - x) = \cos(A - 2x) - \cos A \leq 1 - \cos A = 2 \sin^2 \dfrac{A}{2}$ であるから，$\sin x \sin(A - x) \leq \sin^2 \dfrac{A}{2}$ である．（このステップをイェンセンの定理を用いて導くこともできる．詳細は読者に委ねる．）同様のことが他の角についても成立する．基本問題 23(a) より，

$$\sin x \sin y \sin z \leqq \sin\frac{A}{2}\sin\frac{B}{2}\sin\frac{C}{2} \leqq \frac{1}{8}$$

なので，示された．

52. $a = \dfrac{\pi}{7}$ とおく．
  (a) $\sin^2 3a - \sin^2 a = \sin 2a \sin 3a$ を示せ．
  (b) $\csc a = \csc 2a + \csc 4a$ を示せ．
  (c) $\cos a - \cos 2a + \cos 3a$ を計算せよ．
  (d) $\cos a$ は方程式 $8x^3 + 4x^2 - 4x - 1 = 0$ の解であることを示せ．
  (e) $\cos a$ は無理数であることを示せ．
  (f) $\tan a \tan 2a \tan 3a$ を計算せよ．
  (g) $\tan^2 a + \tan^2 2a + \tan^2 3a$ を計算せよ．
  (h) $\tan^2 a \tan^2 2a + \tan^2 2a \tan^2 3a + \tan^2 3a \tan^2 a$ を計算せよ．
  (i) $\cot^2 a + \cot^2 2a + \cot^2 3a$ を計算せよ．

解答． これらの小問の多くは，密接な関連性がある．(d) と (e) は同時に示されるし，(f), (g), (h), (i) も共通の考察より導かれる．

(a) 和積公式と 2 倍角の公式により

$$\sin^2 3a - \sin^2 a = (\sin 3a + \sin a)(\sin 3a - \sin a)$$
$$= (2\sin 2a \cos a)(2\sin a \cos 2a)$$
$$= (2\sin 2a \cos 2a)(2\sin a \cos a)$$
$$= \sin 4a \sin 2a = \sin 2a \sin 3a$$

である．最後の等号は，$4a + 3a = \pi$ から $\sin 3a = \sin 4a$ が成立することから成り立つ．

(b) 以下を示せば十分である．

$$\sin 2a \sin 4a = \sin a(\sin 2a + \sin 4a).$$

さらに，和積公式により，

$$2\sin a \cos a \sin 4a = \sin a(2\sin 3a \cos a)$$

と同値である．いま，仮定より $3a + 4a = \pi$ であるから，$\sin 3a = \sin 4a$ が成り立つのでこれは成立する．

(c) 答は $\dfrac{1}{2}$ である．それには，$\cos 2a + \cos 4a + \cos 6a = -\dfrac{1}{2}$ を示せば十分である．一般に，$x = \dfrac{\pi}{2n+1}$ として
$$t = \cos 2x + \cos 4x + \cdots + \cos 2nx = -\dfrac{1}{2}$$
が成立する (今回はこの $n = 3$ の場合である)．これを示す．積和公式より $2\sin x \cos kx = \sin(k+1)x - \sin(k-1)x$ であるから，
$$2t \sin x = 2\sin x(\cos 2x + \cos 4x + \cdots + \cos 2nx)$$
$$= (\sin 3x - \sin x) + (\sin 5x - \sin 3x)$$
$$+ \cdots + (\sin(2n+1)x - \sin(2n-1)x)$$
$$= \sin(2n+1)x - \sin x = -\sin x$$
より，示された．

(d),(e) $3a + 4a = \pi$ より $\sin 3a = \sin 4a$ であり，2倍角の公式と **3倍角**の公式より，
$$\sin a(3 - 4\sin^2 a) = 2\sin 2a \cos 2a (= 4\sin a \cos a \cos 2a)$$
である．よって，$3 - 4(1 - \cos^2 a) = 4\cos a(2\cos^2 a - 1)$ であり，
$$8\cos^3 a - 4\cos^2 a - 4\cos a + 1 = 0$$
であるから，(d) が示された．$u = 2\cos a$ は
$$u^3 - u^2 - 2u + 1 = 0 \qquad (*)$$
の解であり，ガウスの補題を用いると，この方程式の考えうる有理数解は $1, -1$ のみである．これらはどちらも解でないことが容易に確かめられる．よって，この方程式は有理数解をもたないので，$2\cos a$ は無理数であり，$\cos a$ も無理数である．

注．方程式を $(*)$ に変換することは必要ではないが，この変換は非常に技巧的である．なぜなら，
$$8x^3 - 4x^2 - 4x + 1 = 0$$
の解を考える場合は，$\left\{\pm\dfrac{1}{8}, \pm\dfrac{1}{4}, \pm\dfrac{1}{2}, \pm 1\right\}$ のすべてを確かめなくてはならないのに対して，$(*)$ の場合は 2 つの場合だけを試せばよいからで

ある．

(f) 以降　$3a + 4a = \pi$ より $\tan 3a + \tan 4a = 0$ である．2 倍角の公式と加法定理により，
$$\frac{\tan a + \tan 2a}{1 - \tan a \tan 2a} + \frac{2\tan 2a}{1 - \tan^2 2a} = 0$$
であり，
$$\tan a + 3\tan 2a - 3\tan a \tan^2 2a - \tan^3 2a = 0$$
である．$x = \tan a$ とおく．すると，$\tan 2a = \dfrac{2\tan a}{1 - \tan^2 a} = \dfrac{2x}{1 - x^2}$ となるから，
$$x + \frac{6x}{1 - x^2} - \frac{12x^3}{(1 - x^2)^2} - \frac{8x^3}{(1 - x^2)^3} = 0$$
であり，
$$\left(1 - x^2\right)^3 + 6\left(1 - x^2\right)^2 - 12x^2\left(1 - x^2\right) - 8x^2 = 0$$
である．これを展開して，
$$x^6 - 21x^4 + 35x^2 - 7 = 0 \tag{†}$$
となる．$\tan a$ はこの方程式の解である．$6a + 8a = 2\pi$, $9a + 12a = 3\pi$ より，$\tan(3\cdot 2a) + \tan(4\cdot 2a) = 0, \tan(3\cdot 3a) + \tan(4\cdot 3a) = 0$ なので，同様の変形をすることで，$\tan 2a, \tan 3a$ も (†) の解である．よって，$\tan^2 ka\ (k = 1, 2, 3)$ は 3 次方程式
$$x^3 - 21x^2 + 35x - 7 = 0$$
の相異なる 3 つの解である．解と係数の関係により
$$\tan^2 a + \tan^2 2a + \tan^2 3a = 21$$
$$\tan^2 a \tan^2 2a + \tan^2 2a \tan^2 3a + \tan^2 3a \tan^2 a = 35$$
$$\tan^2 a \tan^2 2a \tan^2 3a = 7$$
である．よって，(f), (g), (h), (i) の答はそれぞれ $\sqrt{7}, 21, 35, 5$ である．

注．(†) の解が $\tan \dfrac{\pi}{7}, \tan \dfrac{2\pi}{7}, \ldots, \tan \dfrac{6\pi}{7}$ であることを確かめることは困難ではない．他方，面白いことに (†) の係数，$1, -21, 35, -7$ はそれぞれ ${}_7C_0, -{}_7C_2, {}_7C_4, -{}_7C_6$ と表される．より一般的な場合を考えよ

う．n を正の整数とし，$a_n = \dfrac{\pi}{2n+1}$ とおく．$\sin(2n+1)a_n = 0$ である．展開公式より，

$$\begin{aligned}
0 &= \sin(2n+1)a_n \\
&= {}_{2n+1}C_1 \cos^{2n} a_n \sin a_n - {}_{2n+1}C_3 \cos^{2n-2} a_n \sin^3 a_n \\
&\quad + {}_{2n+1}C_5 \cos^{2n-4} a_n \sin^5 a_n - \cdots \\
&= \cos^{2n+1} a_n \bigl({}_{2n+1}C_1 \tan a_n - {}_{2n+1}C_3 \tan^3 a_n \\
&\qquad\qquad + {}_{2n+1}C_5 \tan^5 a_n - \cdots \bigr)
\end{aligned}$$

が成立する．$\cos a_n \neq 0$ であるから，

$${}_{2n+1}C_1 \tan a_n - {}_{2n+1}C_3 \tan^3 a_n + {}_{2n+1}C_5 \tan^5 a_n - \cdots = 0$$

である．よって，$\tan a_n$ は

$${}_{2n+1}C_1 x - {}_{2n+1}C_3 x^3 + \cdots + (-1)^n {}_{2n+1}C_{2n+1} x^{2n+1} = 0$$

すなわち，

$${}_{2n+1}C_0 x^{2n} - {}_{2n+1}C_2 x^{2n-2} + \cdots + (-1)^n {}_{2n+1}C_{2n} = 0$$

の解である．a_n を整数倍して同様の議論をすることで，$\tan \dfrac{\pi}{2n+1}$, $\tan \dfrac{2\pi}{2n+1}, \ldots, \tan \dfrac{2n\pi}{2n+1}$ もこの方程式の解であることが示される．よって，方程式

$${}_{2n+1}C_0 x^n - {}_{2n+1}C_2 x^{n-1} + \cdots + (-1)^n {}_{2n+1}C_{2n} = 0$$

の解は $\tan^2 \dfrac{\pi}{2n+1}, \tan^2 \dfrac{2\pi}{2n+1}, \ldots, \tan^2 \dfrac{n\pi}{2n+1}$ であることもわかる．解と係数の関係により，本問のより一般的な結果である

$$\sum_{k=1}^{n} \cot^2 \dfrac{k\pi}{2n+1} = \dfrac{{}_{2n+1}C_{2n-2}}{{}_{2n+1}C_{2n}} = \dfrac{n(2n-1)}{3}$$

が得られる．

第5章

上級問題の解答

1. $\sin k° \sin(k+1)°$ に関する 2 つの問題に答えよ．

(a) [AIME2 2000] 次の等式をみたす正の整数 n の最小値を求めよ．
$$\frac{1}{\sin 45° \sin 46°} + \frac{1}{\sin 47° \sin 48°} + \cdots + \frac{1}{\sin 133° \sin 134°} = \frac{1}{\sin n°}$$

(b) 次の等式を証明せよ．
$$\frac{1}{\sin 1° \sin 2°} + \frac{1}{\sin 2° \sin 3°} + \cdots + \frac{1}{\sin 89° \sin 90°} = \frac{\cos 1°}{\sin^2 1°}$$

解答． まず，
$$\sin 1° = \sin[(x+1)° - x°]$$
$$= \sin(x+1)° \cos x° - \cos(x+1)° \sin x°$$

であるから，
$$\frac{\sin 1°}{\sin x° \sin(x+1)°} = \frac{\cos x° \sin(x+1)° - \sin x° \cos(x+1)°}{\sin x° \sin(x+1)°}$$
$$= \cot x° - \cot(x+1)°$$

である．これを用いて，

(a) 両辺に $\sin 1°$ を掛けると，
$$\frac{\sin 1°}{\sin n°} = (\cot 45° - \cot 46°) + (\cot 47° - \cot 48°)$$
$$+ \cdots + (\cot 133° - \cot 134°)$$
$$= \cot 45° - (\cot 46° + \cot 134°) + (\cot 47° + \cot 133°)$$
$$- \cdots + (\cot 89° + \cot 91°) - \cot 90° = 1$$

であるから，$\sin n° = \sin 1°$ となり最小値は $n = 1$ である．

(b) 上記の事柄を用いて，
$$\sum_{k=1}^{89} \frac{1}{\sin k° \sin(k+1)°} = \frac{1}{\sin 1°} \sum_{k=1}^{89} \Big(\cot k° - \cot(k+1)°\Big)$$
$$= \frac{1}{\sin 1°} \cdot \cot 1° = \frac{\cos 1°}{\sin^2 1°}.$$
よって，示された．

2. [China 2001, Xiaoyang Su] 三角形 ABC と非負実数 x に対して，
$$a^x \cos A + b^x \cos B + c^x \cos C \leqq \frac{1}{2}(a^x + b^x + c^x)$$
が成立することを示せ．

解答． 対称性から，$a \geqq b \geqq c$ と仮定してよい．このとき，$A \geqq B \geqq C$ であるから，$\cos A \leqq \cos B \leqq \cos C$ である．すると，
$$(a^x - b^x)(\cos A - \cos B) \leqq 0$$
すなわち，
$$a^x \cos A + b^x \cos B \leqq a^x \cos B + b^x \cos A$$
である．これの a, b, c, A, B, C を巡回的に入れ替えた式 (3つ) を辺々足し，さらに両辺に $a^x \cos A + b^x \cos B + c^x \cos C$ を足すと，
$$3(a^x \cos A + b^x \cos B + c^x \cos C) \leqq (a^x + b^x + c^x)(\cos A + \cos B + \cos C)$$
となる．この不等式と基本問題 27(b) より問題の式は示される．

注． 上記の解答はチェビシェフの不等式の証明と同様である．また，並べ替えの不等式を用いることで，以下のようにさらに簡潔になる．

$a \geqq b \geqq c$ と $\cos A \leqq \cos B \leqq \cos C$ より，次の2つの不等式
$$a^x \cos A + b^x \cos B + c^x \cos C \leqq a^x \cos B + b^x \cos C + c^x \cos A,$$
$$a^x \cos A + b^x \cos B + c^x \cos C \leqq a^x \cos C + b^x \cos A + c^x \cos B$$
が成立するから，
$$3(a^x \cos A + b^x \cos B + c^x \cos C) \leqq (a^x + b^x + c^x)(\cos A + \cos B + \cos C)$$
である．

3. x, y, z は正の実数とする.

(a) $x + y + z = xyz$ のとき,
$$\frac{x}{\sqrt{1+x^2}} + \frac{y}{\sqrt{1+y^2}} + \frac{z}{\sqrt{1+z^2}} \leq \frac{3\sqrt{3}}{2}$$
が成立することを示せ.

(b) $0 < x, y, z < 1$, $xy + yz + zx = 1$ のとき,
$$\frac{x}{1-x^2} + \frac{y}{1-y^2} + \frac{z}{1-z^2} \geq \frac{3\sqrt{3}}{2}$$
が成立することを示せ.

解答. 両方とも三角関数に置き換えることで解ける.

(a) 基本問題 20(a) より, 鋭角三角形 ABC であって, $\tan A = x$, $\tan B = y$, $\tan C = z$ となるものが存在する.
$$\frac{\tan A}{\sqrt{1+\tan^2 A}} = \frac{\tan A}{\sec A} = \sin A$$
であるから, 示すべき不等式は
$$\sin A + \sin B + \sin C \leq \frac{3\sqrt{3}}{2}$$
となる. これは, 基本問題 28(c) で示している.

(b) 与えられた条件と基本問題 19(a) から, 鋭角三角形 ABC であって,
$$\tan \frac{A}{2} = x, \quad \tan \frac{B}{2} = y, \quad \tan \frac{C}{2} = z$$
となるようなものが存在する. **2倍角の公式**より,
$$\tan A + \tan B + \tan C \geq 3\sqrt{3}$$
が成立する. これは, 基本問題 20(b) で示している.

4. [China 1997] x, y, z は $x \geq y \geq z \geq \frac{\pi}{12}$, $x + y + z = \frac{\pi}{2}$ をみたす実数とする. $\cos x \sin y \cos z$ の最大値と最小値を求めよ.

解答. $p = \cos x \sin y \cos z$ とすると, $\frac{\pi}{2} \geq y \geq z$, $\sin(y-z) \geq 0$ と積和公式により,
$$p = \frac{1}{2} \cos x \big(\sin(y+z) + \sin(y-z)\big) \geq \frac{1}{2} \cos x \sin(y+z) = \frac{1}{2} \cos^2 x$$

である．$x = \dfrac{\pi}{2} - (y+z) \leq \dfrac{\pi}{2} - 2 \cdot \dfrac{\pi}{12} = \dfrac{\pi}{3}$ であるから，p の最小値は $\dfrac{1}{2} \cos^2 \dfrac{\pi}{3} = \dfrac{1}{8}$ である．この値は，$x = \dfrac{\pi}{3}, y = z = \dfrac{\pi}{12}$ のときに達成する．

一方，$\sin(x-y) \geq 0, \sin(x+y) = \cos z$ より，
$$p = \dfrac{1}{2} \cos z \Big(\sin(x+y) - \sin(x-y)\Big) \leq \dfrac{1}{2} \cos^2 z$$
である．2倍角の公式により，
$$p \leq \dfrac{1}{4}(1 + \cos 2z) \leq \dfrac{1}{4}\left(1 + \cos \dfrac{\pi}{6}\right) = \dfrac{2+\sqrt{3}}{8}.$$
p の最大値は，この右辺の値で $x = y = \dfrac{5\pi}{24}, z = \dfrac{\pi}{12}$ のときに限り達成する．

5. 三角形 ABC は鋭角三角形である．$n = 1, 2, 3$ に対して，
$$x_n = 2^{n-3}(\cos^n A + \cos^n B + \cos^n C) + \cos A \cos B \cos C$$
とする．このとき，
$$x_1 + x_2 + x_3 \geq \dfrac{3}{2}$$
が成立することを示せ．

解答． 相加相乗平均の不等式により，
$$\cos^3 x + \dfrac{\cos x}{4} \geq \cos^2 x$$
が $\cos x \geq 0$ なる任意の x で成立する．三角形 ABC が鋭角三角形であることから，$\cos A, \cos B, \cos C$ はすべて非負実数である．$x = A, B, C$ に対して，上記の式を辺々足すと，
$$x_1 + x_3 \geq \cos^2 A + \cos^2 B + \cos^2 C + 2 \cos A \cos B \cos C = 2x_2$$
となる．よって，基本問題 24(d) より，
$$x_1 + x_2 + x_3 \geq 3x_2 = \dfrac{3}{2}$$
である．

6. 区間 $[0, 2\pi]$ に属する実数 x であって，
$$3 \cot^2 x + 8 \cot x + 3 = 0$$

をみたすものすべての和を求めよ．

解答． 2 次方程式
$$3u^2 + 8u + 3 = 0$$
を考える．この方程式は 2 つの実数解 $u_1 = \dfrac{-8+2\sqrt{7}}{6}, u_2 = \dfrac{-8-2\sqrt{7}}{6}$
をもつ．そして，解と係数の関係よりその積は -1 である．

　関数 $y = \cot x$ は $(0, \pi)$ から実数全体への全単射であるから，$0 < x_{1,1}, x_{2,1} < \pi$ なる $x_{1,1}, x_{2,1}$ であって，$\cot x_{1,1} = u_1, \cot x_{2,1} = u_2$ となるものがただ 1 つ存在する．u_1, u_2 は負の数なので，$\dfrac{\pi}{2} < x_{1,1}, x_{2,1} < \pi$ であり，$\pi < x_{1,1} + x_{2,1} < 2\pi$ である．$\cot x \tan x = 1$ であり，$\tan x, \cot x$ はともに周期 π の周期関数であるので，
$$1 = \cot x \tan x = \cot x \cot\left(\frac{\pi}{2} - x\right) = \cot x \cot\left(\frac{3\pi}{2} - x\right)$$
$$= \cot x_{1,1} \cot x_{2,1}$$
となる．よって，$x_{1,1} + x_{2,1} = \dfrac{3\pi}{2}$ である．同様に区間 $(\pi, 2\pi)$ にも，問題の条件をみたす $(x_{1,2}, x_{2,2})$ の組がただ 1 つ存在し，その和は $x_{1,2} + x_{2,2} = \dfrac{7\pi}{2}$ となる．以上より，求める答は $x_{1,1} + x_{2,1} + x_{1,2} + x_{2,2} = 5\pi$ となる．

7. 三角形 ABC は面積が K の鋭角三角形とする．次を示せ．
$$\sqrt{a^2b^2 - 4K^2} + \sqrt{b^2c^2 - 4K^2} + \sqrt{c^2a^2 - 4K^2} = \frac{a^2+b^2+c^2}{2}$$

解答． $2K = ab\sin C = bc\sin A = ca\sin B$ であるから，与式の左辺は以下に等しい．
$$\sqrt{a^2b^2 - a^2b^2\sin^2 C} + \sqrt{b^2c^2 - b^2c^2\sin^2 A} + \sqrt{c^2a^2 - c^2a^2\sin^2 B}$$
$$= ab\cos C + bc\cos A + ca\cos B$$
$$= \frac{a}{2}(b\cos C + c\cos B) + \frac{b}{2}(c\cos A + a\cos C) + \frac{c}{2}(a\cos B + b\cos A)$$
$$= \frac{a}{2}\cdot a + \frac{b}{2}\cdot b + \frac{c}{2}\cdot c.$$
よって，示された．

注． この問題は上級問題 42(a) の等号が成立する場合である．その理由を

考えよ．

8． 以下の値を計算せよ．
(a) $\ _nC_1 \sin a + \ _nC_2 \sin 2a + \cdots + \ _nC_n \sin na$
(b) $\ _nC_1 \cos a + \ _nC_2 \cos 2a + \cdots + \ _nC_n \cos na$

解答． (a) の値を S_n, (b) の値を T_n としよう．複素数 z を $z = \cos a + i \sin a$ で定める．ド・モアブルの公式により，$z^n = \cos na + i \sin na$ である．すると，二項定理により，

$$1 + T_n + iS_n = 1 + \ _nC_1(\cos a + i \sin a) + \ _nC_2(\cos 2a + i \sin 2a)$$
$$+ \cdots + \ _nC_n(\cos na + i \sin na)$$
$$= \ _nC_0 z^0 + \ _nC_1 z + \ _nC_2 z^2 + \cdots + \ _nC_n z^n$$
$$= (1+z)^n$$

である．ここで，

$$1 + z = 1 + \cos a + i \sin a = 2\cos^2 \frac{a}{2} + 2i \sin \frac{a}{2} \cos \frac{a}{2}$$
$$= 2\cos \frac{a}{2} \left(\cos \frac{a}{2} + i \sin \frac{a}{2} \right)$$

より，ド・モアブルの公式を再び用いて，

$$(1+z)^n = 2^n \cos^n \frac{a}{2} \left(\cos \frac{na}{2} + i \sin \frac{na}{2} \right)$$

である．よって，

$$(1 + T_n) + iS_n = \left(2^n \cos^n \frac{a}{2} \cos \frac{na}{2} \right) + i \left(2^n \cos^n \frac{a}{2} \sin \frac{na}{2} \right)$$

であるから，

$$S_n = 2^n \cos^n \frac{a}{2} \sin \frac{na}{2}, \quad T_n = -1 + 2^n \cos^n \frac{a}{2} \cos \frac{na}{2}$$

となる．

9． [Putnam 2003] x が実数全体を動くとき，

$$|\sin x + \cos x + \tan x + \cot x + \sec x + \csc x|$$

の最小値を求めよ．

解答． $a = \sin x, b = \cos x$ とおくと，求めるべきは，

$$P = \left| a+b+\frac{a}{b}+\frac{b}{a}+\frac{1}{a}+\frac{1}{b} \right|$$
$$= \left| \frac{ab(a+b)+a^2+b^2+a+b}{ab} \right|$$

の最小値である．ここで，$a^2+b^2 = \sin^2 x + \cos^2 x = 1$ より $c = a+b$ とおくと，$c^2 = (a+b)^2 = 1 + 2ab$ であるから，$2ab = c^2 - 1$ である．加法定理により，

$$c = \sin x + \cos x = \sqrt{2}\left(\frac{\sqrt{2}}{2}\sin x + \frac{\sqrt{2}}{2}\cos x\right) = \sqrt{2}\sin\left(\frac{\pi}{4}+x\right)$$

である．よって，c のとりうる値の範囲は $[-\sqrt{2}, \sqrt{2}]$ である．すると，問題の式は

$$P(c) = \left|\frac{2ab(a+b)+2+2(a+b)}{2ab}\right|$$
$$= \left|\frac{c(c^2-1)+2(c+1)}{c^2-1}\right| = \left|c+\frac{2}{c-1}\right|$$
$$= \left|c-1+\frac{2}{c-1}+1\right|$$

と表される．$c-1 > 0$ のとき，相加相乗平均の不等式により，$(c-1)+\frac{2}{c-1} > 2\sqrt{2}$ であり，$P(c) > 1 + 2\sqrt{2}$ である．$c-1 < 0$ のときも，同様に

$$(c-1)+\frac{2}{c-1} = -\left((1-c)+\frac{2}{1-c}\right) \leq -2\sqrt{2}.$$

等号は $1-c = \frac{2}{1-c}$，つまり $c = 1-\sqrt{2}$ のときに限り成立する．よって，最小値は $\left|-2\sqrt{2}+1\right| = 2\sqrt{2}-1$ であり，$c = 1-\sqrt{2}$ のときに達成する．

注．関数

$$f(x) = \sin x + \cos x + \tan x + \cot x + \sec x + \csc x$$

を微分し，極値を考えるという方針では困難である．なぜなら，$f(x)$ が x 軸と滑らかに交わらないことを示すことが難しいからである．実際，上記の解答を少し改良すると，$f(x) \neq 0$ となることが示される．

10. [Belarus 1999] 実数列 $x_1, x_2, \ldots$ と $y_1, y_2, \ldots$ を

$x_1 = y_1 = \sqrt{3}, \quad x_{n+1} = x_n + \sqrt{1 + x_n^2}, \quad y_{n+1} = \dfrac{y_n}{1 + \sqrt{1 + y_n^2}} \quad (n \geq 1)$

で定める．$2 < x_n y_n < 3$ が 2 以上の任意の整数 n で成立することを示せ．

解答． $0° < a_n < 90°$ なる a_n を用いて，$x_n = \tan a_n$ と書く．このとき，半角の公式により，

$$x_{n+1} = \tan a_n + \sqrt{1 + \tan^2 a_n} = \tan a_n + \sec a_n$$
$$= \dfrac{1 + \sin a_n}{\cos a_n} = \tan\left(\dfrac{90° + a_n}{2}\right)$$

より，$a_{n+1} = \dfrac{90° + a_n}{2}$ である．$a_1 = 60°$ だから，$a_2 = 75°$, $a_3 = 82.5°$ で，一般に $a_n = 90° - \dfrac{30°}{2^{n-1}}$ である．すると，$\theta_n = \dfrac{30°}{2^{n-1}}$ として，

$$x_n = \tan\left(90° - \dfrac{30°}{2^{n-1}}\right) = \cot\left(\dfrac{30°}{2^{n-1}}\right) = \cot \theta_n$$

となる．同様の計算で，

$$y_n = \tan 2\theta_n = \dfrac{2 \tan \theta_n}{1 - \tan^2 \theta_n}$$

となるので，

$$x_n y_n = \dfrac{2}{1 - \tan^2 \theta_n}$$

を得る．$0° < \theta_n < 45°$ より，$0 < \tan^2 \theta_n < 1$ であり，$x_n y_n > 2$ である．$n > 1$ のとき $\theta_n < 30°$ であるから，$\tan^2 \theta_n < \dfrac{1}{3}$, つまり $x_n y_n < 3$ である．

11. a, b, c は実数で，

$$\sin a + \sin b + \sin c \geqq \dfrac{3}{2}$$

をみたす．次の不等式を示せ．

$$\sin\left(a - \dfrac{\pi}{6}\right) + \sin\left(b - \dfrac{\pi}{6}\right) + \sin\left(c - \dfrac{\pi}{6}\right) \geqq 0$$

解答． 与式が成り立たないと仮定する．つまり，

$$\sin\left(a - \dfrac{\pi}{6}\right) + \sin\left(b - \dfrac{\pi}{6}\right) + \sin\left(c - \dfrac{\pi}{6}\right) < 0$$

が成り立つとする．加法定理により，

$$\dfrac{1}{2}(\cos a + \cos b + \cos c) > \dfrac{\sqrt{3}}{2}(\sin a + \sin b + \sin c) \geqq \dfrac{3\sqrt{3}}{4}$$

であるから，
$$\cos a + \cos b + \cos c > \frac{3\sqrt{3}}{2}$$
が成立する．すると，
$$\sin\left(a+\frac{\pi}{3}\right) + \sin\left(b+\frac{\pi}{3}\right) + \sin\left(c+\frac{\pi}{3}\right)$$
$$= \frac{1}{2}(\sin a + \sin b + \sin c) + \frac{\sqrt{3}}{2}(\cos a + \cos b + \cos c)$$
$$> \frac{1}{2} \cdot \frac{3}{2} + \frac{\sqrt{3}}{2} \cdot \frac{3\sqrt{3}}{2} = 3$$
となるが，これは $\sin x < 1$ より不可能である．

12. 区間 $\left[\dfrac{\sqrt{2}-\sqrt{6}}{2}, \dfrac{\sqrt{2}+\sqrt{6}}{2}\right]$ に含まれる 4 つの実数 r_1, r_2, r_3, r_4 を任意に選ぶ．このとき，この 4 つの中に $a = r_i, b = r_j\ (i \neq j)$ が存在して，
$$\left|a\sqrt{4-b^2} - b\sqrt{4-a^2}\right| \leqq 2$$
が成立することを示せ．

解答． 問題の式の両辺を 4 で割って
$$\left|\frac{a}{2}\sqrt{1-\left(\frac{b}{2}\right)^2} - \frac{b}{2}\sqrt{1-\left(\frac{a}{2}\right)^2}\right| \leqq \frac{1}{2}$$
となる．$\dfrac{a}{2} = \sin x, \dfrac{b}{2} = \sin y$ とおく．すると，問題の式は，
$$|\sin(x-y)| = |\sin x \cos y - \sin y \cos x| \leqq \sin\frac{\pi}{6} \tag{$*$}$$
と同値である．実数 $t_1, t_2 \in \left[-\dfrac{\pi}{2}, \dfrac{\pi}{2}\right]$ を
$$\sin t_1 = \frac{\sqrt{2}-\sqrt{6}}{4}, \quad \sin t_2 = \frac{\sqrt{2}+\sqrt{6}}{4}$$
なるようなものとする．2 倍角の公式より，$\cos 2t_1 = 1 - 2\sin^2 t_1 = 1 - \dfrac{8-4\sqrt{3}}{8} = \dfrac{\sqrt{3}}{2} = \cos\left(\pm\dfrac{\pi}{6}\right)$ であり，$\cos 2t_2 = -\dfrac{\sqrt{3}}{2} = \cos\dfrac{5\pi}{6}$ である．関数 $y = \sin x$ は $\left[-\dfrac{\pi}{2}, \dfrac{\pi}{2}\right]$ から $[-1, 1]$ への全単射である．よって，$t_1 = -\dfrac{\pi}{12}, t_2 = \dfrac{5\pi}{12}$ である．

区間 $\left[-\frac{\pi}{12}, \frac{5\pi}{12}\right]$ を長さ $\frac{\pi}{6}$ の 3 つの区間 $I_1 = \left[-\frac{\pi}{12}, \frac{\pi}{12}\right), I_2 = \left[\frac{\pi}{12}, \frac{\pi}{4}\right)$, $I_3 = \left[\frac{\pi}{4}, \frac{5\pi}{12}\right]$ に分割する．関数 $y = 2\sin x$ は I_1, I_2, I_3 をそれぞれ $I_1' = \left[\frac{\sqrt{2}-\sqrt{6}}{2}, 2\sin\frac{\pi}{12}\right), I_2' = \left[2\sin\frac{\pi}{12}, \sqrt{2}\right), I_3' = \left[\sqrt{2}, \frac{\sqrt{2}+\sqrt{6}}{2}\right]$ に全単射として移す．鳩の巣原理により，選んだ 4 つの数のうち，ある 2 つは I_1', I_2', I_3' の同一の区間に属する．それを a, b としよう．$a = 2\sin x, b = 2\sin y$ とおくと，x, y は I_1, I_2, I_3 のうちの同一の区間に含まれる．その長さは $\frac{\pi}{6}$ であるから，$|x-y| \leq \frac{\pi}{6}$ である．これより，(*) は成立する．

13. a, b は区間 $\left[0, \frac{\pi}{2}\right]$ に含まれる実数とする．このとき，
$$\sin^6 a + 3\sin^2 a \cos^2 b + \cos^6 b = 1$$
であることと，$a = b$ となることは同値であることを示せ．

解答． 問題の等式は
$$(\sin^2 a)^3 + (\cos^2 b)^3 + (-1)^3 - 3(\sin^2 a)(\cos^2 b)(-1) = 0 \quad (*)$$
と同値である．ここで，恒等式
$$x^3 + y^3 + z^3 - 3xyz = \frac{1}{2}(x+y+z)\bigl((x-y)^2 + (y-z)^2 + (z-x)^2\bigr)$$
を用いる．$x = \sin^2 a, y = \cos^2 b, z = -1$ とおくと，(*) から，$x+y+z = 0$ または $(x-y)^2 + (y-z)^2 + (z-x)^2$ が成立する．後者は $x = y = z$ となり，$\sin^2 a = \cos^2 b = -1$ が導かれるがこれは不可能である．よって，$x + y + z = 0$ つまり $\sin^2 a + \cos^2 b - 1 = 0$，すなわち $\sin^2 a = 1 - \cos^2 b$ である．すると，$\sin^2 a = \sin^2 b$ が成立する．$0 \leq a, b \leq \frac{\pi}{2}$ であることから，$a = b$ が導かれる．

逆はこの仮定を逆にたどれば示せる．実際，$a = b$ のとき，問題の式の左辺は
$$(\sin^2 a + \cos^2 a)(\sin^4 a - \sin^2 a \cos^2 a + \cos^4 a) + 3\sin^2 a \cos^2 a$$
$$= (\sin^2 a + \cos^2 a)^2 - 3\sin^2 a \cos^2 a + 3\sin^2 a \cos^2 a = 1$$

14. x, y, z は実数で，$0 < x < y < z < \dfrac{\pi}{2}$ をみたす．次が成立することを示せ．

$$\dfrac{\pi}{2} + 2\sin x \cos y + 2\sin y \cos z \geqq \sin 2x + \sin 2y + \sin 2z$$

解答． 2 倍角の公式により，問題の不等式は

$$\dfrac{\pi}{2} > 2\sin x(\cos x - \cos y) + 2\sin y(\cos y - \cos z) + 2\sin z \cos z$$

すなわち，

$$\dfrac{\pi}{4} > \sin x(\cos x - \cos y) + \sin y(\cos y - \cos z) + \sin z \cos z \qquad (*)$$

と同値である．図 5.1 のように，中心 $O(0,0)$, 半径 1 の円周上に 3 点 $A(\cos x, \sin x)$, $B(\cos y, \sin y)$, $C(\cos z, \sin z)$ をとる．A, B, C から x 軸に下ろした垂線の足をそれぞれ A_1, B_1, C_1 とし，A から BB_1 に下ろした垂線の足を B_2, B から CC_1 に下ろした垂線の足を C_2, C から y 軸に下ろした垂線の足を D とする．A, B, C はすべて第 1 象限に属し順に反時計回りの位置にある．この単位円の第 1 象限にある領域(境界を含む)を $\mathcal{D}$ とする．長方形 $AA_1B_1B_2$, $BB_1C_1C_2$, CC_1OD は重複せず，すべて $\mathcal{D}$ に含まれる．$[\mathcal{D}] = \dfrac{\pi}{4}$, $[AA_1B_1B_2] = \sin x(\cos x - \cos y)$, $[BB_1C_1C_2] = \sin y(\cos y - \cos z)$, $[CC_1OD] = \sin z \cos z$ であり，$[\mathcal{D}] > [AA_1B_1B_2] + [BB_1C_1C_2] + [CC_1OD]$ に代入すると，$(*)$ は示される．

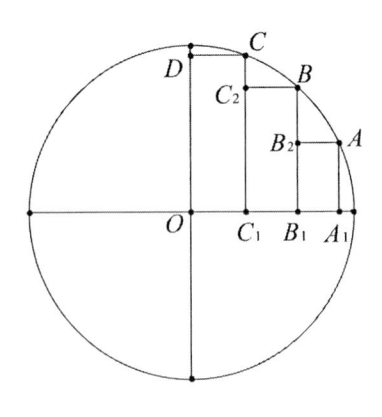

図 5.1

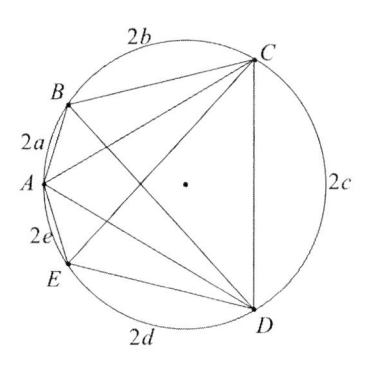

図 5.2

15. 三角形 XYZ において，その内接円の半径を r_{XYZ} とする．円に内接する凸五角形 $ABCDE$ が与えられている．$r_{ABC} = r_{AED}$ と $r_{ABD} = r_{AEC}$ が成立するとき，三角形 ABC, AED は合同であることを示せ．

解答． 五角形 $ABCDE$ の外接円の半径を R とする．基本問題 27(a) で証明したように，三角形 ABC の内接円と外接円の半径をそれぞれ r, R とすると，

$$1 + \frac{r}{R} = \cos A + \cos B + \cos C = \cos A - \cos(A+C) + \cos C$$

である．弧 $\widehat{AB}, \widehat{BC}, \widehat{CD}, \widehat{DE}, \widehat{EA}$ の長さをそれぞれ $2a, 2b, 2c, 2d, 2e$ とする．このとき，$a + b + c + d + e = 180°$ である．$r_{ABC} = r_{AED}$ と $r_{ABD} = r_{AEC}$ が成立することから，

$$\cos a - \cos(a+b) + \cos b = \cos d + \cos e - \cos(d+e) \qquad (*)$$

および，

$$\cos a + \cos(b+c) + \cos(d+e) = \cos e + \cos(c+d) + \cos(a+b)$$

が得られる．これら 2 つを辺々引くと，$\cos b + \cos(c+d) = \cos d + \cos(b+c)$ を得る．和積公式により，

$$2\cos\frac{b+c+d}{2}\cos\frac{b-c-d}{2} = 2\cos\frac{b+c+d}{2}\cos\frac{d-b-c}{2}$$

であるから，

$$\cos\frac{b-c-d}{2} = \cos\frac{d-b-c}{2}$$

が成立する．よって，$b = d$ である．これを $(*)$ に代入すると，
$$\cos a - \cos(a+b) + \cos b = \cos b + \cos e - \cos(b+e)$$
つまり，$\cos a + \cos(b+e) = \cos e + \cos(a+b)$ となる．再び和積公式を用いて，
$$2\cos\frac{a+b+e}{2}\cos\frac{a-b-e}{2} = 2\cos\frac{a+b+e}{2}\cos\frac{e-a-b}{2}$$
となる．よって，$\cos\dfrac{a-b-e}{2} = \cos\dfrac{e-a-b}{2}$ であるから，$a = e$ となる．$a = e$ かつ $b = d$ であるから，三角形 ABC と AED は合同である．

16. 三角形 ABC のすべての角は $120°$ より小さい．このとき，
$$\frac{\cos A + \cos B - \cos C}{\sin A + \sin B - \sin C} > -\frac{\sqrt{3}}{3}$$
が成立することを示せ．

解答． $\angle A_1 = 120° - \angle A$, $\angle B_1 = 120° - \angle B$, $\angle C_1 = 120° - \angle C$ なる三角形 $A_1 B_1 C_1$ を考える (図 5.3 参照)．問題の条件からこの三角形の存在は保証される．三角不等式を三角形 $A_1 B_1 C_1$ に適用すると，$B_1 C_1 + C_1 A_1 > A_1 B_1$ となる．また，これは正弦法則により
$$\sin A_1 + \sin B_1 > \sin C_1$$
となる．よって，
$$\sin(120° - A) + \sin(120° - B) > \sin(120° - C)$$
すなわち，
$$\frac{\sqrt{3}}{2}(\cos A + \cos B - \cos C) + \frac{1}{2}(\sin A + \sin B - \sin C) > 0$$
が成立する．また，$a + b > c$ から $\sin A + \sin B - \sin C > 0$ なので，上記

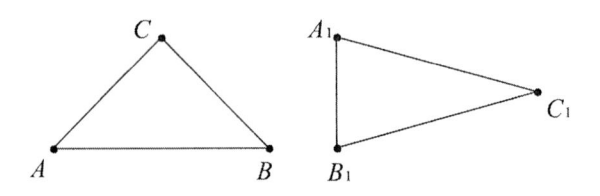

図 5.3

の不等式は
$$\frac{\sqrt{3}}{2} \cdot \frac{\cos A + \cos B - \cos C}{\sin A + \sin B - \sin C} + \frac{1}{2} > 0$$
となる．これより結論が導かれる．

17. [USAMO 2002] 三角形 ABC は，その内接円の半径を r, 周りの長さの半分を s としたとき，
$$\left(\cot \frac{A}{2}\right)^2 + \left(2\cot \frac{B}{2}\right)^2 + \left(3\cot \frac{C}{2}\right)^2 = \left(\frac{6s}{7r}\right)^2$$
をみたす．このとき，3辺の長さが公約数をもたない正の整数であるような三角形 T が存在し，上記のような三角形 ABC はすべて T に相似になることを示せ．また，T の3辺の長さを決定せよ．

解答． 実数 u, v, w を
$$u = \cot \frac{A}{2}, \quad v = \cot \frac{B}{2}, \quad w = \cot \frac{C}{2}$$
で定める．図 5.4 のように三角形 ABC の内心を I とし，内接円と BC, CA, AB の接点をそれぞれ D, E, F とする．このとき，$|EI| = r$, $|AE| = s - a$ である．すると，
$$u = \cot \frac{A}{2} = \frac{|AE|}{|EI|} = \frac{s-a}{r}$$
である．同様に $v = \dfrac{s-b}{r}, w = \dfrac{s-c}{r}$ であるから，

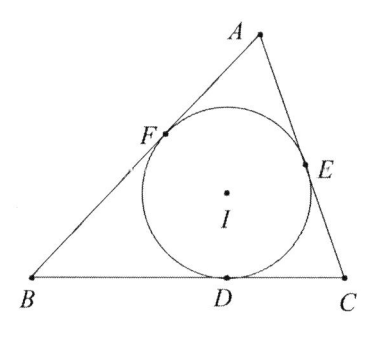

図 5.4

$$\frac{s}{r} = \frac{(s-a)+(s-b)+(s-c)}{r} = u+v+w$$

である．問題の関係式は

$$49(u^2 + 4v^2 + 9w^2) = 36(u+v+w)^2$$

と書き換えられる．これを展開し，すべて左辺に移項すると，

$$13u^2 + 160v^2 + 405w^2 - 72(uv + vw + wu) = 0$$

すなわち，

$$(3u - 12v)^2 + (4v - 9w)^2 + (18w - 2u)^2 = 0$$

となる．よって，$u:v:w = 1:\dfrac{1}{4}:\dfrac{1}{9}$．この結果はコーシー・シュワルツの不等式を用いて

$$(6^2 + 3^2 + 2^2)\Big(u^2 + (2v)^2 + (3w)^2\Big) \geqq (6 \cdot u + 3 \cdot 2v + 2 \cdot 3w)^2$$

からも導かれる．$u = t, v = \dfrac{t}{4}, w = \dfrac{t}{9}$ とおくと，

$$\frac{rt}{36} = \frac{s-a}{36} = \frac{s-b}{9} = \frac{s-c}{4} = \frac{2s-b-c}{9+4} = \frac{2s-c-a}{4+36} = \frac{2s-a-b}{36+9}$$
$$= \frac{a}{13} = \frac{b}{40} = \frac{c}{45}$$

よって，三角形 ABC は3辺が $13, 40, 45$ の三角形に相似である．

注．解答における

$$\frac{a}{b} = \frac{c}{d} = \frac{a+c}{b+d}$$

を用いる方針は技巧的である．しかしながら，基本問題19(a) より，

$$u + v + w = uvw$$

が成立する．$u:v:w = 1:\dfrac{1}{4}:\dfrac{1}{9}$ より，$u = 7, v = \dfrac{7}{4}, w = \dfrac{7}{9}$ が成立する．よって，2倍角の公式により，$\sin A = \dfrac{7}{25}, \sin B = \dfrac{56}{65}, \sin C = \dfrac{63}{65}$，すなわち，

$$\sin A = \frac{13}{\frac{325}{7}}, \quad \sin B = \frac{40}{\frac{325}{7}}, \quad \sin C = \frac{45}{\frac{325}{7}}$$

である．正弦法則より T として，辺の長さが $13, 45, 45$ である三角形をとればよい．（このとき，T の外接円の直径が $\dfrac{325}{7}$ である．）

18. [USAMO 1996] 以下の値の (相加) 平均は $\cot 1°$ であることを示せ.
$$2\sin 2°, 4\sin 4°, 6\sin 6°, \ldots, 180\sin 180°$$

解答 1. 以下を示せば十分である.
$$2\sin 2° + 4\sin 4° + \cdots + 178\sin 178° = 90\cot 1°.$$
これは,
$$2\sin 2° \cdot \sin 1° + 2(2\sin 4° \cdot \sin 1°) + \cdots + 89(2\sin 178° \cdot \sin 1°)$$
$$= 90\cos 1°$$
と同値である. ここで,
$$2\sin 2k° \sin 1° = \cos(2k-1)° - \cos(2k+1)°$$
であるから,
$$2\sin 2° \cdot \sin 1° + 2(2\sin 4° \cdot \sin 1°) + \cdots + 89(2\sin 178° \cdot \sin 1°)$$
$$= (\cos 1° - \cos 3°) + 2(\cos 3° - \cos 5°) + 3(\cos 5° - \cos 7°)$$
$$\quad + \cdots + 89(\cos 177° - \cos 179°)$$
$$= \cos 1° + \cos 3° + \cdots + \cos 177° - 89\cos 179°$$
$$= \cos 1° + (\cos 3° + \cos 177°) + \cdots + (\cos 89° + \cos 91°) + 89\cos 1°$$
$$= \cos 1° + 89\cos 1° = 90\cos 1°$$
となる. よって, 示された.

注. 解答 1 で用いた手法の, 和の式変形やペア分けはやや技巧的である. 解答 2 では複素数を用いて解く. 解答 1 よりわずかに長いが, 複素数の演算や等比数列の和をよく知る読者なら, ステップごとの式変形は自然に思えるだろう.

解答 2. 複素数 z を $z = \cos 2° + i\sin 2°$ で定める. ド・モアブルの公式により, $z^n = \cos 2n° + i\sin 2n°$ である. 実数 a, b を
$$z + 2z^2 + \cdots + 89z^{89} = a + bi$$
となるように定めると, $\sin 180° = 0$ より,
$$b = \frac{1}{2}(2\sin 2° + 4\sin 4° + \cdots + 178\sin 178° + 180\sin 180°)$$

である．よって，$b = 45 \cot 1°$ を示せば十分である．ここで，
$$p_n(x) = x + 2x^2 + \cdots + nx^n$$
とおくと，
$$(1-x)p_n(x) = p_n(x) - xp_n(x) = x + x^2 + \cdots + x^n - nx^{n+1}$$
となる．さらに，
$$q_n(x) = (1-x)p_n(x) + nx^{n+1} = x + x^2 + \cdots + x^n$$
より，$(1-x)q_n(x) = q_n(x) - xq_n(x) = x - x^{n+1}$ であるので，
$$p_n(x) = \frac{q_n(x)}{1-x} - \frac{nx^{n+1}}{1-x} = \frac{x - x^{n+1}}{(1-x)^2} - \frac{nx^{n+1}}{1-x}$$
となる．よって，
$$a + bi = z + 2z^2 + \cdots + 89z^{89} = p_{89}(z)$$
$$= \frac{z - z^{90}}{(1-z)^2} - \frac{89z^{90}}{1-z} = \frac{z+1}{(z-1)^2} - \frac{89}{z-1}$$
となる（$z^{90} = \cos 180° + i\sin 180° = -1$ を用いた）．ここで，
$z + 1 = \cos 2° + i\sin 2° + \cos 0° + i\sin 0° = 2\cos 1°(\cos 1° + i\sin 1°)$,
$z - 1 = \cos 2° + i\sin 2° - \cos 0° - i\sin 0° = 2\sin 1°(\cos 91° + i\sin 91°)$
より，
$$a + bi = \frac{2\cos 1°(\cos 1° + i\sin 1°)}{(2\sin 1°(\cos 91° + i\sin 91°))^2} - \frac{89}{2\sin 1°(\cos 91° + i\sin 91°)}$$
$$= \frac{2\cos 1°(\cos 1° + i\sin 1°)}{4\sin^2 1°(\cos 182° + i\sin 182°)} - \frac{89(\cos(-91°) + i\sin(-91°))}{2\sin 1°}$$
$$= \frac{\cos 1°(\cos(-182°) + i\sin(-182°))}{2\sin^2 1°} - \frac{89(\cos(-91°) + i\sin(-91°))}{2\sin 1°}$$
であるから，
$$b = \frac{\cos 1° \sin(-181°)}{2\sin^2 1°} - \frac{89\sin(-91°)}{2\sin 1°} = \frac{\cos 1° \sin 1°}{2\sin^2 1°} + \frac{89\cos 1°}{2\sin 1°}$$
$$= \frac{\cos 1°}{2\sin 1°} + \frac{89\cos 1°}{2\sin 1°} = 45\cot 1°$$
となる．よって，示された．

19. 鋭角三角形 ABC に対して，

$$\cot^3 A + \cot^3 B + \cot^3 C + 6\cot A \cot B \cot C \geqq \cot A + \cot B + \cot C$$

が成立することを示せ.

解答. $\cot A = x$, $\cot B = y$, $\cot C = z$ とおく. 基本問題 21 より $xy + yz + zx = 1$ であるから,

$$x^3 + y^3 + z^3 + 6xyz \geqq (x + y + z)(xy + yz + zx)$$

これは, シューアの不等式

$$x(x-y)(x-z) + y(y-x)(y-z) + z(z-x)(z-y) \geqq 0$$

と同値である.

20. [Turkey 1998] 実数からなる数列 $\{a_n\}$ を漸化式 $a_1 = t, a_{n+1} = 4a_n(1-a_n)$ ($n \geqq 1$) で定める. $a_{1998} = 0$ となるような t の値はいくつあるか.

解答. $f(x) = 4x(1-x) = 1 - (2x-1)^2$ とおく. $0 \leqq f(x) \leqq 1$ ならば, $0 \leqq x \leqq 1$ となる. よって, $a_{1998} = 0$ のとき, $0 \leqq t \leqq 1$ である. $0 \leqq \theta \leqq \dfrac{\pi}{2}$ なる θ を $\sin\theta = \sqrt{t}$ となるようにとる. 任意の $\phi \in \mathbb{R}$ で,

$$f(\sin^2 \phi) = 4\sin^2 \phi(1 - \sin^2 \phi) = 4\sin^2 \phi \cos^2 \phi = \sin^2 2\phi$$

で, $a_1 = \sin^2 \theta$ なので,

$$a_2 = \sin^2 2\theta, \quad a_3 = \sin^2 4\theta, \quad \ldots, \quad a_{1998} = \sin^2 2^{1997}\theta$$

となる. よって, $a_{1998} = 0$ であることと, $\sin 2^{1997}\theta = 0$ となることは同値である. これはさらに, $\theta = \dfrac{k\pi}{2^{1997}}$ となるような整数 k が存在することと同値である. すると, $a_{1998} = 0$ となるような t は $t = \sin^2 \dfrac{k\pi}{2^{1997}}$ ($k \in \mathbb{Z}$) と表される. そのような t は $k = 0, 1, 2, \ldots, 2^{1996}$ だから, $2^{1996} + 1$ 個ある.

21. 三角形 ABC の内部に点 P をとったところ, $\angle PAB = 10°$, $\angle PBA = 20°$, $\angle PCA = 30°$, $\angle PAC = 40°$ となった. 三角形 ABC は二等辺三角形であることを示せ.

解答. 図 5.5 を考える. すべての角を ° で考える. $x = \angle PCB$ とする. $\angle PBC = 80° - x$ となる. 正弦法則とチェバの定理により,

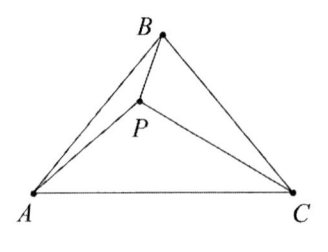

図 5.5

$$1 = \frac{PA}{PB} \cdot \frac{PB}{PC} \cdot \frac{PC}{PA} = \frac{\sin \angle PBA}{\sin \angle PAB} \cdot \frac{\sin \angle PCB}{\sin \angle PBC} \cdot \frac{\sin \angle PAC}{\sin \angle PCA}$$
$$= \frac{\sin 20° \sin x \sin 40°}{\sin 10° \sin(80° - x) \sin 30°} = \frac{4 \sin x \sin 40° \cos 10°}{\sin(80° - x)}$$

である．積和公式により，
$$1 = \frac{2\sin x(\sin 30° + \sin 50°)}{\sin(80° - x)} = \frac{\sin x(1 + 2\cos 40°)}{\sin(80° - x)}$$
となる．よって，和積公式により，
$$2\sin x \cos 40° = \sin(80° - x) - \sin x = 2\sin(40° - x)\cos 40°$$
である．よって，$x = 40° - x$ から，$x = 20°$ である．すると，$\angle ACB = 50° = \angle BAC$ であるから，三角形 ABC は二等辺三角形である．

22. 漸化式 $a_0 = \sqrt{2} + \sqrt{3} + \sqrt{6}$, $a_{n+1} = \dfrac{a_n^2 - 5}{2(a_n + 2)}$ $(n > 0)$ として数列 $\{a_n\}$ を定める．任意の n で
$$a_n = \cot\left(\frac{2^{n-3}\pi}{3}\right) - 2$$
が成立することを示せ．

解答． 2倍角の公式と半角の公式により，
$$\cot \frac{\pi}{24} = \frac{\cos \frac{\pi}{24}}{\sin \frac{\pi}{24}} = \frac{2\cos^2 \frac{\pi}{24}}{2\sin \frac{\pi}{24}\cos \frac{\pi}{24}} = \frac{1 + \cos \frac{\pi}{12}}{\sin \frac{\pi}{12}}$$
$$= \frac{1 + \cos\left(\frac{\pi}{3} - \frac{\pi}{4}\right)}{\sin\left(\frac{\pi}{3} - \frac{\pi}{4}\right)} = \frac{1 + \cos \frac{\pi}{3}\cos \frac{\pi}{4} + \sin \frac{\pi}{3}\sin \frac{\pi}{4}}{\sin \frac{\pi}{3}\cos \frac{\pi}{4} - \cos \frac{\pi}{3}\sin \frac{\pi}{4}}$$
$$= \frac{1 + \frac{\sqrt{2}}{4} + \frac{\sqrt{6}}{4}}{\frac{\sqrt{6}}{4} - \frac{\sqrt{2}}{4}} = \frac{4 + \sqrt{6} + \sqrt{2}}{\sqrt{6} - \sqrt{2}}$$

$$= \frac{4(\sqrt{6}+\sqrt{2})+(\sqrt{6}+\sqrt{2})^2}{(\sqrt{6}-\sqrt{2})(\sqrt{6}+\sqrt{2})} = \frac{4(\sqrt{6}+\sqrt{2})+8+4\sqrt{3}}{4}$$
$$= 2+\sqrt{2}+\sqrt{3}+\sqrt{6} = a_0+2$$

より，$a_n = \cot\left(\dfrac{2^{n-3}\pi}{3}\right) - 2$ は $n=0$ で成立する．

$b_n = a_n + 2 \ (n \geqq 1)$ とおく．$b_n = \cot\left(\dfrac{2^{n-3}\pi}{3}\right)$ とすると，漸化式は

$$b_{n+1} - 2 = \frac{(b_n-2)^2 - 5}{2b_n}$$

すなわち，

$$b_{n+1} = \frac{b_n^2 - 1}{2b_n}$$

となる．$c_k = \dfrac{2^{k-3}\pi}{3}$ として，仮に $b_k = \cot c_k$ となったとき，

$$b_{k+1} = \frac{\cot^2 c_k - 1}{2 \cot c_k} = \cot 2c_k = \cot c_{k+1}$$

となるから，帰納法により示された．

23. [APMC 1982] n は 2 以上の整数とする．次の等式を示せ．
$$\prod_{k=1}^n \tan\left[\frac{\pi}{3}\left(1+\frac{3^k}{3^n-1}\right)\right] = \prod_{k=1}^n \cot\left[\frac{\pi}{3}\left(1-\frac{3^k}{3^n-1}\right)\right]$$

解答．u_k, v_k を
$$u_k = \tan\left[\frac{\pi}{3}\left(1+\frac{3^k}{3^n-1}\right)\right], \quad v_k = \tan\left[\frac{\pi}{3}\left(1-\frac{3^k}{3^n-1}\right)\right]$$
とおく．示すべき式は，
$$\prod_{k=1}^n u_k v_k = 1 \qquad (*)$$
である．t_k を
$$t_k = \tan\frac{3^{k-1}\pi}{3^n-1}$$
として，加法定理により
$$u_k = \tan\left(\frac{\pi}{3}+\frac{3^{k-1}\pi}{3^n-1}\right) = \frac{\sqrt{3}+t_k}{1-\sqrt{3}t_k}, \quad v_k = \frac{\sqrt{3}-t_k}{1+\sqrt{3}t_k}$$

となる．**3倍角の公式**により，
$$t_{k+1} = \frac{3t_k - t_k^3}{1 - 3t_k^2}$$
であるから，
$$\frac{t_{k+1}}{t_k} = \frac{3 - t_k^2}{1 - 3t_k^2} = \frac{\sqrt{3} + t_k}{1 - \sqrt{3}t_k} \cdot \frac{\sqrt{3} - t_k}{1 + \sqrt{3}t_k} = u_k v_k$$
である．よって，
$$\prod_{k=1}^{n}(u_k v_k) = \frac{t_2}{t_1} \cdot \frac{t_3}{t_2} \cdots \frac{t_{n+1}}{t_n} = \frac{\tan\left(\pi + \frac{\pi}{3^n - 1}\right)}{\tan\left(\frac{\pi}{3^n - 1}\right)} = 1$$
より，$(*)$ は示された．

24. [China 1999, Yuming Huang] 多項式からなる列 $\{P_k(x)\}_{k=1}^{\infty}$ は以下のすべてをみたす．
- 任意の正の整数 k に対して，$P_k(x)$ は最高次係数が 1 の k 次多項式である．
- $P_2(x) = x^2 - 2$ である．
- 任意の正の整数 i, j に対して，$P_i(P_j(x)) = P_j(P_i(x))$ が成り立つ．

多項式からなる列 $\{P_k(x)\}$ として考えられるものをすべて求めよ．

解答． このような列が存在するならば一意に定まることを示す．$P_n(x)$ を
$$P_n(x) = x^n + a_{n-1}x^{n-1} + \cdots + a_1 x + a_0$$
とおくと，$P_n(P_2(x)) = P_2(P_n(x))$ より，
$$(x^2 - 2)^n + a_{n-1}(x^2 - 2)^{n-1} + \cdots + a_1(x^2 - 2) + a_0$$
$$= (x^n + a_{n-1}x^{n-1} + \cdots + a_1 x + a_0)^2 - 2$$
となる．両辺の係数を考えると，係数 a_i が現れる最高次は左辺では x^{2i} であるのに対し，右辺では x^{n+i} であり，$2a_i x^{n+i}$ の形になる．よって，同じ係数で比較したとき，現れる係数 a_i のうち i が最大であるもの (これを i_0 としよう) は常に右辺のみに現れ，a_{i_0} が現れる項は $2a_{i_0}$ の形である．ゆえに，上の方の係数から解いて a_i を決めていくと，常に 1 通りに決まっていくから，一意性が示された．

次に，問題の条件をすべてみたす $P_n(x)$ を具体的に構成していこう．実は $P_n(x) = 2T_n\left(\dfrac{x}{2}\right)$ である（ここでの T_n は基本問題 49 で定義した n 番目のチェビシェフ多項式である）．すなわち，P_n は $P_1(x) = x, P_2(x) = x^2 - 2$ と漸化式

$$P_{n+1}(x) = xP_n(x) - P_{n-1}(x)$$

で定義される列である．$T_n(\cos\theta) = \cos n\theta$ より，$P_n(2\cos\theta) = 2\cos n\theta$ である．すると，任意の θ で，

$$P_m(P_n(2\cos\theta)) = P_m(2\cos n\theta) = 2\cos mn\theta$$
$$= P_n(2\cos m\theta) = P_n(P_m(2\cos\theta))$$

となる．よって，任意の実数 $x(\in [-2,2])$ で，$P_m(P_n(x)) = P_n(P_m(x))$ が成立する．両辺は x についての多項式なので恒等式となり，任意の実数について成立する．

25. [China 2000, Xuanguo Huang] 三角形 ABC は $a \leqq b \leqq c$ をみたす．$a + b - 2R - 2r$ が正になる条件，0 になる条件，負になる条件を $\angle C$ を用いて表せ．

解答． 図 5.6 において，$\angle A = 2x, \angle B = 2y, \angle C = 2z$ とする．このとき，$0 < x \leqq y \leqq z$, $x + y + z = \dfrac{\pi}{2}$ である．$s = a + b - 2R - 2r$ とおこう．正弦法則と基本問題 25(d) により，

$$s = 2R(\sin 2x + \sin 2y - 1 - 4\sin x \sin y \sin z)$$

となる．$\angle C = \dfrac{\pi}{2}$ の直角三角形 ABC においては，$2R = c, 2r = a + b - c$ より，$s = 0$ である．よって，s は $\cos 2z (= \cos C)$ についてくくりだすことができるのではないかという予想が立つ．和積公式，積和公式，2 倍角の公式により，

$$\dfrac{s}{2R} = 2\sin(x+y)\cos(x-y) - 1 + 2(\cos(x+y) - \cos(x-y))\sin z$$
$$= 2\cos z \cos(x-y) - 1 + 2(\sin z - \cos(x-y))\sin z$$
$$= 2\cos(x-y)(\cos z - \sin z) - \cos 2z$$

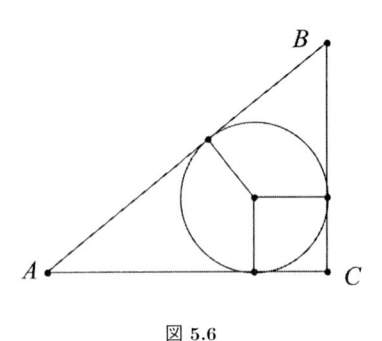

$$= 2\cos(y-x) \cdot \frac{\cos^2 z - \sin^2 z}{\cos z + \sin z} - \cos 2z$$
$$= \left(\frac{2\cos(y-x)}{\cos z + \sin z} - 1\right)\cos 2z.$$

この変形において，分母になっている $\cos z + \sin z$ の値は $0 < z < \dfrac{\pi}{2}$ において正であることに注意しておこう．

$0 \leqq y - x < \min\{y, x+y\} \leqq \min\left\{z, \dfrac{\pi}{2} - z\right\}$ である．これと，$z \leqq \dfrac{\pi}{2}$ および $\dfrac{\pi}{2} - z \leqq \dfrac{\pi}{2}$ より，$\cos(y-x) > \max\left\{\cos z, \cos\left(\dfrac{\pi}{2} - z\right)\right\} = \max\{\cos z, \sin z\}$ となる．よって，$2\cos(y-x) > \cos z + \sin z$，すなわち
$$\frac{2\cos(x-y)}{\cos z + \sin z} - 1 > 0$$
である．よって，ある正の実数 p を用いて，$s = p\cos 2z$ とおけるので，$s = a + b - 2R - 2r$ の符号と $\cos 2z$ の符号は一致する．すなわち，s が正，0，負となる条件はそれぞれ，$\angle C$ が鋭角，直角，鈍角となることである．

26. 三角形 ABC の辺 BC, CA, AB 上にそれぞれ点 D, E, F を，$|DC| + |CE| = |EA| + |AF| = |FB| + |BD|$ となるようにとる．次を示せ．
$$|DE| + |EF| + |FD| \geqq \frac{1}{2}(|AB| + |BC| + |CA|)$$

解答． 図 5.7 のように，E, F から直線 BC に下ろした垂線の足をそれぞれ E_1, F_1 とする．すると，
$$|EF| \geqq |E_1 F_1| = a - (|BF|\cos B + |CE|\cos C)$$

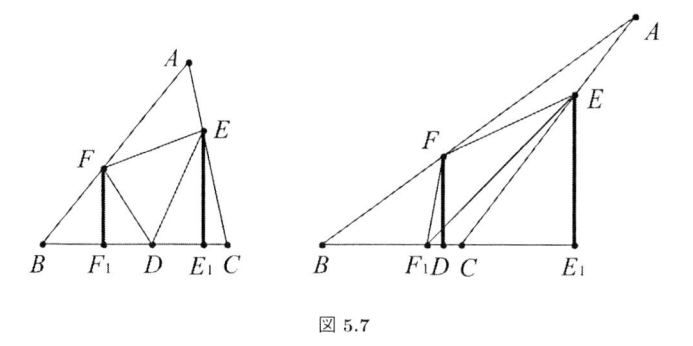

であり，同様に
$$|DE| \geqq c - (|AE|\cos A + |BD|\cos B),$$
$$|FD| \geqq b - (|CD|\cos C + |AF|\cos A)$$
が成立する．$|DC|+|CE|=|EA|+|AF|=|FB|+|BD|=\dfrac{1}{3}(a+b+c)$
であるから，上記の3つの不等式を辺々足すと，基本問題27(b)を用いて，

$$|DE|+|EF|+|FD|$$
$$\geqq a+b+c-\dfrac{1}{3}(a+b+c)(\cos A + \cos B + \cos C) \geqq \dfrac{1}{2}(a+b+c)$$

となる．等号成立条件は線分 EF, FD, DE をそれぞれ射影した E_1F_1, F_1D_1, D_1E_1 が射影前の線分と同じ長さになること，つまり $A=B=C=60°$ の場合に限る．すなわち，D, E, F が正三角形の中点となる場合に限る．

27. a,b は正の実数である．(1) $0 < a,b \leqq 1$ または，(2) $ab \geqq 3$ をみたすとき，
$$\dfrac{1}{\sqrt{1+a^2}} + \dfrac{1}{\sqrt{1+b^2}} \geqq \dfrac{2}{\sqrt{1+ab}}$$
が成立することを示せ．

注． (1) は2001年のロシア数学オリンピックに出題された．

解答． a,b は正の実数であるから，$0 < x,y < 90°$ なる x,y で，$\tan x = a$, $\tan y = b$ となるようなものが存在する．$a=b$ のとき，示すべき不等式は明らかに成立する．$a \neq b$ すなわち $x \neq y$ と仮定しよう．すると，$1+a^2 = \sec^2 x$, $\dfrac{1}{\sqrt{1+a^2}} = \cos x$ であり，加法定理により，

$$1+ab = \frac{\cos x \cos y + \sin x \sin y}{\cos x \cos y} = \frac{\cos(x-y)}{\cos x \cos y}$$

である．よって，示すべき不等式は，
$$\cos x + \cos y \geqq 2\sqrt{\frac{\cos x \cos y}{\cos(x-y)}} \qquad (*)$$

となる．まず，(1) の場合を示そう．$(*)$ の両辺を 2 乗した，不等式
$$\cos^2 x + \cos^2 y + 2\cos x \cos y \leqq \frac{4\cos x \cos y}{\cos(x-y)}$$

を示せばよい．$0° < |x-y| < 90°$ であるから，$0 < \cos(x-y) < 1$ なので，$2\cos x \cos y \leqq \dfrac{2\cos x \cos y}{\cos(x-y)}$ である．よって，
$$\cos(x-y)(\cos^2 x + \cos^2 y) \leqq 2\cos x \cos y,$$

すなわち，**2 倍角の公式より**
$$\cos(x-y)(\cos 2x + \cos 2y + 2) \leqq 4\cos x \cos y$$

を示せば十分である．さらに，**和積公式により**，これは
$$\cos(x-y)\bigl(2\cos(x-y)\cos(x+y) + 2\bigr) \leqq 2\bigl(\cos(x-y) + \cos(x+y)\bigr)$$

と同値である．変形して，$\cos^2(x-y)\cos(x+y) \leqq \cos(x+y)$ となる．これは，$0 < a, b \leqq 1$ より $0° < x, y < 45°$ なので，$0° < x+y \leqq 90°$ から，$\cos(x+y) > 0$ となるので成立する．以上で (1) の場合が示された．

引き続き (2) の場合を示そう．$(*)$ を加法定理と積和公式を用いて，
$$2\cos\frac{x+y}{2}\cos\frac{x-y}{2} \geqq 2\sqrt{\frac{\frac{1}{2}\bigl(\cos(x+y)+\cos(x-y)\bigr)}{\cos(x-y)}}$$

と書きかえる．両辺を 2 乗し，分母を払うと，
$$4\cos^2\frac{x+y}{2}\cos^2\frac{x-y}{2}\cos(x-y) \geqq 2\bigl(\cos(x+y)+\cos(x-y)\bigr)$$

となる．2 倍角の公式により，
$$\bigl(1+\cos(x+y)\bigr)\bigl(1+\cos(x-y)\bigr)\cos(x-y) \geqq 2\bigl(\cos(x+y)+\cos(x-y)\bigr)$$

となる．$s = \cos(x+y), t = \cos(x-y)$ とおくと，示すべき式は
$$(1+s)(1+t)t \geqq 2(s+t),$$

すなわち，

となる．$t \leqq 1$ より，
$$(1+s)t + 2s \leqq 0$$
を示せば十分である．$ab \geqq 3$ であるから，$\tan x \tan y \geqq 3$, つまり，$\sin x \sin y \geqq 3\cos x \cos y$ である．積和公式により，
$$\frac{1}{2}\Big(\cos(x-y) - \cos(x+y)\Big) \geqq \frac{3}{2}\Big(\cos(x-y) + \cos(x+y)\Big)$$
となるから，$t \leqq -2s$ である．$1+s \geqq 0$, $(1+s)t \leqq -(1+s)2s$ であるから，$(1+s)t + 2s \leqq -(1+s)2s + 2s = -2s^2 \leqq 0$ となる．よって，示された．

28. [China 1998, Xuanguo Huang] 三角形 ABC のすべての角は $90°$ 以下であり，$AB > AC$, $\angle B = 45°$ をみたす．この三角形の外心，内心をそれぞれ O, I としたところ，$\sqrt{2}|OI| = |AB| - |AC|$ となった．$\sin A$ としてありうる値をすべて求めよ．

解答1. 三角形 ABC に正弦法則を適用すると，$a = 2R\sin A$, $b = 2R\sin B$, $c = 2R\sin C$ となる．内接円と AB の接点を D とする（図 5.8 参照）．このとき，$|BD| = \dfrac{c+a-b}{2}$, $r = |ID| = |BD|\tan\dfrac{B}{2}$ であるから，半角の公式により，
$$\tan\frac{B}{2} = \frac{1-\cos B}{\sin B} = \frac{1-\frac{\sqrt{2}}{2}}{\frac{\sqrt{2}}{2}} = \sqrt{2}-1$$
であり，
$$r = R(\sqrt{2}-1)(\sin A + \sin C - \sin B)$$
である．オイラーの公式により，$|OI|^2 = R(R-2r)$ であるから，
$$|OI|^2 = R^2 - 2Rr = R^2\Big(1 - 2(\sin A + \sin C - \sin B)(\sqrt{2}-1)\Big)$$
となる．問題の式 $\sqrt{2}|OI| = |AB| - |AC|$ の両辺を 2 乗し，2 で割ると，
$$|OI|^2 = \frac{(c-b)^2}{2} = 2R^2(\sin C - \sin B)^2$$
となるから，

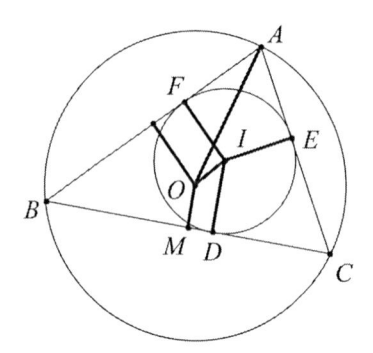

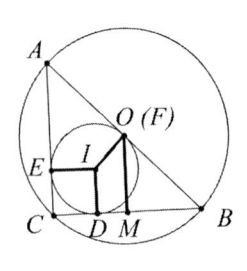

図 5.8

$$2(\sin C - \sin B)^2 = 1 - 2(\sin A + \sin C - \sin B)(\sqrt{2}-1),$$

すなわち,

$$1 - 2\left(\sin C - \frac{\sqrt{2}}{2}\right)^2 = 2\left(\sin A + \sin C - \frac{\sqrt{2}}{2}\right)(\sqrt{2}-1) \quad (*)$$

である.加法定理により,

$$\sin C = \sin(180° - B - A) = \sin(135° - A)$$
$$= \sin 135° \cos A - \cos 135° \sin A = \frac{\sqrt{2}(\sin A + \cos A)}{2}$$

なので,

$$\sin C - \frac{\sqrt{2}}{2} = \frac{\sqrt{2}}{2}(\sin A + \cos A - 1)$$

である.これを $(*)$ に代入すると,

$$1 - (\sin A + \cos A - 1)^2 = 2\left(\sqrt{2}-1\right)\left(\sin A + \frac{\sqrt{2}}{2}(\sin A + \cos A - 1)\right)$$

となる.両辺を展開すると,

$$1 - (\sin A + \cos A)^2 + 2(\sin A + \cos A) - 1$$
$$= \left(\sqrt{2}-1\right)\left(2+\sqrt{2}\right)\sin A + \left(2-\sqrt{2}\right)(\cos A - 1),$$

すなわち,

$$\sin^2 A + \cos^2 A + 2\sin A \cos A = \left(2-\sqrt{2}\right)\sin A + \sqrt{2}\cos A + \left(2-\sqrt{2}\right)$$

である．すると，
$$2\sin A\cos A - \left(2-\sqrt{2}\right)\sin A - \sqrt{2}\cos A + \left(\sqrt{2}-1\right) = 0,$$
すなわち，
$$\left(\sqrt{2}\sin A - 1\right)\left(\sqrt{2}\cos A - \sqrt{2}+1\right) = 0$$
となる．この結果より，$\sin A = \dfrac{\sqrt{2}}{2}$ または $\cos A = 1 - \dfrac{\sqrt{2}}{2}$ が成立することがわかる．よって，この問題の答は，
$$\sin A = \dfrac{\sqrt{2}}{2} \quad \text{または，} \quad \sin A = \sqrt{1-\cos^2 A} = \dfrac{\sqrt{4\sqrt{2}-2}}{2}$$
である．

解答 2. 図 5.8 のように内接円と辺 BC, CA, AB との接点をそれぞれ D, E, F とする．O から BC に下ろした垂線の足を M とする．このとき，OM は線分 BC の垂直 2 等分線で，$|BM| = |CM|$ である．同一の点から同一の円への接線の長さは等しいから $|AF| = |AE|$，$|BD| = |BF|$，$|CD| = |CE|$ である．$c > b$ であるから，M は線分 BD 上にある．すると，
$$\sqrt{2}|OI| = c - b = (|AF| + |FB|) - (|AE| + |EC|)$$
$$= |FB| - |EC| = |BD| - |DC|$$
である．これと，$|BD| = |BM| + |MD|$, $|DC| = |CM| - |DM|$ より，$\sqrt{2}|OI| = 2|DM|$, $|OI| = \sqrt{2}|DM|$ である．よって，OI, DM は $45°$ で交わるから，$OI \perp AB$ または $OI \parallel AB$ が成り立つ．

- $OI \perp AB$ のとき，OI は AB の垂直 2 等分線であるから，I は AB の垂直 2 等分線上にある．よって，三角形 ABC は $|AC| = |BC|$ の二等辺三角形であり，$A = B = 45°$ つまり $\sin A = \dfrac{\sqrt{2}}{2}$ である．
- $OI \parallel AB$ のとき，辺 AB の頂点を N とする．このとき，$OIFN$ は長方形である．$\angle AON = \angle C$ なので，
$$R\cos\angle AON = R\cos C = |ON| = |IF| = r$$
となる．基本問題 27 より
$$\cos C = \dfrac{R}{r} = \cos A + \cos B + \cos C - 1$$

であり，$\cos A = 1 - \cos B = 1 - \dfrac{\sqrt{2}}{2}$ である．よって，
$$\sin A = \sqrt{1 - \cos^2 A} = \dfrac{\sqrt{4\sqrt{2}-2}}{2}$$
となる．

29. [Dorin Andrica] 正の整数 n が与えられている．以下の式をみたす実数 a_0 と $a_{k,l}$ ($1 \leq l < k \leq n$) の組を 1 つ求めよ．ただし，x は π の整数倍ではないとする．
$$\dfrac{\sin^2 nx}{\sin^2 x} = a_0 + \sum_{1 \leq l < k \leq n} a_{l,k} \cos 2(k-l)x$$

解答． 上級問題 18 の解答 1 と同様の手法を用いる．まず，
$$2\sin 2kx \sin x = \cos(2k-1)x - \cos(2k+1)x$$
より，
$$2\sin x(\sin 2x + \sin 4x + \cdots + \sin 2nx)$$
$$= (\cos x - \cos 3x) + (\cos 3x - \cos 5x)$$
$$+ \cdots + \Big(\cos(2n-1)x - \cos(2n+1)x\Big)$$
$$= \cos x - \cos(2n+1)x = 2\sin nx \sin(n+1)x,$$
すなわち，
$$s = \sin 2x + \sin 4x + \cdots + \sin 2nx = \dfrac{\sin nx \sin(n+1)x}{\sin x}$$
が成立する．同様に
$$2\cos 2kx \sin x = \sin(2k+1)x - \sin(2k-1)x$$
より，
$$2\sin x(\cos 2x + \cos 4x + \cdots + \cos 2nx)$$
$$= (\sin 3x - \sin x) + (\sin 5x - \sin 3x)$$
$$+ \cdots + \Big(\sin(2n+1)x - \sin(2n-1)x\Big)$$
$$= \sin(2n+1)x - \sin x = 2\sin nx \cos(n+1)x,$$

すなわち,
$$c = \cos 2x + \cos 4x + \cdots + \cos 2nx = \frac{\sin nx \cos(n+1)x}{\sin x}$$
が成立する. よって,
$$\left(\frac{\sin^2 nx}{\sin^2 x}\right)^2 = \left(\frac{\sin nx \sin(n+1)x}{\sin x}\right)^2 + \left(\frac{\sin nx \cos(n+1)x}{\sin x}\right)^2 = s^2 + c^2$$
となる. 一方, 積和公式より,
$$\begin{aligned}s^2 + c^2 &= (\sin 2x + \sin 4x + \cdots + \sin 2nx)^2 \\ &\quad + (\cos 2x + \cos 4x + \cdots + \cos 2nx)^2 \\ &= n + \sum_{1 \leq l < k \leq n} (2\sin 2lx \sin 2kx + 2\cos 2lx \cos 2kx) \\ &= n + 2\sum_{1 \leq l < k \leq n} \cos 2(k-l)x\end{aligned}$$
である. ゆえに, $a_0 = n$, $a_{l,k} = 2$ とすれば問題の条件をみたす.

30. [USAMO 2000] 三角形 ABC の内接円と辺 BC, CA, AB の接点をそれぞれ P, Q, R とする. このとき,
$$5\left(\frac{1}{|AP|} + \frac{1}{|BQ|} + \frac{1}{|CR|}\right) - \frac{3}{\min\{|AP|, |BQ|, |CR|\}} = \frac{6}{r}$$
をみたすような三角形 ABC 全体の集合を S とする. このとき, S に属する すべての三角形は二等辺三角形であり, 任意の 2 元は相似であることを示せ.
解答. 三角形 ABC の内心を I とする. このとき, $|IP| = |IQ| = |IR| = r$ である. 対称性より, $\{|AP|, |BQ|, |CR|\} = |AP|$ としてよい (図 5.9 参照). $x = \tan\frac{A}{2}$, $y = \tan\frac{B}{2}$, $z = \tan\frac{C}{2}$ とおく. 基本問題 19(a) より,

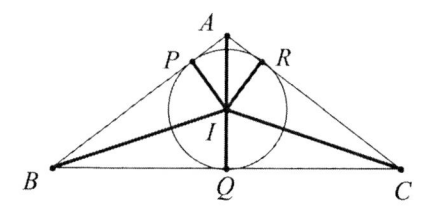

図 5.9

である．
$$xy + yz + zx = 1 \quad (*)$$
である．$|AP| = \dfrac{r}{x}, |BQ| = \dfrac{r}{y}, |CR| = \dfrac{r}{z}$ であるから，問題の式は
$$2x + 5y + 5z = 6 \quad (**)$$
となる．$(*),(**)$ を連立させて x を消去すると，
$$5y^2 + 5z^2 + 8yz - 6y - 6z + 2 = 0$$
を得る．ここで，両辺 5 倍して，
$$\begin{aligned}0 &= 25y^2 + 25z^2 + 40yz - 30y - 30z + 10 \\ &= 25y^2 + 2 \cdot 5 \cdot (4z-3)y + 25z^2 - 30z + 10 \\ &= (5y + 4z - 3)^2 - (4z-3)^2 + 25z^2 - 30z + 10 \\ &= (5y + 4z - 3)^2 + 9z^2 - 6z + 1 \\ &= (5y + 4z - 3)^2 + (3z-1)^2\end{aligned}$$
である．よって，$5y + 4z - 3 = 3z - 1 = 0$ となるので，$y = z = \dfrac{1}{3}$ である．すると $(**)$ より $x = \dfrac{4}{3}$ となる．よって，S の任意の元は二等辺三角形で相似である．

実際に三辺の長さの比を求めてみよう．$x = \dfrac{r}{|AP|} = \dfrac{4}{3}$，$y = z = \dfrac{r}{|BQ|} = \dfrac{r}{|CQ|} = \dfrac{1}{3} = \dfrac{4}{12}$ であるから，$r = 4$，$|AP| = |AR| = 3$，$|BP| = |BQ| = |CQ| = |CR| = 12$ とおける．すると，$|AB| = |AC| = 15$，$|BC| = 24$ となる．よって，S の任意の元は 3 辺が $5, 5, 8$ の 3 角形に相似である．

なお，3 辺の長さの比は半角の公式を用いて，
$$\sin B = \sin C = \dfrac{2 \tan \dfrac{C}{2}}{1 + \tan^2 \dfrac{C}{2}} = \dfrac{3}{5}$$
より，$|AQ| : |QB| : |BA| = 3 : 4 : 5$ から $|AB| : |BC| : |CA| = 5 : 8 : 5$ としても求められる．

31. [TST 2003] a, b, c はいずれも区間 $\left(0, \dfrac{\pi}{2}\right)$ に属する実数とする．以下を示せ．

$$\frac{\sin a \sin(a-b)\sin(a-c)}{\sin(b+c)} + \frac{\sin b \sin(b-c)\sin(b-a)}{\sin(c+a)}$$
$$+ \frac{\sin c \sin(c-a)\sin(c-b)}{\sin(a+b)} \geqq 0$$

解答． 積和公式と 2 倍角の公式より，

$$\sin(\alpha-\beta)\sin(\alpha+\beta) = \frac{1}{2}(\cos 2\beta - \cos 2\alpha)$$
$$= \sin^2 \alpha - \sin^2 \beta$$

が成立するから，

$$\sin a \sin(a-b)\sin(a-c)\sin(a+b)\sin(a+c)$$
$$= \sin a(\sin^2 a - \sin^2 b)(\sin^2 a - \sin^2 c)$$

および，a,b,c を巡回的に入れ替えた結果が成り立つ．ここで，$x = \sin a$, $y = \sin b$, $z = \sin c$（よって，$x,y,z > 0$ となる）とおくと示すべき式は，

$$x(x^2-y^2)(x^2-z^2) + y(y^2-z^2)(y^2-x^2) + z(z^2-x^2)(z^2-y^2) \geqq 0$$

となる．これは，x,y,z について対称なので，$0 < x \leqq y \leqq z$ と仮定してよい．すると，示すべき式は

$$x(y^2-x^2)(z^2-x^2) + z(z^2-x^2)(z^2-y^2) \geqq y(z^2-y^2)(y^2-x^2)$$

となる．これは，

$$x(y^2-x^2)(z^2-x^2) \geqq 0$$

および，

$$z(z^2-x^2)(z^2-y^2) \geqq z(y^2-x^2)(z^2-y^2) \geqq y(z^2-y^2)(y^2-x^2)$$

より成立する．

注． この解答の後半はシューアの不等式の $r = \dfrac{1}{2}$ の場合と同様である．

32. [TST 2002] 三角形 ABC において，次を示せ．

$$\sin\frac{3A}{2} + \sin\frac{3B}{2} + \sin\frac{3C}{2} \leqq \cos\frac{A-B}{2} + \cos\frac{B-C}{2} + \cos\frac{C-A}{2}$$

解答 1． $\alpha = \dfrac{A}{2}, \beta = \dfrac{B}{2}, \gamma = \dfrac{C}{2}$ とおく．このとき，$0° < \alpha, \beta, \gamma < 90°$,

$\alpha + \beta + \gamma = 90°$ である．和積公式により，
$$\sin\frac{3A}{2} - \cos\frac{B-C}{2} = \sin 3\alpha - \cos(\beta - \gamma)$$
$$= \sin 3\alpha - \sin(\alpha + 2\gamma)$$
$$= 2\cos(2\alpha + \gamma)\sin(\alpha - \gamma)$$
$$= -2\sin(\alpha - \beta)\sin(\alpha - \gamma).$$

同様にして，
$$\sin\frac{3B}{2} - \cos\frac{C-A}{2} = -2\sin(\beta - \alpha)\sin(\beta - \gamma)$$
および，
$$\sin\frac{3C}{2} - \cos\frac{A-B}{2} = -2\sin(\gamma - \alpha)\sin(\gamma - \beta)$$
が成り立つ．よって，示すべき式は，
$$\sin(\alpha-\beta)\sin(\alpha-\gamma) + \sin(\beta-\alpha)\sin(\beta-\gamma) + \sin(\gamma-\alpha)\sin(\gamma-\beta) \geqq 0$$
となる．この式は α, β, γ について対称であるので，$0° < \alpha \leqq \beta \leqq \gamma < 90°$ と仮定してよい．すると，左辺は，
$$\sin(\alpha-\beta)\sin(\alpha-\gamma) + \sin(\gamma-\beta)\bigl(\sin(\gamma-\alpha) - \sin(\beta-\alpha)\bigr)$$
と変形でき，関数 $y = \sin x$ が $0° < x < 90°$ で単調増加なので，各項は 0 以上である．

注．上記の解答もまた，シューアの不等式と同様である．

解答 2. α, β, γ を解答 1 と同様に定義する．加法定理により，
$$\sin 3\alpha = \sin\alpha\cos 2\alpha + \sin 2\alpha\cos\alpha$$
$$\cos(\beta - \alpha) = \sin(2\alpha + \gamma) = \sin 2\alpha\cos\gamma + \sin\gamma\cos 2\alpha$$
$$\cos(\beta - \gamma) = \sin(2\gamma + \alpha) = \sin 2\gamma\cos\alpha + \sin\alpha\cos 2\gamma$$
$$\sin 3\gamma = \sin\gamma\cos 2\gamma + \sin 2\gamma\cos\gamma$$
が成り立つ．よって，和積公式により
$$\sin 3\alpha + \sin 3\gamma - \cos(\beta - \alpha) - \cos(\beta - \gamma)$$
$$= (\sin\alpha - \sin\gamma)(\cos 2\alpha - \cos 2\gamma)$$

$$+ (\cos\alpha - \cos\gamma)(\sin 2\alpha - \sin 2\gamma)$$
$$= (\sin\alpha - \sin\gamma)(\cos 2\alpha - \cos 2\gamma)$$
$$+ 2(\cos\alpha - \cos\gamma)\cos(\alpha + \gamma)\sin(\alpha - \gamma)$$

となる．$0° < x < 90°$ において，$\sin x$ は単調増加，$\cos x, \cos 2x$ は単調減少なので，右辺の 2 項は 0 以下である．よって，

$$\sin 3\alpha + \sin 3\gamma - \cos(\beta - \alpha) - \cos(\beta - \gamma) \leqq 0$$

である．まったく同様にして，

$$\sin 3\beta + \sin 3\alpha - \cos(\gamma - \beta) - \cos(\gamma - \alpha) \leqq 0$$

および，

$$\sin 3\gamma + \sin 3\beta - \cos(\alpha - \gamma) - \cos(\alpha - \beta) \leqq 0$$

が成り立つ．これら 3 つを足し合わせると，問題の式を得る．

33. 2 以上の整数 n と $[-1, 1]$ に含まれる相異なる実数 $x_1, x_2, \ldots, x_n$ が与えられている．$t_i = \prod_{j \neq i} |x_j - x_i|$ とおく．次を示せ．

$$\frac{1}{t_1} + \frac{1}{t_2} + \cdots + \frac{1}{t_n} \geqq 2^{n-2}$$

解答． T_n を n 番目のチェビシェフ多項式とする．基本問題 49 にあるように，$T_n(\cos x) = \cos nx$ が成立する．T_n は漸化式 $T_0(x) = 1, T_1(x) = x, T_{n+1}(x) = 2xT_n(x) - T_{n-1}(x)$ で定義されるので，$n \geqq 1$ に対して，T_n の最高次の係数は 2^{n-1} である．

これらを，この問題に適用してみよう．点 $x_1, x_2, \ldots, x_n$ においてラグランジュの補間公式を $T_{n-1}(x)$ に用いると，

$$T_{n-1}(x) = \sum_{k=1}^{n} \frac{T_{n-1}(x_k)(x - x_1)\cdots(x - x_{k-1})(x - x_{k+1})\cdots(x - x_n)}{(x_k - x_1)\cdots(x_k - x_{k-1})(x_k - x_{k+1})\cdots(x_k - x_n)}.$$

最高次係数を比較すると，

$$2^{n-2} = \sum_{k=1}^{n} \frac{T_{n-1}(x_k)}{(x_k - x_1)\cdots(x_k - x_{k-1})(x_k - x_{k+1})\cdots(x_k - x_n)}$$

となる．θ_k を $\cos\theta_k = x_k$ となるように定めると，$|T_{n-1}(x_k)| = |\cos(n -$

1)$\theta_k| \leq 1$ より,

$$2^{n-2} \leq \sum_{k=1}^{n} \frac{|T_{n-1}(x_k)|}{|(x_k - x_1)\cdots(x_k - x_{k-1})(x_k - x_{k+1})\cdots(x_k - x_n)|}$$

$$= \sum_{k=1}^{n} \frac{1}{t_k}$$

が成立する. よって, 示された.

34. [St. Petersburg 2001] 区間 $\left[0, \frac{\pi}{2}\right]$ に含まれる実数 $x_1, x_2, \ldots, x_{10}$ は, $\sin^2 x_1 + \sin^2 x_2 + \cdots + \sin^2 x_{10} = 1$ をみたす. このとき, 次を示せ.

$$3(\sin x_1 + \cdots + \sin x_{10}) \leq \cos x_1 + \cdots + \cos x_{10}$$

解答. $\sin^2 x_1 + \sin^2 x_2 + \cdots + \sin^2 x_{10} = 1$ から,

$$\cos x_i = \sqrt{\sum_{j \neq i} \sin^2 x_j}$$

が成立する. べき平均不等式より, 任意の i $(1 \leq i \leq 10)$ で,

$$\cos x_i = \sqrt{\sum_{j \neq i} \sin^2 x_j} \geq \frac{\sum_{j \neq i} \sin x_j}{3}$$

である. これを $i = 1, 2, \ldots, 10$ について辺々足すと,

$$\sum_{i=1}^{10} \cos x_i \geq \sum_{i=1}^{10} \sum_{j \neq i} \frac{\sin x_j}{3} = \sum_{i=1}^{10} 9 \cdot \frac{\sin x_i}{3} = 3 \sum_{i=1}^{10} \sin x_i$$

となり, 示された.

35. [IMO 2001, short list] 任意の実数 $x_1, x_2, \ldots, x_n$ に対して,

$$\frac{x_1}{1+x_1^2} + \frac{x_2}{1+x_1^2+x_2^2} + \cdots + \frac{x_n}{1+x_1^2+\cdots+x_n^2} < \sqrt{n}$$

が成立することを示せ.

解答. (Ricky Liu) α_k を $k = 1, 2, \ldots, n$ に対して,

$$x_k = \sec \alpha_1 \sec \alpha_2 \cdots \sec \alpha_{k-1} \tan \alpha_k,$$

$-\frac{\pi}{2} < \alpha_k < \frac{\pi}{2}$, となるように定める. $\tan \alpha$ の値域が $(-\infty, \infty)$ であり, $\sec \alpha$ は常に 0 でないので, このように定めることは可能である. すると, 問

題の式の右辺の k 番目の項は,
$$\frac{\sec\alpha_1\cdots\sec\alpha_{k-1}\tan\alpha_k}{1+\tan^2\alpha_1+\cdots+\sec^2\alpha_1\cdots\sec^2\alpha_{n-1}\tan^2\alpha_n}$$
$$=\cos\alpha_1\cos\alpha_2\cdots\cos\alpha_k\sin\alpha_k$$

となるから，示すべき式は,
$$\cos\alpha_1\sin\alpha_1+\cos\alpha_1\cos\alpha_2\sin\alpha_2+\cdots+\cos\alpha_1\cos\alpha_2\cdots\cos\alpha_n\sin\alpha_n$$
$$<\sqrt{n}$$

となる．ここで，$i=1,2,\ldots,n$ に対して，$c_i=\cos\alpha_i, s_i=\sin\alpha_i$ とおくと，示すべき式は,
$$c_1s_1+c_1c_2s_2+\cdots+c_1c_2\cdots c_ns_n<\sqrt{n}$$

となる．$c_i^2+s_i^2=\cos^2\alpha_i+\sin^2\alpha_i=1$ であるから,
$$c_1^2c_2^2\cdots c_{i-1}^2s_i^2+c_1^2c_2^2\cdots c_{i-1}^2c_i^2=c_1^2c_2^2\cdots c_{i-1}^2$$

であり,
$$s_1^2+c_1^2s_2^2+\cdots+c_1^2c_2^2\cdots c_{n-2}^2s_{n-1}^2+c_1^2c_2^2\cdots c_{n-1}^2=1 \qquad (*)$$

である．コーシー・シュワルツの不等式と $(*)$ より,
$$c_1s_1+c_1c_2s_2+\cdots+c_1c_2\cdots c_ns_n$$
$$\leqq\sqrt{s_1^2+c_1^2s_2^2+\cdots+c_1^2c_2^2\cdots c_{n-2}^2s_{n-1}^2+c_1^2c_2^2\cdots c_{n-1}^2}$$
$$\cdot\sqrt{c_1^2+c_2^2+\cdots+c_{n-1}^2+c_n^2s_n^2}$$
$$=\sqrt{c_1^2+c_2^2+\cdots+c_{n-1}^2+c_n^2s_n^2}$$
$$=\sqrt{\cos^2\alpha_1+\cos^2\alpha_2+\cdots+\cos^2\alpha_{n-1}+\cos^2\alpha_n\sin^2\alpha_n}$$
$$\leqq\sqrt{n}$$

が成立する．最後の不等号の等号は
$$\cos\alpha_1=\cos\alpha_2=\cdots=\cos\alpha_{n-1}=\cos\alpha_n\sin\alpha_n=1$$
の場合に限って成立するが，$\cos\alpha_n\sin\alpha_n=\dfrac{1}{2}\sin2\alpha_n<1$ よりこれは不可能である．よって，等号は成り立たず，題意は示された．

36. [USAMO 1998] $a_0, a_1, \ldots, a_n$ は区間 $\left(0, \frac{\pi}{2}\right)$ に含まれる実数で，
$$\tan\left(a_0 - \frac{\pi}{4}\right) + \tan\left(a_1 - \frac{\pi}{4}\right) + \cdots + \tan\left(a_n - \frac{\pi}{4}\right) \geqq n - 1$$
をみたす．次の不等式を示せ．
$$\tan a_0 \tan a_1 \cdots \tan a_n \geqq n^{n+1}$$

解答． $k = 0, 1, \ldots, n$ に対して，$b_k = \tan\left(a_k - \frac{\pi}{4}\right)$ とおく．仮定より，各 k について $-1 < b_k < 1$ であり，
$$1 + b_k \geqq \sum_{0 \leqq l \neq k \leqq n} (1 - b_l) \qquad (*)$$
である．$l = 0, 1, \ldots, k-1, k+1, \ldots, n$ に対して，$1 - b_l$ は正なので，相加相乗平均の不等式により，
$$\sum_{0 \leqq l \neq k \leqq n} (1 - b_l) \geqq n \left(\prod_{0 \leqq l \neq k \leqq n} (1 - b_l) \right)^{\frac{1}{n}} \qquad (**)$$
不等式 $(*)$ と $(**)$ より，
$$\prod_{k=0}^{n} (1 + b_k) \geqq n^{n+1} \left(\prod_{l=0}^{n} (1 - b_l)^n \right)^{\frac{1}{n}}$$
を得る．よって，
$$\prod_{k=0}^{n} \frac{1 + b_k}{1 - b_k} \geqq n^{n+1}$$
である．この不等式と，
$$\frac{1 + b_k}{1 - b_k} = \frac{1 + \tan\left(a_k - \frac{\pi}{4}\right)}{1 - \tan\left(a_k - \frac{\pi}{4}\right)} = \tan\left(\left(a_k - \frac{\pi}{4}\right) + \frac{\pi}{4}\right) = \tan a_k$$
より問題の不等式を得る．

注． 同様の手法を用いると，$a_1 a_2 \cdots a_n = 1$ なる正の実数 $a_1, a_2, \ldots, a_n$ に対して，
$$\frac{1}{n - 1 + a_1} + \frac{1}{n - 1 + a_2} + \cdots + \frac{1}{n - 1 + a_n} \leqq 1$$
が成立することが示される．この問題を三角関数によって解いてみよ．

37. [MOSP 2001] $a^2 - 2b^2 = 1, 2b^2 - 3c^2 = 1, ab + bc + ca = 1$ のすべてをみ

たす実数の組 (a, b, c) を求めよ．

解答． $a^2 - 2b^2 = 1$ より $a \neq 0$, $2b^2 - 3c^2 = 1$ より $b \neq 0$ である．

基本問題 21 から，$a = \cot A$, $b = \cot B$, $c = \cot C$ となる三角形 ABC が存在し，$a, b \neq 0$ より $A, B \neq 90°$．ここで，

$$a^2 + 1 = 2(b^2 + 1) = 3(c^2 + 1)$$

より，

$$\csc^2 A = 2\csc^2 B = 3\csc^2 C$$

すなわち，

$$\frac{1}{\sin A} = \frac{\sqrt{2}}{\sin B} = \frac{\sqrt{3}}{\sin C}$$

である．正弦法則により，三角形 ABC の 3 辺はある正の実数 k を用いて $k, \sqrt{2}k, \sqrt{3}k$ と表される．すると三平方の定理 (の逆) より，$\angle C = 90°$ となるから，$c = \cot C = 0$ が導かれる．

$c = 0$ のとき，問題の条件より $b = \dfrac{1}{\sqrt{2}}$, $a = \sqrt{2}$ であり，$(a, b, c) = \left(\sqrt{2}, \dfrac{1}{\sqrt{2}}, 0\right)$ となる．これが，問題の条件をみたすことは容易に確かめられる．よって，求める組は $(a, b, c) = \left(\sqrt{2}, \dfrac{1}{\sqrt{2}}, 0\right)$ のみである．

38. n は正の整数，$\theta_1, \theta_2, \ldots, \theta_n$ はすべて開区間 $(0°, 90°)$ に含まれる角で，

$$\cos^2 \theta_1 + \cos^2 \theta_2 + \cdots + \cos^2 \theta_n = 1$$

をみたす．次の不等式が成立することを示せ．

$$\tan \theta_1 + \tan \theta_2 + \cdots + \tan \theta_n \geqq (n-1)(\cot \theta_1 + \cot \theta_2 + \cdots + \cot \theta_n)$$

解答． (Tiankai Liu) 正の実数 $x_1, x_2, \ldots, x_n$ に対して，べき平均不等式によると，$M_{-1} \leqq M_1 \leqq M_2$ であるから，

$$\frac{n}{\frac{1}{x_1} + \frac{1}{x_2} + \cdots + \frac{1}{x_n}} \leqq \frac{x_1 + x_2 + \cdots + x_n}{n} \leqq \sqrt{\frac{x_1^2 + x_2^2 + \cdots + x_n^2}{n}}$$

である．$1 \leqq i \leqq n$ に対して，$\cos \theta_i = a_i$ であるから，

$$\tan \theta_i = \frac{\sin \theta_i}{\cos \theta_i} = \frac{\sqrt{1 - \cos^2 \theta_i}}{a_i}$$

$$= \frac{\sqrt{a_1^2 + a_2^2 + \cdots + a_{i-1}^2 + a_{i+1}^2 + \cdots + a_n^2}}{a_i}$$
$$\geq \frac{a_1 + a_2 + \cdots + a_{i-1} + a_{i+1} + \cdots + a_n}{a_i \sqrt{n-1}}$$

となる．これを $i = 1, 2, \ldots, n$ について足し合わせると，

$$\sum_{i=1}^{n} \tan \theta_i \geq \frac{1}{\sqrt{n-1}} \sum_{i=1}^{n} \sum_{j \neq i} \frac{a_j}{a_i} = \frac{1}{\sqrt{n-1}} \sum_{\substack{1 \leq i,j \leq n \\ i \neq j}} \frac{a_j}{a_i} \quad (*)$$

最後の等式は各 $\dfrac{a_i}{a_j}$ がちょうど 1 回ずつ現れることに基づいている．一方，べき平均不等式により，

$$\cot \theta_i = \frac{\cos \theta_i}{\sin \theta_i} = \frac{a_i}{\sqrt{1 - \cos^2 \theta_i}}$$
$$= \frac{a_i}{\sqrt{a_1^2 + a_2^2 + \cdots + a_{i-1}^2 + a_{i+1}^2 + \cdots + a_n^2}}$$
$$\leq \frac{a_i \left(\frac{1}{a_1} + \frac{1}{a_2} + \cdots + \frac{1}{a_{i-1}} + \frac{1}{a_{i+1}} + \cdots + \frac{1}{a_n} \right)}{(n-1)\sqrt{n-1}}$$

である．これを $i = 1, 2, \ldots, n$ について足し合わせると，

$$\sum_{i=1}^{n} \cot \theta_i \leq \frac{1}{(n-1)^{3/2}} \sum_{i=1}^{n} \sum_{j \neq i} \frac{a_i}{a_j} = \frac{1}{(n-1)^{3/2}} \sum_{\substack{1 \leq i,j \leq n \\ i \neq j}} \frac{a_i}{a_j} \quad (**)$$

である．ここでも，$\dfrac{a_i}{a_j}$ が一度ずつ現れることに基づいている．$(*)$ と $(**)$ をあわせると，

$$\sqrt{n-1} \sum_{i=1}^{n} \tan \theta_i \geq \sum_{\substack{1 \leq i,j \leq n \\ i \neq j}} \frac{a_j}{a_i} = \sum_{\substack{1 \leq i,j \leq n \\ i \neq j}} \frac{a_i}{a_j} \geq (n-1)^{3/2} \sum_{i=1}^{n} \cot \theta_i$$

となり，問題の不等式が示された．

39. [Weichao Wu] 2 つの不等式，

$$(\sin x)^{\sin x} < (\cos x)^{\cos x}, \quad (\sin x)^{\sin x} > (\cos x)^{\cos x}$$

のうち，一方は $0 < x < \dfrac{\pi}{4}$ なる任意の実数 x で成立する．どちらの不等式

か特定し，それを証明せよ．

解答． 成立するのは，1番目の不等式である．対数関数が上に凸であることに注意しておこう．イェンセンの不等式を 2 点 $\sin x < \cos x < \sin x + \cos x$ に，重み $\lambda_1 = \tan x, \lambda_2 = 1 - \tan x$ $(0 < x < \dfrac{\pi}{4}$ より λ_1, λ_2 は正である) として用いると，

$$\log(\cos x) = \log\Bigl(\tan x \sin x + (1 - \tan x)(\sin x + \cos x)\Bigr)$$
$$> \tan x \log(\sin x) + (1 - \tan x) \log(\sin x + \cos x)$$

を得る．$\sin x + \cos x = \sqrt{2} \sin\left(x + \dfrac{\pi}{4}\right) > 1$ と，$\tan x < 1$ より右辺第 2 項は正なので，

$$\log(\cos x) > \tan x \log(\sin x)$$

を得る．両辺に $\cos x$ を掛けて，e のべき乗をとることで，問題の 1 番目の式を得る．

40. k, n を正の整数とする．$\sqrt{k+1} - \sqrt{k}$ が $z^n = 1$ をみたす複素数 z の実部になることはないことを示せ．

注． この問題は 2003 年 6 月の中国チームの IMO 強化合宿で初めて出題され，その後，MOSP でも出題された．以下の解答は 2003 年 7 月に開かれた第 44 回 IMO 東京大会での金メダリスト Anders Kaseorg によるものである．

解答． $\alpha = \sqrt{k+1} - \sqrt{k}$ が $z^n = 1$ をみたすある複素数の実部になったとしよう．z は 1 の n 乗根であるから，ある整数 j $(0 \leq j \leq n-1)$ を用いて，$z = \cos \dfrac{2\pi j}{n} + i \sin \dfrac{2\pi j}{n}$ と表される．よって，$\alpha = \cos \dfrac{2\pi j}{n}$ である．

$T_n(x)$ を n 番目のチェビシェフ多項式，すなわち，$T_0(x) = 1, T_1(x) = x, T_{i+1}(x) = 2x T_i(x) - T_{i-1}(x) (i \geq 1)$ である．このとき，$T_n(\cos \theta) = \cos(n\theta)$ より，$T_n(\alpha) = \cos(2\pi j) = 1$ である．

$\beta = \sqrt{k+1} + \sqrt{k}$ とおこう．$\alpha\beta = 1, \alpha + \beta = 2\sqrt{k+1}$ より，$\alpha^2 + \beta^2 = (\alpha + \beta)^2 - 2\alpha\beta = 4k + 2$ である．よって，$\pm\alpha, \pm\beta$ は以下の多項式の解である．

$$P(x) = (x-\alpha)(x+\alpha)(x-\beta)(x+\beta) = (x^2-\alpha^2)(x^2-\beta^2)$$
$$= x^4 - (4k+2)x + 1$$

$Q(x)$ を α の最小多項式としよう．$\beta, -\beta$ がいずれも $Q(x)$ の解でないとき，$Q(x)$ は

$$(x-\alpha)(x+\alpha) = x^2 - \left(2k+1 - 2\sqrt{k(k+1)}\right)$$

を割り切る．よって，$k(k+1)$ は平方数である．しかし，$k^2 < k(k+1) < (k+1)^2$ よりこれは不可能である．ゆえに，$Q(\beta) = 0$ または $Q(-\beta) = 0$ である．$\beta' = \beta$ または $\beta' = -\beta$ として $Q(\beta') = 0$ が成り立つとしておこう．

α が $T_n(x) - 1 = 0$ の解であることから，$T_n(x) - 1$ は $Q(x)$ で割り切れ，β' は $T_n(x) - 1 = 0$ の解である．ところで，基本問題49(f)によると，$T_n(x) - 1 = 0$ のすべての解は区間 $[-1, 1]$ に含まれる．しかし，$|\beta'| = \sqrt{k+1} + \sqrt{k} > 1$ である．これは矛盾である．よって，仮定が間違っていたことがわかり，$\sqrt{k+1} - \sqrt{k}$ がある 1 の n 乗根の実部にならないことが示された．

41. 鋭角三角形 $A_1A_2A_3$ の辺 A_2A_3, A_3A_1, A_1A_2 上にそれぞれ点 B_1, B_2, B_3 をとる．$i = 1, 2, 3$ に対して，$a_i = |A_{i+1}A_{i+2}|, b_i = |B_{i+1}B_{i+2}|$ (添え字は $\mod 3$ で考える．すなわち，$x_{i+3} = x_i$ である) としたとき，

$$2(b_1 \cos A_1 + b_2 \cos A_2 + b_3 \cos A_3) \geqq a_1 \cos A_1 + a_2 \cos A_2 + a_3 \cos A_3$$

が成立することを示せ．

解答． 図5.10のように，$i = 1, 2, 3$ に対して，$|B_iA_{i+1}| = s_i, |B_iA_{i+2}| = t_i$ とおく．$a_i = s_i + t_i$ である．B_3, B_2 から直線 A_2A_3 に下ろした垂線の足をそれぞれ E, F とする．この解法は上級問題26と同様である．$A_1 = \angle A_1, A_2 = \angle A_2, A_3 = \angle A_3$ としておく．線分 EF は線分 B_2B_3 を直線 A_2A_3 に射影したもので，その長さは $a_1 - t_3 \cos A_2 - s_2 \cos A_3$ である．よって，

$$b_1 \geqq a_1 - t_3 \cos A_2 - s_2 \cos A_3$$

である．$0° < A_1 < 90°$ であるから，両辺に $\cos A_1 (> 0)$ を掛けて，

$$b_1 \cos A_1 \geqq a_1 \cos A_1 - t_3 \cos A_2 \cos A_1 - s_2 \cos A_3 \cos A_1$$

を得る．同様にして，

図 5.10

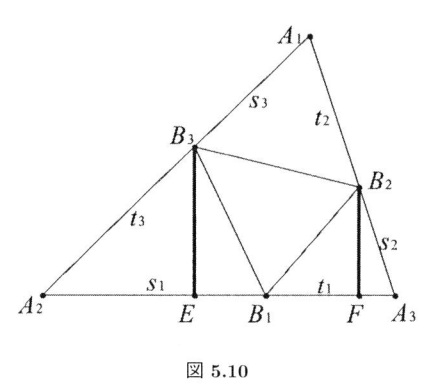

$$b_2 \cos A_2 \geqq a_2 \cos A_2 - t_1 \cos A_3 \cos A_2 - s_3 \cos A_1 \cos A_2$$

および，

$$b_3 \cos A_3 \geqq a_3 \cos A_3 - t_2 \cos A_1 \cos A_3 - s_1 \cos A_2 \cos A_3$$

を得る．この 3 つを辺々足して，

$$\sum_{i=1}^{3} b_i \cos A_i \geqq \sum_{i=1}^{3} a_i (\cos A_i - \cos A_{i+1} \cos A_{i+2})$$

が成立する．よって，

$$2\sum_{i=1}^{3} a_i(\cos A_i - \cos A_{i+1} \cos A_{i+2}) \geqq \sum_{i=1}^{3} a_i \cos A_i$$

すなわち，

$$\sum_{i=1}^{3} a_i(\cos A_i - 2\cos A_{i+1} \cos A_{i+2}) \geqq 0$$

を示せば十分である．三角形 $A_1 A_2 A_3$ に正弦法則を用いると，これは

$$\sum_{i=1}^{3} \sin A_i(\cos A_i - 2\cos A_{i+1} \cos A_{i+2}) \geqq 0$$

と同値である．実は，この不等式は等号が成り立つ．

この事実は，以下の補題から直接示される．

補題． 三角形 ABC において，以下の巡回的な和に関する等式が成り立つ．

$$\sum_{\text{cyc}} \sin A(\cos A - 2\cos B \cos C) = 0$$

補題の証明．2倍角の公式により，示すべき式は

$$\sum_{\text{cyc}} \sin 2A = 2\sum_{\text{cyc}} \sin A \cos A = 4\sum_{\text{cyc}} \sin A \cos B \cos C$$

となる．加法定理により，

$$\sin A \cos B \cos C + \sin B \cos C \cos A$$
$$= \cos C(\sin A \cos B + \sin B \cos A)$$
$$= \cos C \sin(A+B) = \cos C \sin C$$

となるから，

$$4\sum_{\text{cyc}} \sin A \cos B \cos C$$
$$= 2\sum_{\text{cyc}}(\sin A \cos B \cos C + \sin B \cos C \cos A)$$
$$= 2\sum_{\text{cyc}} \cos C \sin C = \sum_{\text{cyc}} \sin 2C$$

より補題は示された．

42. 三角形 ABC，実数 x, y, z，正の実数 n が与えられている．以下の不等式を示せ．

(a) [D.Barrow] $x^2 + y^2 + z^2 \geq 2yz\cos A + 2zx\cos B + 2xy\cos C$

(b) [J.Wolstenholme]

$$x^2 + y^2 + z^2 \geq 2(-1)^{n+1}(yz\cos nA + zx\cos nB + xy\cos nC)$$

(c) [O.Bottema] $yza^2 + zxb^2 + xyc^2 \leq R^2(x+y+z)^2$

(d) [A.Oppenheim] $xa^2 + yb^2 + zc^2 \geq 4[ABC]\sqrt{xy + yz + zx}$

注．これらは x, y, z が任意の実数を動けることからも，とても強力な不等式である．しかし，同じ理由で，これらの応用も容易ではない．

解答．明らかに (a) は (b) の $n=1$ とした特別な場合である．(c), (d) は (b) を用いて証明される．(b), (c), (d) の証明を与えよう．

(b) 問題の不等式を変形して，

$$x^2 + 2x(-1)^n(z\cos nB + y\cos nC) + y^2 + z^2 + 2(-1)^n yz\cos nA \geq 0$$

となる．最初の2項について平方完成して，

$$\left(x+(-1)^n(z\cos nB + y\cos nC)\right)^2 + y^2 + z^2 + 2(-1)^n yz\cos nA$$
$$\geqq (z\cos nB + y\cos nC)^2$$
$$= z^2\cos^2 nB + y^2\cos^2 nC + 2yz\cos nB\cos nC.$$

よって，

$$y^2 + z^2 + 2(-1)^n yz\cos nA$$
$$\geqq z^2\cos^2 nB + y^2\cos^2 nC + 2yz\cos nB\cos nC$$

すなわち，

$$y^2\sin^2 nC + z^2\sin^2 nB + 2yz\Big((-1)^n\cos nA - \cos nB\cos nC\Big)\geqq 0$$
$$(*)$$

を示せば十分である．

n が偶数のとき，$n=2k$ (k は整数) とおく．$nA+nB+nC=2k\pi$ より，$\cos nA = \cos(nB+nC) = \cos nB\cos nC - \sin nB\sin nC$ であるから，示すべき $(*)$ は

$$y^2\sin^2 nC + z^2\sin^2 nB - 2yz\sin nB\sin nC$$
$$= (y\sin nC - z\sin nB)^2 \geqq 0$$

となって，成立する．

n が奇数のとき，$n=2k+1$ (k は整数) とおく．$nA+nB+nC=(2k+1)\pi$ より，$\cos nA = -\cos(nB+nC) = -\cos nB\cos nC + \sin nB\sin nC$ であるから，示すべき $(*)$ は

$$y^2\sin^2 nC + z^2\sin^2 nB - 2yz\sin nB\sin nC$$
$$= (y\sin nC - z\sin nB)^2 \geqq 0$$

となり，やはり成立する．

等号成立は $(y\sin nC - z\sin nB)^2 = 0$ となることが必要である．これは $y\sin nC = z\sin nB$ すなわち，$\dfrac{y}{\sin nB} = \dfrac{z}{\sin nC}$ と同値であり，対称性から，

$$\frac{x}{\sin nA} = \frac{y}{\sin nB} = \frac{z}{\sin nC}$$

となることが必要である．これが成り立つときに問題の不等式の等号が成立することは容易に確かめられるので，等号成立条件はこの場合に限る．

(c) 正弦法則により，$\dfrac{a}{R} = 2\sin A$ であり，同様のことが $\dfrac{b}{R}, \dfrac{c}{R}$ でも成り立つ．示すべき式の両辺を R^2 で割り，右辺を展開すると

$$4(yz\sin^2 A + zx\sin^2 B + xy\sin^2 C)$$
$$\leq x^2 + y^2 + z^2 + 2(xy + yz + zx)$$

となる．2倍角の公式により，示すべき式は

$$x^2 + y^2 + z^2$$
$$\geq 2\Big(yz(2\sin^2 A - 1) + zx(2\sin^2 B - 1) + xy(2\sin^2 C - 1)\Big)$$
$$= -2(yz\cos 2A + zx\cos 2B + xy\cos 2C)$$

と同値である．これは (b) の $n = 2$ とした場合なので成立する．

(b) の最後にある等号成立に関する考察から，(c) の等号成立条件は

$$\frac{x}{\sin 2A} = \frac{y}{\sin 2B} = \frac{z}{\sin 2C}$$

に限る．

(d) (c) における x, y, z にそれぞれ xa^2, yb^2, zc^2 を代入して，

$$a^2 b^2 c^2 (xy + yz + zx) \leq R^2 (xa^2 + yb^2 + zc^2)^2$$

を得る．基本問題 25(a) より，

$$16R^2 [ABC]^2 (xy + yz + zx) \leq R^2 (xa^2 + yb^2 + zc^2)^2$$

となる．両辺を R^2 で割って，平方根をとると問題の式を得る．

(b) の最後にある考察より，等号成立条件は

$$\frac{xa^2}{\sin 2A} = \frac{yb^2}{\sin 2B} = \frac{zc^2}{\sin 2C}$$

である．2倍角の公式と正弦法則により，これは

$$\frac{xa}{\cos A} = \frac{yb}{\cos B} = \frac{zc}{\cos C}$$

となる．余弦法則により，

$$\frac{a}{\cos A} = \frac{2abc}{b^2 + c^2 - a^2}$$

であり，同様のことが $\dfrac{b}{\cos B}, \dfrac{c}{\cos C}$ についても成り立つので，等号成立条件は，
$$\frac{x}{b^2+c^2-a^2} = \frac{y}{c^2+a^2-b^2} = \frac{z}{a^2+b^2-c^2}$$
となる．

注． (b) で挙げた平方完成はやや技巧的である．この部分の別の角度からの証明を紹介しよう．2 次方程式
$$f(x) = x^2 - 2x(z\cos B + y\cos C) + y^2 + z^2 - 2yz\cos A$$
を考える．その判別式は
$$\begin{aligned}\Delta &= 4(z\cos B + y\cos C)^2 - 4(y^2 + z^2 - 2yz\cos A) \\ &= 4\left(z^2\cos^2 B - z^2 + 2yz(\cos A + \cos B\cos C) + y^2\cos^2 C - y^2\right) \\ &= 4\left(-z^2\sin^2 B + 2yz(-\cos(B+C) + \cos B\cos C) - y^2\sin^2 C\right) \\ &= 4\left(-z^2\sin^2 B + 2yz\sin B\sin C - y^2\sin^2 C\right) \\ &= -4(z\sin B - y\sin C)^2 \leq 0\end{aligned}$$
が任意の y, z で成立する．よって，$f(x) \geq 0$ が任意の x で成立するので，(a) が示された．この手法は一般化して (b) の証明にも利用できる．これについては読者に委ねることにしよう．

43. [USAMO 2004] 四角形 $ABCD$ は内接円 ω をもつ．ω の中心を I とする．等式
$$(|AI| + |DI|)^2 + (|BI| + |CI|)^2 = (|AB| + |CD|)^2$$
が成立するとき，$ABCD$ は等脚台形であることを示せ．

覚書． 三角比による解法を 2 つと幾何学的な対称性を用いた解法を 1 つ紹介する．解答 1 は Oleg Golberg によるもので，最も技巧的である．解答 2 は Tiankai Liu と Tony Zhang によるもので，計算によっての幾何学的背景をさらに明らかにしている．この問題は 2004 年 USAMO の最も難しい問題である．完答した選手は 4 人しかなかった．このうち 1 人はカナダの Jacob Tsimerman だった．この年のコンテストにおける上位 4 人が，この

問題を解いた 4 人であった.この 4 人の選手は IMO において合計 9 個の金メダルを獲得している.Oleg と Tiankai が 3 つずつ,Jacob が 2 つ,Tony が 1 つである.Oleg は最初の 2 つの金メダルをロシア代表として獲得し,3 つめはアメリカ代表として獲得している.Jacob は 2004 年 IMO ギリシャ大会で満点を獲得した 4 人の選手のうちの 1 人である.

注. この問題の鍵は,問題の等式がある不等式の等号が成立する場合であることに気づくことである.接線の等長性により,$|AB|+|CD| = |AD|+|BC|$ であることと,四角形 $ABCD$ が内接円をもつことは同値である.内接円をもつ凸四角形 $ABCD$ に対して,その内接円の中心を I とすると,

$$(|AI|+|DI|)^2 + (|BI|+|CI|)^2 \leqq (|AB|+|CD|)^2 = (|AD|+|BC|)^2 \quad (*)$$

が成立する.等号は $AD \parallel BC$ かつ $|AB| = |CD|$ のときに限り成立する.以下の解答でこれを示そう.一般性を失うことなく内接円の半径を 1 としておく.

解答 1. 図 5.11 のように内接円と AB, BC, CD, DA の接点をそれぞれ A_1, B_1, C_1, D_1 とする.ω は四角形 $ABCD$ の内接円なので,$\angle D_1 IA = \angle AIA_1(=x)$,$\angle A_1 IB = \angle BIB_1(=y)$,$\angle B_1 IC = \angle CIC_1(=z)$,$\angle C_1 ID = \angle DID_1(=w)$ が成り立つ.このとき,$0° < x, y, z, w < 90°$ である.また,$x+y+z+w = 180°$ であるから,$x+w = 180° - (y+z)$ である.すると,$|AI| = \sec x, |BI| = \sec y, |CI| = \sec z, |DI| = \sec w, |AD| = |AD_1| + |D_1D| = \tan x + \tan w, |BC| = |BB_1| + |B_1C| = \tan y + \tan z$ である.これを用いて示すべき不等式 $(*)$ は

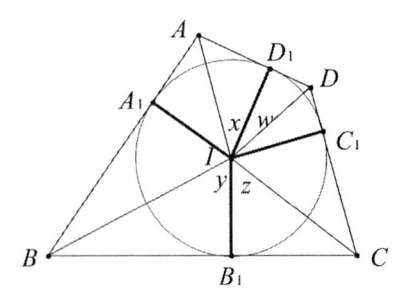

図 5.11

$$(\sec x + \sec w)^2 + (\sec y + \sec z)^2 \leqq (\tan x + \tan y + \tan z + \tan w)^2$$

となる．両辺を展開し，恒等式 $\sec^2 x = 1 + \tan^2 x$ を用いると，

$$4 + 2(\sec x \sec w + \sec y \sec z)$$
$$\leqq 2\tan x \tan y + 2\tan x \tan z + 2\tan x \tan w$$
$$+ 2\tan y \tan z + 2\tan y \tan w + 2\tan z \tan w$$

すなわち，

$$2 + \sec x \sec w + \sec y \sec z$$
$$\leqq \tan x \tan w + \tan y \tan z + (\tan x + \tan w)(\tan y + \tan z)$$

を示せばよいことになる．加法定理により，

$$1 - \tan x \tan w = \frac{\cos x \cos w - \sin x \sin w}{\cos x \cos w} = \frac{\cos(x+w)}{\cos x \cos w}$$

であるから，

$$1 - \tan x \tan w + \sec x \sec w = \frac{1 + \cos(x+w)}{\cos x \cos w}$$

となる．同様に，

$$1 - \tan y \tan z + \sec y \sec z = \frac{1 + \cos(y+z)}{\cos y \cos z}$$

である．この 2 つを足すと，

$$2 + \sec x \sec w + \sec y \sec z - \tan x \tan w - \tan y \tan z$$
$$= \frac{1 + \cos(x+w)}{\cos x \cos w} + \frac{1 + \cos(y+z)}{\cos y \cos z}$$

が成立するので，証明すべき不等式は，

$$\frac{1 + \cos(x+w)}{\cos x \cos w} + \frac{1 + \cos(y+z)}{\cos y \cos z} \leqq (\tan x + \tan w)(\tan y + \tan z)$$

となる．$s = \dfrac{1 + \cos(x+w)}{\cos x \cos w}, t = \dfrac{1 + \cos(y+z)}{\cos y \cos z}$ とおくと，

$$s + t \leqq (\tan x + \tan w)(\tan y + \tan z)$$

となる．加法定理により，

$$\tan x + \tan w = \frac{\sin x \cos w + \cos x \sin w}{\cos x \cos w} = \frac{\sin(x+w)}{\cos x \cos w}$$

が成立する．同様にして，

$$\tan y + \tan z = \frac{\sin(y+z)}{\cos y \cos z} = \frac{\sin(x+w)}{\cos y \cos z}.$$

も成立する．ここで，$x+w = 180° - (y+z)$ を用いた．すると，

$$(\tan x + \tan w)(\tan y + \tan z)$$
$$= \frac{\sin^2(x+w)}{\cos x \cos y \cos z \cos w} = \frac{1 - \cos^2(x+w)}{\cos x \cos y \cos z \cos w}$$
$$= \frac{\bigl(1 - \cos(x+w)\bigr)\bigl(1 + \cos(x+w)\bigr)}{\cos x \cos y \cos z \cos w}$$
$$= \frac{\bigl(1 - \cos(y+z)\bigr)\bigl(1 + \cos(x+w)\bigr)}{\cos x \cos y \cos z \cos w} = st.$$

よって，示すべき不等式は $s+t \leq st$, すなわち, $(1-s)(1-t) = 1-s-t+st \geq 1$ となるから，$1-s \geq 1, 1-t \geq 1$ を示せば十分である．対称性から $1-s \geq 1$ のみ示せばよい．これは

$$\frac{1 + \cos(x+w)}{\cos x \cos w} \geq 2$$

と同値であり，両辺に $\cos x \cos w$ を掛けると，

$$1 + \cos x \cos w - \sin x \sin w \geq 2 \cos x \cos w$$

すなわち，$1 \geq \cos x \cos w + \sin x \sin w = \cos(x-w)$ となる．これが成立することは明らかである．等号は $x = w$ のときに限り成立する．よって，$(*)$ も成立する．等号成立条件は $x = w, y = z$ のときに限り，これは $AD \parallel BC, |AB| = |CD|$ と同値である．

解答 2. x, y, z, w を解答 1 と同様に定義する．三角形 ADI, BCI に余弦法則を適用すると，

$$|AI|^2 + |DI|^2 = 2\cos(x+w)|AI| \cdot |DI| + |AD|^2,$$
$$|BI|^2 + |CI|^2 = 2\cos(y+z)|BI| \cdot |CI| + |BC|^2$$

を得る．これらを辺々足し，平方完成すると

$$(|AI|+|DI|)^2 + (|BI|+|CI|)^2 + 2|AD| \cdot |BC|$$
$$= 2\cos(x+w)|AI| \cdot |DI| + 2\cos(y+z)|BI| \cdot |CI|$$
$$\quad + 2|AI| \cdot |DI| + 2|BI| \cdot |CI| + (|AD|+|BC|)^2$$

となる．よって，$(*)$ の証明は以下の不等式の証明に帰着される．
$$\bigl(1+\cos(x+w)\bigr)|AI|\cdot|DI| + \bigl(1+\cos(y+z)\bigr)|BI|\cdot|CI| \leqq |AD|\cdot|BC|$$
ここで，$2[ADI] = |AD|\cdot|ID_1| = |AI|\cdot|DI|\sin(x+w)$ より，$|AI|\cdot|DI| = \dfrac{|AD|}{\sin(x+w)}$ であり，同様に $|BI|\cdot|CI| = \dfrac{|BC|}{\sin(y+z)}$ である．$x+w = 180° - (y+z)$ より，$\sin(x+w) = \sin(y+z), \cos(x+w) = -\cos(y+z)$ が成り立つ．これらを用いて，示すべき不等式は，
$$\frac{1+\cos(x+w)}{\sin(x+w)}\cdot |AD| + \frac{1-\cos(x+w)}{\sin(x+w)}\cdot|BC| \leqq |AD|\cdot|BC|$$
すなわち
$$\frac{1+\cos(x+w)}{|BC|} + \frac{1-\cos(x+w)}{|AD|} \leqq \sin(x+w) \qquad (**)$$
となる．加法定理と積和公式と 2 倍角の公式により，
$$|AD| = |AD_1| + |D_1D| = \tan x + \tan w = \frac{\sin x}{\cos x} + \frac{\sin w}{\cos w}$$
$$= \frac{\sin x \cos w + \cos x \sin w}{\cos x \cos w} = \frac{\sin(x+w)}{\cos x \cos w} = \frac{2\sin(x+w)}{2\cos x \cos w}$$
$$= \frac{4\sin\frac{x+w}{2}\cos\frac{x+w}{2}}{\cos(x+w)+\cos(x-w)} \geqq \frac{4\sin\frac{x+w}{2}\cos\frac{x+w}{2}}{\cos(x+w)+1}$$
$$= \frac{4\sin\frac{x+w}{2}\cos\frac{x+w}{2}}{2\cos^2\frac{x+w}{2}} = 2\tan\frac{x+w}{2}.$$
等号は $\cos(x-w)=1$ つまり $x=w$ のときに限り成立する．（この部分は $y=\tan x$ が $0°<x<90°$ で凸となることからイェンセンの不等式を用いても導ける．）すると，2 倍角の公式により，
$$\frac{1-\cos(x+w)}{|AD|} \leqq \frac{2\sin^2\frac{x+w}{2}}{2\tan\frac{x+w}{2}} = \sin\frac{x+w}{2}\cos\frac{x+w}{2}$$
$$= \frac{\sin(x+w)}{2}$$
まったく同様にして，
$$\frac{1+\cos(x+w)}{|BC|} = \frac{1-\sin(y+z)}{|BC|} \leqq \frac{\sin(y+z)}{2} = \frac{\sin(x+w)}{2}$$
となる．この 2 つを辺々足すと，$(**)$ を得る．等号は $x=w, y=z$，つまり $AD \parallel BC, |AB|=|CD|$ のときに限り成立する．

解答 3. 円 ω は四角形 $ABCD$ に内接しているから，図 5.12 のように

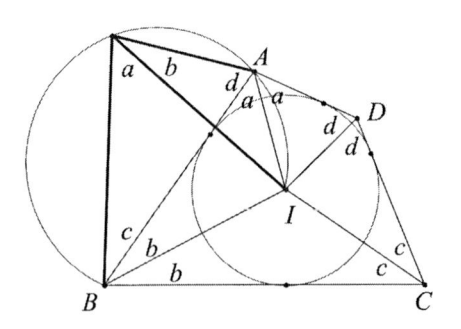

図 5.12

$\angle DAI = \angle IAB = a$, $\angle ABI = \angle IBC = b$, $\angle BCI = \angle ICD = c$, $\angle CDI = \angle IDA = d$ とおけて, $a + b + c + d = 180°$ である. この解答は以下の補題に基づく.

補題. 四角形 $ABCD$ に円 ω (中心を I とする) が内接しているとき,

$$|BI|^2 + \frac{|AI|}{|DI|} \cdot |BI| \cdot |CI| = |AB| \cdot |BC| \tag{†}$$

が成立する.

補題の証明. 四角形 $ABCD$ の外部に点 P を三角形 ABP, DCI が相似になるようにとる. このとき,

$$\angle PAI + \angle PBI = \angle PAB + \angle BAI + \angle PBA + \angle ABI$$
$$= \angle IDC + a + \angle ICD + b$$
$$= a + b + c + d = 180°$$

であるから, 四角形 $PAIB$ は円に内接する. トレミーの定理により, $|AI| \cdot |BP| + |BI| \cdot |AP| = |AB| \cdot |IP|$ であるので,

$$|BP| \cdot \frac{|AI|}{|IP|} + |BI| \cdot \frac{|AP|}{|IP|} = |AB| \tag{††}$$

四角形 $PAIB$ が円に内接することから, $\angle IPB = \angle IAB = a$, $\angle API = \angle ABI = b$, $\angle AIP = \angle ABP = c$, $\angle PIB = \angle PAB = d$ なので, 三角形 AIP, ICB は相似である. よって,

$$\frac{|AI|}{|IP|} = \frac{|IC|}{|CB|}, \quad \frac{|AP|}{|IP|} = \frac{|IB|}{|CB|}$$

である．これを (††) に代入すると，
$$|BP| \cdot \frac{|CI|}{|BC|} + \frac{|BI|^2}{|BC|} = |AB|$$
すなわち，
$$|BP| \cdot |CI| + |BI|^2 = |AB| \cdot |BC| \qquad (†††)$$
である．三角形 BIP, IDA は相似なので，$\frac{|BP|}{|BI|} = \frac{|IA|}{|ID|}$, すなわち，
$$|BP| = \frac{|AI|}{|ID|} \cdot |IB|$$
が成り立つ．これを (†††) に代入すると，(†) を得る．よって，補題は示された． ∎

本問の証明に戻ろう．補題と同様にして
$$|CI|^2 + \frac{|DI|}{|AI|} \cdot |BI| \cdot |CI| = |CD| \cdot |BC| \qquad (‡)$$
が示される．(†), (‡) を辺々足して，
$$|BI|^2 + |CI|^2 + \left(\frac{|AI|}{|DI|} + \frac{|DI|}{|AI|}\right)|BI| \cdot |CI| = |BC|(|AB| + |CD|)$$
となる．相加相乗平均の不等式により，$\frac{|AI|}{|DI|} + \frac{|DI|}{|AI|} \geq 2$ なので，
$$|BC|(|AB| + |CD|) \geq |IB|^2 + |IC|^2 + 2|IB| \cdot |IC| = (|BI| + |CI|)^2.$$
等号は $|AI| = |DI|$ のときに限り成立する．同様に
$$|AD|(|AB| + |CD|) \geq (|AI| + |DI|)^2$$
で，等号は $|BI| = |CI|$ のときに限り成立する．これら 2 つを辺々足すことで $(*)$ を得る．

$(*)$ の等号は $|AI| = |DI|$ かつ $|BI| = |CI|$ のときに限り成立する．これは $a = d$ かつ $b = c$ と同値で，$\angle DAB + \angle ABC = 2a + 2b = 180°$ より $AD \parallel BC$ とわかり，三角形 AIB, DIC が合同であることが容易に示せるので，$|AB| = |CD|$ となる．よって，$ABCD$ は等脚台形である．

44. [USAMO 2001] a, b, c は非負実数で，
$$a^2 + b^2 + c^2 + abc = 4$$

をみたす．このとき，
$$0 \leq ab + bc + ca - abc \leq 2$$
が成立することを示せ．

左の不等号について． 左の不等号の証明は単純である．与えられた条件より，a, b, c の少なくとも 1 つは 1 以下である．一般性を失うことなく，$a \leq 1$ として議論を進めよう．このとき，
$$ab + bc + ca - abc = a(b+c) + bc(1-a) \geq 0$$
である．等号は $a(b+c) = bc(1-a) = 0$ のときに限り成立する．$a = 1$ のとき，$b + c = 0$ より $b = c = 0$ となる．これは $a^2 + b^2 + c^2 + abc = 4$ に反する．よって，$1 - a \neq 0$ で b, c の 1 つだけが 0 である．一般性を失うことなく $b = 0$ としておこう．このとき，$b + c > 0$ より $a = 0$ である．問題で与えられている条件に $a = b = 0$ を代入すると $c = 2$ となる．これと並べ替えを含め，等号成立条件は $(a, b, c) = (2, 0, 0), (0, 2, 0), (0, 0, 2)$ に限る．

以下，右の不等号についての証明を与える．

解答 1. 基本問題 22 により，$a = 2\sin\dfrac{A}{2}$, $b = 2\sin\dfrac{B}{2}$, $c = 2\sin\dfrac{C}{2}$ となるような三角形 ABC が存在する．このとき，
$$ab = 4\sin\dfrac{A}{2}\sin\dfrac{B}{2} = 2\sqrt{\sin A \tan\dfrac{A}{2} \sin B \tan\dfrac{B}{2}}$$
$$= 2\sqrt{\sin A \tan\dfrac{B}{2} \cdot \sin B \tan\dfrac{A}{2}}$$
であり，相加相乗平均の不等式により右辺は
$$\sin A \tan\dfrac{B}{2} + \sin B \tan\dfrac{A}{2}$$
$$= \sin A \cot\dfrac{A+C}{2} + \sin B \cot\dfrac{B+C}{2}$$
以下である．同様に
$$bc \leq \sin B \cot\dfrac{B+A}{2} + \sin C \cot\dfrac{C+A}{2}$$
$$ca \leq \sin C \cot\dfrac{C+B}{2} + \sin A \cot\dfrac{A+B}{2}$$
である．和積公式，積和公式，2 倍角の公式により，
$$ab + bc + ca$$

$$\leqq (\sin A + \sin B)\cot\frac{A+B}{2} + (\sin B + \sin C)\cot\frac{B+C}{2}$$
$$+ (\sin C + \sin A)\cot\frac{C+A}{2}$$
$$= 2\cos\frac{A-B}{2}\cos\frac{A+B}{2} + 2\cos\frac{B-C}{2}\cos\frac{B+C}{2}$$
$$+ 2\cos\frac{C-A}{2}\cos\frac{C+A}{2}$$
$$= 2(\cos A + \cos B + \cos C)$$
$$= 6 - 4\left(\sin^2\frac{A}{2} + \sin^2\frac{B}{2} + \sin^2\frac{C}{2}\right)$$
$$= 6 - (a^2 + b^2 + c^2) = 2 + abc$$

より，
$$ab + bc + ca \leqq 2 + abc$$
が示された．

解答 2. 明らかに $0 \leqq a, b, c \leqq 2$ であるから，基本問題 24(d) より，$a = 2\cos A, b = 2\cos B, c = 2\cos C$ となるような鋭角三角形 ABC が存在する．A, B, C のうち 2 つが $60°$ 以上もしくは 2 つが $60°$ 以下なので，一般性を失うことなく A, B はともに $60°$ 以上もしくはともに $60°$ 以下であると仮定しよう．

この三角関数による置き換えにより，示すべき式は
$$2(\cos A\cos B + \cos B\cos C + \cos C\cos A) \leqq 1 + 4\cos A\cos B\cos C$$
すなわち，
$$2(\cos A\cos B + \cos B\cos C + \cos C\cos A)$$
$$\leqq 3 - 2(\cos^2 A + \cos^2 B + \cos^2 C)$$
と同値である．2 倍角の公式により，以下を示せば十分である．
$$\cos 2A + \cos 2B + \cos 2C$$
$$+ 2(\cos A\cos B + \cos B\cos C + \cos C\cos A) \leqq 0$$
和積公式と 2 倍角の公式により左辺の最初の 3 項は，

$$\cos 2A + \cos 2B + \cos 2C$$
$$= 2\cos(A+B)\cos(A-B) + 2\cos^2(A+B) - 1$$
$$= 2\cos(A+B)\Big(\cos(A-B) + \cos(A+B)\Big) - 1$$
$$= 4\cos(A+B)\cos A \cos B - 1$$

であり，残りの項は積和公式により，

$$2\cos A \cos B + 2\cos C(\cos A + \cos B)$$
$$= \cos(A+B) + \cos(A-B) - 2\cos(A+B)(\cos A + \cos B)$$

となる．示すべき式は，

$$\cos(A+B)\Big(4\cos A \cos B + 1 - 2\cos A - 2\cos B\Big) + \cos(A-B) \leqq 1$$

すなわち，

$$-\cos C(1 - 2\cos A)(1 - 2\cos B) + \cos(A-B) \leqq 1 \qquad (*)$$

となる．ここで，$A, B \geqq 60°$ または $A, B \leqq 60°$ なので，$(1-2\cos A)(1-2\cos B) \geqq 0$ である．これと $\cos C \geqq 0$ より $-\cos C(1-2\cos A)(1-2\cos B) \leqq 0$ である．また，$\cos(A-B) \leqq 1$ なので，$(*)$ は成立する．

等号成立条件は $-\cos C(1-2\cos A)(1-2\cos B) = 0$ かつ $\cos(A-B) = 1$ の場合に限る．このうち，2番目の条件より $A = B$ が得られる．1番目の条件より $\cos C = 0$ または $1 - 2\cos A = 0$ となる．$\cos C = 0$ のとき，$C = 90°$ であり，$A = B = 45°$ とわかる．$1 - 2\cos A = 0$ のときは，$\cos A = \dfrac{1}{2}$ より $A = 60°$ であり，$B = 60°, C = 60°$ となる．以上より，等号成立条件は $(A, B, C) = (45°, 45°, 90°), (60°, 60°, 60°)$ すなわち，$a = b = \sqrt{2}, c = 0$ または $a = b = c = 1$ およびそれを並べ替えた場合に限る．

解答 3. 以下のように代数的な変形を巧妙に行うことによって解くことができる．これらは，Oaz Nir と Richard Stong の両氏により独立に発見された．

a, b, c のうち 2 つが 1 以下もしくは 2 つが 1 以上であるので，b, c の 2 つがこの条件をみたすと仮定してよい．このとき，

$$b + c - bc = 1 - (1-b)(1-c) \leqq 1 \qquad (\dagger)$$

である．与えられた条件式を a についての2次方程式とみて解くと，
$$a = \frac{-bc \pm \sqrt{b^2c^2 - 4(b^2+c^2) + 16}}{2}$$
である．$a \geqq 0$ より $+$ の符号のみ有効である（$-$ の符号が有効になるのは重解になる場合のみなので考えなくてよい）．ここで，
$$b^2c^2 - 4(b^2+c^2) + 16 \leqq b^2c^2 - 8bc + 16 = (4-bc)^2$$
であり，再び条件式より $b, c \leqq 2$ であるから，$4 - bc \geqq 0$ である．よって，
$$a \leqq \frac{-bc + |4-bc|}{2} = \frac{-bc + 4 - bc}{2} = 2 - bc$$
すなわち，
$$2 - bc \geqq a \tag{$\ddagger$}$$
が成立する．($\dagger$), ($\ddagger$) より，
$$2 - bc = (2 - bc) \cdot 1 \geqq a(b + c - bc) = ab + ac - abc$$
すなわち，$ab + ac + bc - abc \leqq 2$ が示された．

45. [Gabriel Dospinescu と Dung Tran Nam] s, t, u, v は区間 $\left(0, \dfrac{\pi}{2}\right)$ に含まれる実数で，$s + t + u + v = \pi$ をみたす．このとき，次の不等式を示せ．
$$\frac{\sqrt{2}\sin s - 1}{\cos s} + \frac{\sqrt{2}\sin t - 1}{\cos t} + \frac{\sqrt{2}\sin u - 1}{\cos u} + \frac{\sqrt{2}\sin v - 1}{\cos v} \geqq 0$$

解答． $a = \tan s$, $b = \tan t$, $c = \tan u$, $d = \tan v$ とおく．a, b, c, d は正の実数である．$s + t + u + v = \pi$ より $\tan(s+t) + \tan(u+v) = 0$ であるから加法定理により，
$$\frac{a+b}{1-ab} + \frac{c+d}{1-cd} = 0$$
となる．両辺に $(1-ab)(1-cd)$ を掛けて，
$$(a+b)(1-cd) + (c+d)(1-ab) = 0$$
すなわち，
$$a + b + c + d = abc + bcd + cda + dab$$
である．すると，

$$(a+b)(a+c)(a+d) = a^2(a+b+c+d) + abc + bcd + cda + dab$$
$$= (a^2+1)(a+b+c+d)$$

すなわち，
$$\frac{a^2+1}{a+b} = \frac{(a+c)(a+d)}{a+b+c+d}$$

が成立する．これと，a, b, c, d を巡回的に入れ替えた結果より，

$$\frac{a^2+1}{a+b} + \frac{b^2+1}{b+c} + \frac{c^2+1}{c+d} + \frac{d^2+1}{d+a}$$
$$= \frac{(a+c)(a+d) + (b+d)(b+a) + (c+a)(c+b) + (d+b)(d+c)}{a+b+c+d}$$
$$= \frac{a^2+b^2+c^2+d^2 + 2(ab+ac+ad+bc+bd+cd)}{a+b+c+d}$$
$$= a+b+c+d$$

となる．コーシー・シュワルツの不等式により，

$$2(a+b+c+d)^2$$
$$= 2(a+b+c+d)\left(\frac{a^2+1}{a+b} + \frac{b^2+1}{b+c} + \frac{c^2+1}{c+d} + \frac{d^2+1}{d+a}\right)$$
$$= \Big((a+b)+(b+c)+(c+d)+(d+a)\Big)$$
$$\quad \times \left(\frac{a^2+1}{a+b} + \frac{b^2+1}{b+c} + \frac{c^2+1}{c+d} + \frac{d^2+1}{d+a}\right)$$
$$\geq \left(\sqrt{a^2+1} + \sqrt{b^2+1} + \sqrt{c^2+1} + \sqrt{d^2+1}\right)^2$$

より，
$$\sqrt{a^2+1} + \sqrt{b^2+1} + \sqrt{c^2+1} + \sqrt{d^2+1} \leq \sqrt{2}(a+b+c+d)$$

である．これは，
$$\frac{1}{\cos s} + \frac{1}{\cos t} + \frac{1}{\cos u} + \frac{1}{\cos v} \leq \sqrt{2}\left(\frac{\sin s}{\cos s} + \frac{\sin t}{\cos t} + \frac{\sin u}{\cos u} + \frac{\sin v}{\cos v}\right)$$

と同値であり，問題の不等式が示された．

46. [USAMO 1995] ある電卓は壊れていて，$\sin, \cos, \tan, \sin^{-1}, \cos^{-1}, \tan^{-1}$ のボタンしかうまく動作しない．液晶画面に実数 x が表示されている状態で

sin のボタンを押すと画面に表示されている数は $\sin x$ に変化する．他のボタンについても同様である．任意の有理数 q が与えられている．液晶画面に 0 が表示されている状態から，これら 6 つのボタンを有限回押すことで画面の表示を q にできることを証明せよ．ただし，この電卓は実数の計算を誤差なく行うことができるものとする．また，角度の単位はラジアンで計算するものとする．

解答． $0 < \theta < \dfrac{\pi}{2}$ なる θ に対して，$\cos^{-1} \sin \theta = \dfrac{\pi}{2} - \theta$, $\tan\left(\dfrac{\pi}{2} - \theta\right) = \dfrac{1}{\tan \theta}$ であるから，任意の $x > 0$ に対して，

$$\tan \cos^{-1} \sin \tan^{-1} x = \tan\left(\dfrac{\pi}{2} - \tan^{-1} x\right) = \dfrac{1}{x} \tag{$*$}$$

が成立する．また，$x \geqq 0$ に対して，

$$\cos \tan^{-1} \sqrt{x} = \dfrac{1}{\sqrt{x+1}}$$

であるから，$(*)$ から

$$\tan \cos^{-1} \sin \tan^{-1} \cos \tan^{-1} \sqrt{x} = \sqrt{x+1} \tag{$**$}$$

が成り立つ．以上で

$$\sqrt{x} \mapsto \sqrt{x+1} \ (x \geqq 0), \quad x \mapsto \dfrac{1}{x} \ (x > 0)$$

の変換が可能になった．これらを用いて，任意の 0 以上の有理数 r について，

$$\sqrt{r} \text{ を表示させることが可能である} \tag{$\heartsuit$}$$

ことを r の分母に関する帰納法で示す．

分母が 1 のとき，$0 = \sqrt{0}$ から $\sqrt{x} \mapsto \sqrt{x+1}$ を繰り返し用いることで，$\sqrt{0}, \sqrt{1}, \sqrt{2}, \ldots$ が表示できるので成立する．

分母が n 以下の任意の 0 以上の有理数 r について，$\sqrt{r}$ が表示できると仮定しよう．このとき，

$$\sqrt{\dfrac{n+1}{1}}, \sqrt{\dfrac{n+1}{2}}, \ldots, \sqrt{\dfrac{n+1}{n}}$$

を表示させることができるので，$x \mapsto \dfrac{1}{x}$ を用いることで，

$$\sqrt{\dfrac{1}{n+1}}, \sqrt{\dfrac{2}{n+1}}, \ldots, \sqrt{\dfrac{n}{n+1}}$$

も表示させることができる．ここから，$\sqrt{x} \mapsto \sqrt{x+1}$ を繰り返し用いることで，分母が $n+1$ の任意の 0 以上の有理数 r について $\sqrt{r}$ が表示できることがわかる．よって，帰納法により ($\heartsuit$) が示された．

$r = q^2$ とすれば，($\heartsuit$) より $\sqrt{r} = \sqrt{q^2} = q$ を表示させることができる．

47. [China 2003, Yumin Huang] 正の整数 n を任意にとり固定する．λ は正の定数とする．区間 $\left(0, \dfrac{\pi}{2}\right)$ に属する実数 $\theta_1, \theta_2, \ldots, \theta_n$ であって，

$$\tan\theta_1 \tan\theta_2 \cdots \tan\theta_n = 2^{n/2}$$

をみたすようなものが任意に与えられたとき，常に，

$$\cos\theta_1 + \cos\theta_2 + \cdots + \cos\theta_n \leq \lambda$$

が成立するという．λ の値として考えられる最小値を求めよ．

解答． 答は

$$\lambda = \begin{cases} \dfrac{\sqrt{3}}{3} & (n = 1) \\ \dfrac{2\sqrt{3}}{3} & (n = 2) \\ n - 1 & (n \geq 3) \end{cases}$$

である．$n = 1$ の場合は明らかである．$n = 2$ のとき，

$$\cos\theta_1 + \cos\theta_2 \leq \dfrac{2\sqrt{3}}{3}$$

が成立し，等号は $\theta_1 = \theta_2 = \tan^{-1}\sqrt{2}$ の場合に限り成立することを示そう．以下を示せば十分である．

$$\cos^2\theta_1 + \cos^2\theta_2 + 2\cos\theta_1\cos\theta_2 \leq \dfrac{4}{3}$$

また，これは，

$$\dfrac{1}{1 + \tan^2\theta_1} + \dfrac{1}{1 + \tan^2\theta_2} + 2\sqrt{\dfrac{1}{(1 + \tan^2\theta_1)(1 + \tan^2\theta_2)}} \leq \dfrac{4}{3}$$

と同値である．$\tan\theta_1 \tan\theta_2 = 2$ より，

$$\left(1 + \tan^2\theta_1\right)\left(1 + \tan^2\theta_2\right) = 5 + \tan^2\theta_1 + \tan^2\theta_2$$

が成立する．$x = \tan^2\theta_1 + \tan^2\theta_2$ とおくと，示すべき不等式は，

$$\frac{2+x}{5+x} + 2\sqrt{\frac{1}{5+x}} \leq \frac{4}{3}$$

すなわち，

$$2\sqrt{\frac{1}{5+x}} \leq \frac{14+x}{3(5+x)}$$

となる．両辺を 2 乗して，分母を払うと，$36(5+x) \leq 196 + 28x + x^2$，つまり，$0 \leq x^2 - 8x + 16 = (x-4)^2$ となるから成立する．

以降 $n \geqq 3$ の場合を考えよう．λ の最小値は $n-1$ であることを示そう．$\theta_1 \to \frac{\pi}{2}, \theta_2 = \theta_3 = \cdots = \theta_n$ として $\theta \to 0$ とすると，示すべき式の左辺は $n-1$ に限りなく近づくので，$\lambda \geqq n-1$ である．(訳注：この部分の議論がちょっと曖昧である．極限の議論を用いている．)

あとは，

$$\cos\theta_1 + \cos\theta_2 + \cdots + \cos\theta_n \leq n-1$$

を示せばよい．一般性を失うことなく，$\theta_1 \geqq \theta_2 \geqq \cdots \geqq \theta_n$ と仮定してよい．このとき，

$$\tan\theta_1 \tan\theta_2 \tan\theta_3 \geqq 2\sqrt{2}$$

であって，

$$\cos\theta_1 + \cos\theta_2 + \cos\theta_3 < 2 \qquad (*)$$

を示せば十分である ($4 \leqq i \leqq n$ で $\cos\theta_i \leq 1$ が成り立つから)．ここで，$\sqrt{1-x^2} \leq 1 - \frac{1}{2}x^2$ より，$\cos\theta_i = \sqrt{1-\sin^2\theta_i} < 1 - \frac{1}{2}\sin^2\theta_i$ である．すると，相加相乗平均の不等式により，

$$\cos\theta_2 + \cos\theta_3 < 2 - \frac{1}{2}\left(\sin^2\theta_2 + \sin^2\theta_3\right) \leqq 2 - \sin\theta_2 \sin\theta_3$$

である．また，

$$\tan^2\theta_1 \geqq \frac{8}{\tan^2\theta_2 \tan^2\theta_3}$$

より，

$$\sec^2\theta_1 \geqq \frac{8 + \tan^2\theta_2 \tan^2\theta_3}{\tan^2\theta_2 \tan^2\theta_3}$$

となるから，

$$\cos\theta_1 \leq \frac{\tan\theta_2 \tan\theta_3}{\sqrt{8 + \tan^2\theta_2 \tan^2\theta_3}} = \frac{\sin\theta_2 \sin\theta_3}{\sqrt{8\cos^2\theta_2 \cos^2\theta_3 + \sin^2\theta_2 \sin^2\theta_3}}$$

である. よって,

$$\cos\theta_1 + \cos\theta_2 + \cos\theta_3$$
$$< 2 - \sin\theta_2 \sin\theta_3 \left(1 - \frac{1}{8\cos^2\theta_2 \cos^2\theta_3 + \sin^2\theta_2 \sin^2\theta_3}\right)$$

であるから,

$$8\cos^2\theta_2 \cos^2\theta_3 + \sin^2\theta_2 \sin^2\theta_3 \geq 1 \qquad (**)$$

を示せば十分である. $(**)$ は

$$8 + \tan^2\theta_2 \tan^2\theta_3 \geq (1 + \tan^2\theta_2)(1 + \tan^2\theta_3)$$

と同値であり, さらにこれは,

$$7 \geq \tan^2\theta_2 + \tan^2\theta_3$$

と同値である. よって, $\tan^2\theta_2 + \tan^2\theta_3 \leq 7$ が成り立っていれば $(*)$ が示される.

$\tan^2\theta_2 + \tan^2\theta_3 > 7$ の場合を考えよう. このとき, $\tan^2\theta_1 \geq \tan^2\theta_2 \geq \dfrac{7}{2}$ であるから,

$$\cos\theta_1 \leq \cos\theta_2 = \frac{1}{\sqrt{1 + \tan^2\theta_2}} \leq \frac{\sqrt{2}}{3}$$

となる. すると,

$$\cos\theta_1 + \cos\theta_2 + \cos\theta_3 \leq \frac{2\sqrt{2}}{3} + 1 < 2$$

であるから, $(*)$ が示される. 以上で $(*)$ はすべての場合で成立することが示された.

48. 任意の鋭角三角形 ABC について, 以下が成り立つことを示せ.

$$(\sin 2B + \sin 2C)^2 \sin A + (\sin 2C + \sin 2A)^2 \sin B$$
$$+ (\sin 2A + \sin 2B)^2 \sin C \leq 12 \sin A \sin B \sin C$$

解答 1. $A + B + C = 180°$ であるから, 和積公式により,

$$(\sin 2B + \sin 2C)^2 \sin A = 4\sin^2(B+C)\cos^2(B-C)\sin A$$

$$= 4\sin^3 A \cos^2(B-C)$$

となる．よって，巡回的な和

$$\sum_{\text{cyc}} \sin^3 A \cos^2(B-C)$$

が $3\sin A \sin B \sin C$ 以下であることを示せばよい．これは，等式

$$\sum_{\text{cyc}} 4\sin^3 A \cos(B-C) = 12 \sin A \sin B \sin C$$

から示される．あとは，この等式を示せば十分である．まず，

$$4\sin^3 A \cos(B-C)$$
$$= 4\sin^2 A \sin(B+C)\cos(B-C)$$
$$= 2\sin^2 A(\sin 2B + \sin 2C)$$
$$= (1-\cos 2A)(\sin 2B + \sin 2C)$$
$$= (\sin 2B + \sin 2C) - \sin 2B \cos 2A - \sin 2C \cos 2A$$

より，

$$\sum_{\text{cyc}} 4\sin^3 A \cos(B-C)$$
$$= \sum_{\text{cyc}}(\sin 2B + \sin 2C) - \sum_{\text{cyc}} \sin 2B \cos 2A - \sum_{\text{cyc}} \sin 2C \cos 2A$$
$$= 2\sum_{\text{cyc}} \sin 2A - \sum_{\text{cyc}} \sin 2B \cos 2A - \sum_{\text{cyc}} \sin 2A \cos 2B$$
$$= 2\sum_{\text{cyc}} \sin 2A - \sum_{\text{cyc}}(\sin 2B \cos 2A + \sin 2A \cos 2B)$$
$$= 2\sum_{\text{cyc}} \sin 2A - \sum_{\text{cyc}} \sin(2B+2A)$$
$$= 2\sum_{\text{cyc}} \sin 2A + \sum_{\text{cyc}} \sin 2C$$
$$= 3(\sin 2A + \sin 2B + \sin 2C)$$
$$= 12 \sin A \sin B \sin C$$

最後の等式は基本問題 24(a) を用いた．等号は $\cos(A-B) = \cos(B-C) =$

$\cos(C-A)=1$，つまり，三角形 ABC が正三角形のときに限り成立する．

注． $\sin^3 A\cos^2(B-C)$ の値を $\sin^3 A\cos(B-C)$ で押さえる部分は非常に巧妙な発想である．次の幾何学的手法による解法はこの問題の背景をさらに明らかにする．補題の証明の最後の部分に注意して読んでいただきたい．

解答 2． 示すべき式は以下のように書き換えられる．
$$\sum_{\text{cyc}}(\sin 2B + \sin 2C)^2 \sin A \leq 12 \sin A \sin B \sin C$$

正弦法則により，$c = 2R\sin C, a = 2R\sin A, b = 2R\sin B$ であるから，
$$12R^2 \sin A \sin B \sin C = 3ab\sin C = 6[ABC]$$

となる．よって，以下を示せば十分である．
$$R^2 \sum_{\text{cyc}}(\sin 2B + \sin 2C)^2 \sin A \leq 6[ABC] \qquad (*)$$

ここで以下の補題を考える．

補題． 鋭角三角形 ABC の頂点 A, B, C から，対辺へ下ろした垂線の足をそれぞれ D, E, F とする．このとき，
$$|DE| + |DF| \leq |BC|$$
が成立し，等号は $|AB| = |AC|$ のときに限り成立する．

補題の証明． 図 5.13 を考える．$\angle CFA = \angle CDA = 90°$ であるから，四角形 $AFDC$ は円に内接する．よって，$\angle FDB = \angle BAC = \angle CAB$ と $\angle BFD = \angle BCA$ となるから，三角形 BDF, BAC は相似である．すると，
$$\frac{|DF|}{|AC|} = \frac{|BF|}{|BC|} = \cos B$$

であり，2倍角の公式により，
$$|DF| = b\cos B = 2R\sin B\cos B = R\sin 2B$$

となる．同様にして，$|DE| = c\cos C = R\sin 2C$ が成り立つ．よって，
$$|DE| + |DF| = R(\sin 2B + \sin 2C) \qquad (\dagger)$$

が成立する．$0° < A, B, C < 90°$ より，和積公式を用いると，
$$|BC| - (|DE| + |DF|) = R\Big(2\sin A - (\sin 2B + \sin 2C)\Big)$$

$$= R\Big(2\sin A - 2\sin(B+C)\cos(B-C)\Big)$$
$$= 2R\sin A\Big(1 - \cos(B-C)\Big) \geqq 0$$

より，補題は示された (余弦法則によっても証明できる). ∎

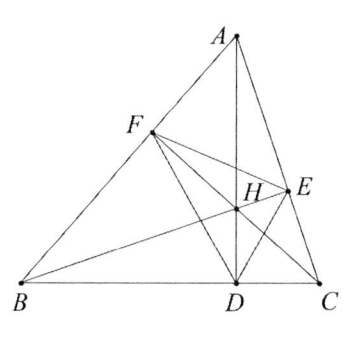

図 5.13

四角形 $ABDE, ACDF$ はいずれも円に内接するので，$\angle BDF = \angle CDE = \angle CAB$ が成立する．補題より

$$2([BFC] + [BEC])$$
$$= |DF| \cdot |BC| \cdot \sin\angle BDF + |DE| \cdot |BC| \cdot \sin\angle EDC$$
$$= |BC|(|DE| + |DF|)\sin A \geqq (|DE| + |DF|)^2 \sin A$$

である．これは，等式 (†) より，

$$R^2(\sin 2B + \sin 2C)^2 \sin A \leqq 2[BFC] + 2[BEC]$$

と同値である．同様に，

$$R^2(\sin 2C + \sin 2A)^2 \sin B \leqq 2[CDA] + 2[CFA]$$
$$R^2(\sin 2A + \sin 2B)^2 \sin C \leqq 2[AEB] + 2[ADB]$$

が成立する．これら3つを辺々足すと問題の式を得る．補題より等号成立は三角形 ABC が正三角形である場合に限られる．

49. [Bulgaria 1998] 6以上の整数 m, n，および鈍角をもたない三角形 ABC が

与えられている．この三角形の各辺に正方形 P_4, 正 m 角形 P_m, 正 n 角形 P_n をそれぞれ三角形と辺を共有し，三角形の外部にくるように作図する．これら3つの正多角形の中心を結んだところ，正三角形が得られた．このとき，$m = n = 6$ であることを示し，三角形 ABC の3つの角の大きさを求めよ．

解答． 3つの角は $90°, 45°, 45°$ である．以下の補題を考える．

補題． 正三角形 XYZ の内部に点 O をとる．
$$x = \angle YOZ, \quad y = \angle ZOX, \quad z = \angle XOY$$
とおく．このとき，
$$\frac{|OX|}{\sin(x - 60°)} = \frac{|OY|}{\sin(y - 60°)} = \frac{|OZ|}{\sin(z - 60°)}$$
が成立する．

補題の証明． 図 5.14 を参照しよう．$\mathbf{R}$ を点 Z に関する $60°$ 時計回りに回転させる操作とする．$\mathbf{R}(X) = X_1, \mathbf{R}(O) = O_1$ とおく．このとき，$\mathbf{R}(Y) = X$

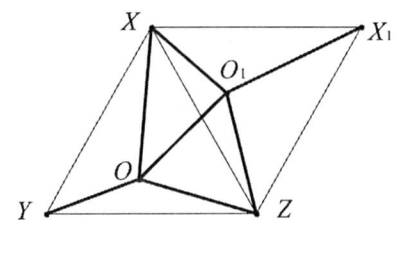

図 5.14

であり，三角形 ZO_1O は正三角形である．すると，三角形 ZO_1X, ZOY は合同であるから，$|O_1X| = |OY|$ である．$x + y + z = 360°$ であるから，
$$\angle O_1OX = \angle ZOX - \angle ZOO_1 = \angle ZOX - 60° = y - 60°$$
$$\angle XO_1O = \angle XO_1Z - \angle OO_1Z = \angle YOZ - 60° = x - 60°$$
$$\angle OXO_1 = 180° - \angle O_1OX - \angle XO_1O = z - 60°$$
となる．正弦法則を三角形 XOO_1 に適用すると，補題の結果を得る．∎

本問の証明に移ろう．一般性を失うことなく，P_4, P_m, P_n はそれぞれ，辺 AB, BC, CA と辺を共有するとしてよい（図 5.15 参照）．三角形 ABC の外

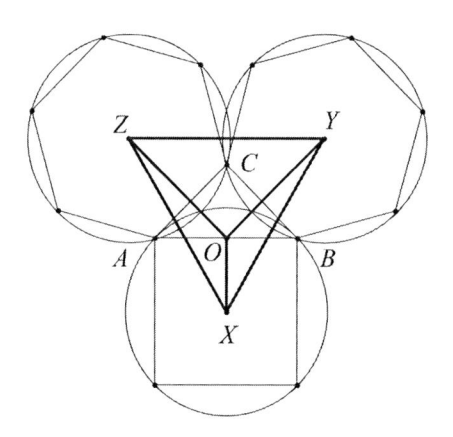

図 5.15

心を O とする．一般性を失うことなく，この外接円の半径を 1 としてよい．すると，$|OA| = |OB| = |OC| = 1$ である．P_4, P_m, P_n の中心をそれぞれ X, Y, Z としよう．$|OB| = |OC|$ と $|YB| = |YC|$ より，四角形 $BOCY$ はカイトであり，OY が対称軸である．すると，$\angle BOY = \dfrac{\angle BOC}{2} = \angle A$ および，$\angle OYB = \dfrac{180°}{m}$ が成り立つ．$\alpha = \dfrac{180°}{m}$ とおこう．三角形 OBY に正弦法則を用いると，

$$|OY| = \frac{\sin(A + \alpha)}{\sin \alpha}$$

であり，同様に，$\angle ZOC = \dfrac{180°}{n} = \beta$ とおくと，

$$|OX| = \frac{\sin(C + 45°)}{\sin 45°} = \sqrt{2}\sin(C + 45°) \text{ および }, |OZ| = \frac{\sin(B + \beta)}{\sin \beta}$$

が成立する．X, Y, Z からそれぞれ AB, BC, CA に下ろした垂線はすべて O を通るので，O は三角形 XYZ の内部にある．$\angle BOY = \angle A, \angle BOX = \angle C$ より，$\angle XOY = \angle C + \angle A$ である．同様にして，$\angle YOZ = \angle A + \angle B$, $\angle ZOX = \angle B + \angle C$ が成立する．補題を適用すると，

$$\frac{|OY|}{\sin(B + C - 60°)} = \frac{|OZ|}{\sin(C + A - 60°)} = \frac{|OX|}{\sin(A + B - 60°)}$$

すなわち，

$$\frac{|OY|}{\sin(A+60°)} = \frac{|OZ|}{\sin(B+60°)} = \frac{|OX|}{\sin(C+60°)}$$

を得る．よって，

$$\frac{\sin(A+\alpha)\csc\alpha}{\sin(A+60°)} = \frac{\sin(B+\beta)\csc\beta}{\sin(B+60°)} = \frac{\sqrt{2}\sin(C+45°)}{\sin(C+60°)}$$

となる．関数 $y = \cot x$ は $0° \leqq x \leqq 180°$ において単調減少であることと，加法定理より，

$$f(x) = \frac{\sin(x-15°)}{\sin x} = \cos 15° - \cot x \sin 15°$$

は $0° \leqq x \leqq 90°$ において単調増加である．すると，$0° \leqq C+60° \leqq 150° (\angle C \leqq 90°)$ より，

$$\frac{\sqrt{2}\sin(C+45°)}{\sin(C+60°)} \leqq \frac{\sqrt{2}\sin(90°+45°)}{\sin(90°+60°)} = 2$$

が成り立つ．等号は $C = 90°$ のときに限り成立する．よって，

$$\frac{\sin(A+\alpha)\csc\alpha}{\sin(A+60°)} = \frac{\sin(B+\beta)\csc\beta}{\sin(B+60°)} \leqq 2 \qquad (*)$$

である．三角形 ABC が鈍角をもたないことから，少なくとも2つの角は $45°$ 以上 $90°$ 以下である．よって，A, B のいずれかはこの2つの角に含まれる．$45° \leqq B (\leqq 90°)$ の場合を考えよう (A の場合も同様)．$\sin(B+60°) > 0$ および $\cot B \leqq 1$ であるから，関係式 $(*)$ における2番目の不等式より，

$$\sin(B+\beta)\csc\beta \leqq 2\sin(B+60°)$$

すなわち，加法定理により，

$$\sin B \cot\beta + \cos B \leqq \sin B + \sqrt{3}\cos B$$

が成立する．両辺を $\sin B$ で割って，

$$\cot\beta \leqq 1 + (\sqrt{3}-1)\cot B \leqq 1 + \sqrt{3} - 1 = \sqrt{3}$$

を得る．よって，$\beta \geqq 30°$ である．しかし，$n \geqq 6, \beta = 180°/n \leqq 30°$ なので，すべての等号が成立する．よって，$\angle C = 90°, \angle A = \angle B = 45°$ となり題意は示された．

50. [MOSP 2000] 鋭角三角形 ABC が与えられている．次を示せ．

$$\left(\frac{\cos A}{\cos B}\right)^2 + \left(\frac{\cos B}{\cos C}\right)^2 + \left(\frac{\cos C}{\cos A}\right)^2 + 8\cos A \cos B \cos C \geqq 4$$

注． 基本問題 24(d) により

$$4 - 8\cos A \cos B \cos C = 4\left(\cos^2 A + \cos^2 B + \cos^2 C\right)$$

であるから，示すべき式は

$$\left(\frac{\cos A}{\cos B}\right)^2 + \left(\frac{\cos B}{\cos C}\right)^2 + \left(\frac{\cos C}{\cos A}\right)^2 \geqq 4\left(\cos^2 A + \cos^2 B + \cos^2 C\right) \quad (\dagger)$$

と書き換えられる．3 種類の解答を与えよう．

解答 1. 重みつき相加相乗平均の不等式と基本問題 28(a) により，

$$2\left(\frac{\cos A}{\cos B}\right)^2 + \left(\frac{\cos B}{\cos C}\right)^2 \geqq 3\sqrt[3]{\frac{\cos^4 A}{\cos^2 B \cos^2 C}}$$

$$= \frac{3\cos^2 A}{\sqrt[3]{\cos^2 A \cos^2 B \cos^2 C}}$$

$$\geqq 12\cos^2 A$$

である．これと，A, B, C を巡回的に入れ替えた式 (3 つ) を辺々足し，両辺を 3 で割れば，($\dagger$) を得る．

解答 2. 上級問題 42(a) において，$x = \dfrac{\cos B}{\cos C}, y = \dfrac{\cos C}{\cos A}, z = \dfrac{\cos A}{\cos B}$ とすると，

$$\left(\frac{\cos A}{\cos B}\right)^2 + \left(\frac{\cos B}{\cos C}\right)^2 + \left(\frac{\cos C}{\cos A}\right)^2$$

$$= x^2 + y^2 + z^2$$

$$\geqq 2(yz\cos A + zx\cos B + xy\cos C)$$

$$= 2\left(\frac{\cos C \cos A}{\cos B} + \frac{\cos A \cos B}{\cos C} + \frac{\cos B \cos C}{\cos A}\right)$$

が成立する．また，上級問題 42(a) において，

$$x = \sqrt{\frac{\cos B \cos C}{\cos A}}, \quad y = \sqrt{\frac{\cos A \cos B}{\cos C}}, \quad z = \sqrt{\frac{\cos C \cos A}{\cos B}}$$

とすると，

$$2\left(\frac{\cos C \cos A}{\cos B} + \frac{\cos A \cos B}{\cos C} + \frac{\cos B \cos C}{\cos A}\right)$$

$$= 2(x^2 + y^2 + z^2)$$

$$\geqq 4(yz\cos A + zx\cos B + xy\cos C)$$

$$= 4\Big(\cos^2 A + \cos^2 B + \cos^2 C\Big)$$

が成立する．ただし，

$$yz\cos A = \cos A\sqrt{\frac{\cos A\cos B}{\cos C}\cdot\frac{\cos C\cos A}{\cos B}} = \cos^2 A$$

を用いた ($zx\cos B, xy\cos C$ に対しても同様)．

解答 3. 以下の補題を考える．

補題． a,b,c は実数で $abc \leq 1$ をみたす．このとき，以下が成立する．

$$\frac{a}{b}+\frac{b}{c}+\frac{c}{a} \geq a+b+c$$

補題の証明． $t = 1/\sqrt[3]{abc}$ として，a,b,c をそれぞれ ta, tb, tc に置き換える．すると，左辺はそのままで，右辺は増加する ($t(>1)$ 倍になる)．このとき，abc の値は $atbtct = abct^3 = 1$ になるから，$abc = 1$ の場合を示せば十分である．$abc = 1$ のとき，$a = x/y, b = z/x, c = y/z$ となるような正の実数 x,y,z が存在する．並べ替えの不等式により

$$x^3+y^3+z^3 \geq x^2z+y^2x+z^2y$$

なので，

$$\frac{a}{b}+\frac{b}{c}+\frac{c}{a} = \frac{x^2}{yz}+\frac{y^2}{zx}+\frac{z^2}{xy} = \frac{x^3+y^3+z^3}{xyz}$$

$$\geq \frac{x^2z+y^2x+z^2y}{xyz} = \frac{x}{y}+\frac{y}{z}+\frac{z}{x}$$

$$= a+b+c$$

となる．よって，補題は示された． ∎

本問の証明に戻ろう．まず，基本問題 28(a) より

$$\Big(4\cos^2 A\Big)\Big(4\cos^2 B\Big)\Big(4\cos^2 C\Big) = (8\cos A\cos B\cos C)^2 \leq 1$$

であるから，補題において $a = 4\cos^2 A, b = 4\cos^2 B, c = 4\cos^2 C$ とすると，

$$\Big(\frac{\cos A}{\cos B}\Big)^2 + \Big(\frac{\cos B}{\cos C}\Big)^2 + \Big(\frac{\cos C}{\cos A}\Big)^2 = \frac{a}{b}+\frac{b}{c}+\frac{c}{a} \geq a+b+c$$

$$= 4\Big(\cos^2 A + \cos^2 B + \cos^2 C\Big)$$

となる．よって，(†) は示された．

51. 任意の実数 x と任意の正の整数 n に対して,
$$\left|\sum_{k=1}^{n} \frac{\sin kx}{k}\right| \leq 2\sqrt{\pi}$$
が成立することを示せ.

解答. この解答では以下の 3 つの補題を用いる.

補題 1. n を正の整数, $a_1, a_2, \ldots, a_n, b_1, b_2, \ldots, b_n$ を実数, $k = 1, 2, \ldots, n$ に対して $S_k = a_1 + a_2 + \cdots + a_k$ とするとき,
$$\sum_{k=1}^{n} a_k b_k = S_n b_n + \sum_{k=1}^{n-1} S_k (b_k - b_{k+1})$$
が成立する.

補題 1 の証明. $S_0 = 0$ とおく. すると, $k = 1, 2, \ldots, n$ に対して $a_k = S_k - S_{k-1}$ が成立する. よって,
$$\sum_{k=1}^{n} a_k b_k = \sum_{k=1}^{n} (S_k - S_{k-1}) b_k = \sum_{k=1}^{n} S_k b_k - \sum_{k=1}^{n} S_{k-1} b_k$$
$$= S_n b_n + \sum_{k=1}^{n-1} S_k b_k - \sum_{k=2}^{n} S_{k-1} b_k - S_0 b_1$$
$$= S_n b_n + \sum_{k=1}^{n-1} S_k b_k - \sum_{k=1}^{n-1} S_k b_{k+1}$$
$$= S_n b_n + \sum_{k=1}^{n-1} S_k (b_k - b_{k+1})$$
となる. ∎

補題 2. [アーベルの不等式] n を正の整数, $a_1, a_2, \ldots, a_n, b_1, b_2, \ldots, b_n$ は実数で, $b_1 \geq b_2 \geq \cdots \geq b_n \geq 0$ をみたす. $k = 1, 2, \ldots, n$ に対して, $S_k = a_1 + a_2 + \cdots + a_k$ とおき, $\{S_1, S_2, \ldots, S_n\}$ の最大値, 最小値をそれぞれ M, m としたとき,
$$m b_1 \leq \sum_{k=1}^{n} a_k b_k \leq M b_1$$
が成立する.

補題 2 の証明. $b_n \geq 0$ および $k = 1, 2, \ldots, n-1$ に対して $b_k - b_{k+1} \geq 0$

であることと,補題 1 より
$$\sum_{k=1}^{n} a_k b_k = S_n b_n + \sum_{k=1}^{n-1} S_k(b_k - b_{k+1})$$
$$\leqq M b_n + M \sum_{k=1}^{n-1} (b_k - b_{k+1}) = M b_1$$

であるから,右側の不等号が示された.まったく同様に左側の不等号も示される.

補題 3. m, n を $m < n$ なる実数,x を π の偶数倍でない実数とするとき,
$$\left| \sum_{k=m+1}^{n} \frac{\sin kx}{k} \right| \leqq \frac{1}{(m+1)\left|\sin \frac{x}{2}\right|}$$
が成立する.

補題 3 の証明. $k = 1, 2, \ldots, n-m$ に対して,$a_k = \sin\big((k+m)x\big) \sin \frac{x}{2}$,$b_k = \dfrac{1}{k+m}$ とおく.$S_k = a_1 + a_2 + \cdots + a_k$ として,$\{S_1, S_2, \ldots, S_n\}$ の最大値,最小値をそれぞれ S, s とする.補題 2 により,
$$\frac{s}{m+1} = sb_1 \leqq \sum_{k=m+1}^{n} \frac{\sin kx \sin \frac{x}{2}}{k} = \sum_{k=1}^{n-m} a_k b_k \leqq Sb_1 = \frac{S}{m+1}$$
である.積和公式により,
$$2a_i = 2\sin\big((i+m)x\big) \sin \frac{x}{2}$$
$$= \cos\left(i + m - \frac{1}{2}\right)x - \cos\left(i + m + \frac{1}{2}\right)x$$
であるから,
$$2S_k = 2a_1 + 2a_2 + \cdots + 2a_k = \cos\left(m + \frac{1}{2}\right)x - \cos\left(k + m + \frac{1}{2}\right)x$$
である.よって,$k = 1, 2, \ldots, n$ に対して $-2 \leqq 2S_k \leqq 2$ であるから,$-1 \leqq s \leqq S \leqq 1$ が成立する.すると,
$$-\frac{1}{m+1} = -b_1 \leqq sb_1 \leqq \sum_{k=m+1}^{n} \frac{\sin kx \sin \frac{x}{2}}{k} \leqq Sb_1 \leqq b_1 = \frac{1}{m+1}$$
より,

$$\left|\sum_{k=m+1}^{n}\frac{\sin kx \sin\frac{x}{2}}{k}\right| \leqq \frac{1}{m+1}$$

である．両辺を $\left|\sin\dfrac{x}{2}\right|(\neq 0)$ で割ると，補題 3 の式を得る．

以上で，本問を証明する準備ができた．$y=|\sin x|$ は周期 π の周期関数であるから，x は区間 $(0,\pi)$ に属すると仮定してよい ($x=0$ の場合，結果は明らかに成立するので除外してよい)．非負整数 m を

$$m \leqq \frac{\sqrt{\pi}}{x} < m+1$$

となるようにとる．すると，

$$\left|\sum_{k=1}^{n}\frac{\sin kx}{k}\right| \leqq \left|\sum_{k=1}^{m}\frac{\sin kx}{k}\right| + \left|\sum_{k=m+1}^{n}\frac{\sin kx}{k}\right|$$

が成立する．ただし，$m=0$ の場合は第 1 項を 0 と定義し，$m\geqq n$ の場合は第 1 項は $k=1,2,\ldots,n$ の和，第 2 項は 0 と定義する．このとき，

$$\left|\sum_{k=1}^{m}\frac{\sin kx}{k}\right| \leqq \sqrt{\pi} \qquad (*)$$

$$\left|\sum_{k=m+1}^{n}\frac{\sin kx}{k}\right| \leqq \sqrt{\pi} \qquad (**)$$

を示せば十分である．$|\sin x|<x$ と m の定め方より，

$$\left|\sum_{k=1}^{m}\frac{\sin kx}{k}\right| \leqq \sum_{k=1}^{m}\frac{kx}{k} = \sum_{k=1}^{m}x = mx \leqq \sqrt{\pi}$$

であるから，$(*)$ が示された．一方，補題 3 より

$$\left|\sum_{k=m+1}^{n}\frac{\sin kx}{k}\right| \leqq \frac{1}{(m+1)\left|\sin\frac{x}{2}\right|}$$

である．また，関数 $y=\sin x$ は $0<x<\dfrac{\pi}{2}$ で上に凸であるから，$y=\sin x$ のグラフ上の点 $(0,0),\left(\dfrac{\pi}{2},1\right)$ を結ぶ線分はグラフよりも下を通る．よって，$\sin x > \dfrac{2x}{\pi}$ である．よって，$0<x<\pi$ で，

$$\sin\frac{x}{2} < \frac{2\cdot\frac{x}{2}}{\pi} = \frac{x}{\pi}$$

である．ゆえに，
$$\left|\sum_{k=m+1}^{n} \frac{\sin kx}{k}\right| \leqq \frac{1}{(m+1)\left|\sin \frac{x}{2}\right|} \leqq \frac{1}{m+1}\cdot\frac{x}{\pi} \leqq \frac{\sqrt{\pi}}{x}\cdot\frac{x}{\pi} = \sqrt{\pi}$$
であるから，$(**)$ が示された．以上により，問題の不等式は示された.

第6章

用　語　集

◆ イェンセンの不等式

凸性の項目を参照せよ．

◆ オイラーの公式 (平面幾何)

三角形の外心，内心をそれぞれ O, I とし，その三角形の外接円，内接円の半径をそれぞれ R, r としたとき，

$$|OI|^2 = R^2 - 2rR$$

が成立する．

◆ 扇形

ある円盤を，中心と円周上の点を結ぶ 2 本の線分によって切り取った図形．

◆ 外心

外接円の中心．

◆ 外接円

多角形のすべての頂点を通る円．

◆ カイト

4 辺を長さの等しい連続する 2 つの辺の組に分けられる四角形のことをカイトという．カイトはある 1 本の対角線を軸として線対称である (もし，2 本の対角線

について線対称であれば菱形になる). カイトの2本の対角線は互いに直交する. 例えば, 四角形 $ABCD$ が $|AB| = |AD|$, $|CB| = |CD|$ をみたすならば, カイトであり, 対角線 AC を軸として線対称である.

◆ 解と係数の関係 (Viète's theorem)
多項式
$$P(x) = a_n x^n + a_{n-1} x^{n-1} + \cdots + a_1 x + a_0$$
(ただし $a_0, a_1, \ldots, a_n \in \mathbb{C}$ で $a_n \neq 0$ とする) について, 方程式 $P(x) = 0$ の解を $x_1, x_2, \ldots, x_n$ とする. $x_1, x_2, \ldots, x_n$ の中から異なる k 個を取り出してできる積の総和を s_k とする. このとき,
$$s_k = (-1)^k \frac{a_{n-k}}{a_n}$$
である. すなわち,
$$x_1 + x_2 + \cdots + x_n = -\frac{a_{n-1}}{a_n}$$
$$x_1 x_2 + \cdots + x_i x_j + x_{n-1} x_n = \frac{a_{n-2}}{a_n}$$
$$\vdots$$
$$x_1 x_2 \cdots x_n = (-1)^n \frac{a_0}{a_n}$$
が成立する.

◆ ガウスの補題
整数係数多項式
$$p(x) = a_n x^n + a_{n-1} x^{n-1} + \cdots + a_1 x + a_0$$
において, その任意の有理数解は (存在すれば) a_0 の約数 m と a_n の約数 k を用いて $\frac{m}{k}$ と表される.

◆ 加法定理
$$\sin(a \pm b) = \sin a \cos b \pm \cos a \sin b$$
$$\cos(a \pm b) = \cos a \cos b \mp \sin a \sin b$$

$$\tan(a \pm b) = \frac{\tan a \pm \tan b}{1 \mp \tan a \tan b}$$
$$\cot(a \pm b) = \frac{\cot a \cot b \mp 1}{\cot a \pm \cot b}$$

◆ コーシー・シュワルツの不等式

任意の実数 $a_1, a_2, \ldots, a_n, b_1, b_2, \ldots, b_n$ に対して,
$$(a_1^2 + a_2^2 + \cdots + a_n^2)(b_1^2 + b_2^2 + \cdots + b_n^2) \geqq (a_1 b_1 + a_2 b_2 + \cdots + a_n b_n)^2$$
が成立する．等号成立条件は a_i と b_i が比例関係にある，すなわち，$b_i \neq 0$ ならば，a_i/b_i の値が一定値である場合に限る．

◆ 最小多項式

整数係数多項式 $p(x)$ が既約であるとは，$p(x)$ が定数でない 2 つの整数係数多項式の積に分解できないことをいう．ある複素数 α が多項式 $q(x)$ の解であったとしよう．最高次係数が 1 の多項式であって α を解にもつようなもののなかには次数が最小であるものが存在する．この多項式を α の最小多項式という．$p(x)$ を α の最小多項式としよう．$q(\alpha) = 0$ となる任意の整数係数多項式 $q(x)$ について，$q(x)$ は $p(x)$ で割り切れる．すなわち，$q(x) = p(x)h(x)$ となる整数係数多項式 $h(x)$ が存在する．

◆ 三角形の垂心

三角形の各頂点から対辺へ下ろした垂線が交わる点．

◆ 三角比に関する恒等式
$$\sin^2 a + \cos^2 a = 1$$
$$1 + \cot^2 a = \csc^2 a$$
$$\tan^2 a + 1 = \sec^2 a$$

◆ 3 倍角の公式
$$\sin 3a = 3\sin a - 4\sin^3 a$$

$$\cos 3a = 4\cos^3 a - 3\cos a$$
$$\tan 3a = \frac{3\tan a - \tan^3 a}{1 - 3\tan^2 a}$$

◆ ジェルゴンヌ点

三角形 ABC の内接円と辺 BC, CA, AB との接点をそれぞれ D, E, F とすると, 直線 AD, BE, CF は一点で交わる. この点をジェルゴンヌ点という.

◆ シューアの不等式

x, y, z は非負実数とするとき, 任意の正の実数 r について,
$$x^r(x-y)(x-z) + y^r(y-z)(y-x) + z^r(z-x)(z-y) \geq 0$$
が成立する. 等号成立は $x = y = z$ もしくは x, y, z のうち2つが等しく残りが0の場合に限る.

この不等式の証明は, 単純である. x, y, z は対称なので, $x \geq y \geq z$ と仮定してよい. すると, 示すべき式は
$$(x-y)\Big(x^r(x-z) - y^r(y-z)\Big) + z^r(x-z)(y-z) \geq 0$$
となり, 左辺の各項が0以上になることは明らかである. 等号成立条件を考える. $x > y$ であると, 左辺第1項が正になってしまうので $x = y$ である. すると, $z^r(x-z)(y-z) = 0$ から, $x = y = z$ または $x = y, z = 0$ を得る.

◆ 周期関数

関数 $f(x)$ に対して, ある $T(>0)$ が存在して, 任意の x で
$$f(x+T) = f(x)$$
が成り立つとき, f を周期関数という. このような T のなかで最小のものを f の周期という.

◆ 巡回的な和

n を正の整数とする. n 変数関数 f が与えられている. 順列 $(x_1, x_2, \ldots, x_n)$ に対して, f による巡回的な和を

$$\sum_{\text{cyc}} f(x_1, x_2, \ldots, x_n) = f(x_1, x_2, \ldots, x_n) + f(x_2, x_3, \ldots, x_n, x_1)$$
$$+ \cdots + f(x_n, x_1, x_2, \ldots, x_{n-1})$$

で定義する.

◆ スチュワートの定理

三角形 ABC の辺 BC 上に点 D をとる. $a = |BC|$, $b = |CA|$, $c = |AB|$, $m = |BD|$, $n = |DC|$, $d = |AD|$ とおくと,

$$d^2 a + man = c^2 n + b^2 m$$

が成立する. この公式は三角形の垂線の長さや角の 2 等分線の長さを辺の長さで表したいときにも有用である.

◆ 正弦法則 (日本では, 正弦定理ということも多い)

三角形 ABC の外接円の半径を R としたとき,

$$\frac{|BC|}{\sin A} = \frac{|CA|}{\sin B} = \frac{|AB|}{\sin C} = 2R$$

が成立する.

◆ 積和公式

$$2 \sin a \cos b = \sin(a+b) + \sin(a-b)$$
$$2 \cos a \cos b = \cos(a+b) + \cos(a-b)$$
$$2 \sin a \sin b = -\cos(a+b) + \cos(a-b)$$

◆ 相加相乗平均の不等式

n 個の非負実数 $a_1, a_2, \ldots, a_n$ に対して,

$$\frac{1}{n} \sum_{i=1}^{n} a_i \geq (a_1 a_2 \cdots a_n)^{\frac{1}{n}}$$

が成立する. 等号成立条件は $a_1 = a_2 = \cdots = a_n$ の場合に限る. この不等式はべき平均不等式の特別な場合である.

◆ 相加調和平均の不等式

n 個の非負実数 $a_1, a_2, \ldots, a_n$ に対して,
$$\frac{1}{n}\sum_{i=1}^{n} a_i \geq \frac{1}{\frac{1}{n}\sum_{i=1}^{n}\frac{1}{a_i}}$$
が成立する．等号成立条件は $a_1 = a_2 = \cdots = a_n$ の場合に限る．この不等式はべき平均不等式の特別な場合である．

◆ 相似移動

ある 1 点 O を固定する．点 P を直線 OP 上の点 P' であって，$|OP| : |OP'| = k : 1$ なるようなものに移す写像のことを O を中心とする相似移動という (k は正にも負にもなりうる)．k を相似移動の相似比という．

◆ 相似移動可能な三角形

2 つの三角形 ABC, DEF が相似移動可能であるとは，$AB \parallel DE, BC \parallel EF, CA \parallel FD$ がすべて成り立つことをいう．デザルグの定理により直線 AD, BE, CF は 1 点で交わる．この点を X としたとき，X を中心とする相似移動によって三角形 ABC を DEF に移すことができる．

◆ チェバ線

三角形の 1 つの頂点とその頂点の対辺上の点を結ぶ線分.

◆ チェバの定理

三角形 ABC の辺，$BC, CA < AB$ 上にそれぞれ点 D, E, F をとるとき，以下は同値である．

(i) AD, BE, CF は 1 点で交わる．

(ii) $\dfrac{|AF|}{|FB|} \cdot \dfrac{|BD|}{|DC|} \cdot \dfrac{|CE|}{|EA|} = 1$

(iii) $\dfrac{\sin \angle ABE}{\sin \angle EBC} \cdot \dfrac{\sin \angle BCF}{\sin \angle FCA} \cdot \dfrac{\sin \angle CAD}{\sin \angle DAB} = 1$

6. 用語集

◆ チェビシェフ多項式

$\{T_n(x)\}_{n=0}^{\infty}$ を，漸化式 $T_0(x) = 1$, $T_1(x) = x$, $T_{i+1} = 2xT_i(x) - T_{i-1}(x)$ ($i = 1, 2, 3, \ldots$) で定まる多項式からなる列とする．$T_n(x)$ を n 番目のチェビシェフ多項式という．

◆ チェビシェフの不等式

$x_1, x_2, \ldots, x_n$ と $y_1, y_2, \ldots, y_n$ は実数とする．

1. $x_1 \leqq x_2 \leqq \cdots \leqq x_n$ および $y_1 \leqq y_2 \leqq \cdots \leqq y_n$ であるとき，
$$\frac{1}{n}(x_1 + x_2 + \cdots + x_n)(y_1 + y_2 + \cdots + y_n) \leqq x_1 y_1 + x_2 y_2 + \cdots + x_n y_n$$
が成立する．

2. $x_1 \geqq x_2 \geqq \cdots \geqq x_n$ および $y_1 \geqq y_2 \geqq \cdots \geqq y_n$ であるとき，
$$\frac{1}{n}(x_1 + x_2 + \cdots + x_n)(y_1 + y_2 + \cdots + y_n) \geqq x_1 y_1 + x_2 y_2 + \cdots + x_n y_n$$
が成立する．

◆ 中線公式

三角形 ABC の辺 BC の中点を M とする．線分 AM を中線という．このとき，
$$|AM|^2 = \frac{2|AB|^2 + 2|AC|^2 - |BC|^2}{4}$$
が成立する．

◆ 展開公式

$\sin na = {}_nC_1 \cos^{n-1} a \sin a - {}_nC_3 \cos^{n-3} a \sin^3 a + {}_nC_5 \cos^{n-5} a \sin^5 a - \cdots$

$\cos na = {}_nC_0 \cos^n a - {}_nC_2 \cos^{n-2} a \sin^2 a + {}_nC_4 \cos^{n-4} a \sin^4 a - \cdots$

◆ 凸性

関数 $f(x)$ が区間 $[a, b] (\subseteq \mathbb{R})$ 上で下に（上に）凸であるとは，
$$a \leqq a_1 < x < b_1 \leqq b$$
なる任意の a_1, b_1, x に対して $f(x)$ が $(a_1, f(a_1))$, $(b_1, f(b_1))$ を結ぶ直線の下に（上に）あることをいう．（下に凸，上に凸な関数はそれぞれ凸，凹であるともい

う.)

　関数 f が区間 $[a,b]$ 上で下に凸で，非負実数 $\lambda_1, \lambda_2, \ldots, \lambda_n$ の和が 1 であるとき，$[a,b]$ に属する任意の実数 $x_1, x_2, \ldots, x_n$ に対して，

$$\lambda_1 f(x_1) + \lambda_2 f(x_2) + \cdots + \lambda_n f(x_n) \geqq f(\lambda_1 x_1 + \lambda_2 x_2 + \cdots + \lambda_n x_n)$$

が成立する．これをイェンセンの不等式という．f が上に凸のときは，不等号の向きを逆にした結果が成り立つ．

◆ ド・モアブルの公式

　任意の角 α と整数 n に対して，

$$(\cos \alpha + i \sin \alpha)^n = \cos n\alpha + i \sin n\alpha$$

が成立する．この公式から，$\sin n\alpha, \cos n\alpha$ を $\sin \alpha, \cos \alpha$ で表した，展開公式を導くことができる．

◆ 内心

　内接円の中心．

◆ 内接円

　多角形の内部にあり，すべての辺に接する円．

◆ 並べ替えの不等式

　$a_1 \leqq a_2 \leqq \cdots \leqq a_n, b_1 \leqq b_2 \leqq \cdots \leqq b_n$ を実数とする．$c_1, c_2, \ldots, c_n$ は $b_1, b_2, \ldots, b_n$ の並べ替えとするとき，

$$a_1 b_n + a_2 b_{n-1} + \cdots + a_n b_1 \leqq a_1 c_1 + a_2 c_2 + \cdots + a_n c_n$$
$$\leqq a_1 b_1 + a_2 b_2 + \cdots + a_n b_n$$

が成立する．等号は，$a_1 = a_2 = \cdots = a_n$ または $b_1 = b_2 = \cdots = b_n$ の場合に限り成立する．

◆ 二項係数

　$(x+1)^n$ を展開したときの x^k の係数を $_nC_k$ で表す．これを二項係数という．

$$_nC_k = \frac{n!}{k!(n-k)!}$$

である．$_nC_k$ は $\binom{n}{k}$ と表記されることも多い．

◆ **2 乗平均・相加平均の不等式**

正の実数 $x_1, x_2, \ldots, x_n$ に対して，

$$\sqrt{\frac{x_1^2 + x_2^2 + \cdots + x_n^2}{n}} \geqq \frac{x_1 + x_2 + \cdots + x_n}{n}$$

が成立する．この不等式はべき平均不等式の特別な場合である．

◆ **2 倍角の公式**

$$\sin 2a = 2\sin a \cos a = \frac{2\tan a}{1+\tan^2 a}$$

$$\cos 2a = 2\cos^2 a - 1 = 1 - 2\sin^2 a = \frac{1-\tan^2 a}{1+\tan^2 a}$$

$$\tan 2a = \frac{2\tan a}{1-\tan^2 a}$$

$$\cot 2a = \frac{\cot^2 a - 1}{2\cot a}$$

◆ **鳩の巣原理**

n 個の物体を $k(<n)$ 個の箱に入れたとき，少なくとも 1 つの箱には 2 つ以上の物体が入っている．

◆ **半角の公式**

$$\sin^2 \frac{a}{2} = \frac{1-\cos a}{2}$$

$$\cos^2 \frac{a}{2} = \frac{1+\cos a}{2}$$

$$\tan \frac{a}{2} = \frac{1-\cos a}{\sin a} = \frac{\sin a}{1+\cos a}$$

$$\cot \frac{a}{2} = \frac{1+\cos a}{\sin a} = \frac{\sin a}{1-\cos a}$$

◆ べき平均不等式

$a_1, a_2, \ldots, a_n$ は和が1である正の定数とする.このとき,正の実数 $x_1, x_2, \ldots, x_n$ が任意に与えられたとき,$-\infty \leqq t \leqq \infty$ に対して,

$$M_t = \begin{cases} \min\{x_1, x_2, \ldots, x_n\} & (t = -\infty) \\ x_1^{a_1} x_2^{a_2} \cdots x_n^{a_n} & (t = 0) \\ \max\{x_1, x_2, \ldots, x_n\} & (t = \infty) \\ (a_1 x_1^t + a_2 x_2^t + \cdots + a_n x_n^t)^{1/t} & (t \neq -\infty, 0, \infty) \end{cases}$$

と定めれば,$s \leqq t$ なる任意の実数 s, t に対して,

$$M_{-\infty} \leqq M_s \leqq M_t \leqq M_\infty$$

が成立する.

◆ ヘロンの公式

3辺の長さが a, b, c である三角形 ABC の面積は

$$[ABC] = \sqrt{s(s-a)(s-b)(s-c)}$$

で表される.ただし,$s = (a+b+c)/2$ (三角形の周りの長さの半分)とする.

◆ 傍心

傍接円の項目を参照.

◆ 傍接円

三角形 ABC において,直線 AB, BC, CA のすべてに接する円は4つある.1つが内接円でこれはこの三角形の内部にある.ある1つは直線 BC に関して点 A と反対側にある.この円を A に対する傍接円という.残り2つについても同様である.A に対する傍接円の中心を A に対する傍心という.A に対する傍心は A の内角の2等分線および B, C の外角の2等分線上にある.

◆ 余弦法則 (日本では,余弦定理ということも多い)

三角形 ABC において

$$|CA|^2 = |AB|^2 + |BC|^2 - 2|AB| \cdot |BC| \cos \angle ABC$$

が成立する．$|AB|^2, |BC|^2$ に対しても同様なことが成り立つ．

◆ ラグランジュの補間公式

$x_1, x_2, \ldots, x_n$ は相異なる実数，$y_1, y_2, \ldots, y_n$ は任意の実数とする．このとき，$i = 1, 2, \ldots, n$ に対して $P(x_i) = y_i$ となるような次数 n 以下の多項式がただ 1 つ存在する．$P(x)$ は，

$$P(x) = \sum_{i=0}^{n} \frac{y_i(x - x_0) \cdots (x - x_{i-1})(x - x_{i+1}) \cdots (x - x_n)}{(x_i - x_0) \cdots (x_i - x_{i-1})(x_i - x_{i+1}) \cdots (x_i - x_n)}$$

と表される．

◆ 和積公式

$$\sin a + \sin b = 2 \sin \frac{a+b}{2} \cos \frac{a-b}{2}$$

$$\cos a + \cos b = 2 \cos \frac{a+b}{2} \cos \frac{a-b}{2}$$

$$\tan a + \tan b = \frac{\sin(a+b)}{\cos a \cos b}$$

$$\sin a - \sin b = 2 \sin \frac{a-b}{2} \cos \frac{a+b}{2}$$

$$\cos a - \cos b = -2 \sin \frac{a-b}{2} \sin \frac{a+b}{2}$$

$$\tan a - \tan b = \frac{\sin(a-b)}{\cos a \cos b}$$

参 考 文 献

1. Andreescu, T.; Feng, Z., *101 Problems in Algebra from the Training of the USA IMO Team*, Australian Mathematics Trust, 2001.
2. Andreescu, T.; Feng, Z., *102 Combinatorial Problems from the Training of the USA IMO Team*, Birkhäuser, 2002. T. Andreescu・Z. Feng, 小林一章・鈴木晋一監訳, 組合せ論の精選 102 問 (数学オリンピックへの道 1), 朝倉書店, 2010.
3. Andreescu, T.; Feng, Z., *USA and International Mathematical Olympiads 2003*, Mathematical Association of America, 2004.
4. Andreescu, T.; Feng, Z., *USA and International Mathematical Olympiads 2002*, Mathematical Association of America, 2003.
5. Andreescu, T.; Feng, Z., *USA and International Mathematical Olympiads 2001*, Mathematical Association of America, 2002.
6. Andreescu, T.; Feng, Z., *USA and International Mathematical Olympiads 2000*, Mathematical Association of America, 2001.
7. Andreescu, T.; Feng, Z.; Lee, G.; Loh, P., *Mathematical Olympiads: Problems and Solutions from around the World, 2001-2002*, Mathematical Association of America, 2004.
8. Andreescu, T.; Feng, Z.; Lee, G., *Mathematical Olympiads: Problems and Solutions from around the World, 2000-2001*, Mathematical Association of America, 2003.
9. Andreescu, T.; Feng, Z., *Mathematical Olympiads: Problems and Solutions from around the World, 1999-2000*, Mathematical Association of America, 2002.
10. Andreescu, T.; Feng, Z., *Mathematical Olympiads: Problems and Solutions from around the World, 1998-1999*, Mathematical Association of America, 2000.
11. Andreescu, T.; Kedlaya, K., *Mathematical Contests 1997-1998: Olympiad Problems from around the World, with Solutions*, American Mathematics Competitions, 1999.

12. Andreescu, T.; Kedlaya, K., *Mathematical Contests 1996-1997: Olympiad Problems from around the World, with Solutions*, American Mathematics Competitions, 1998.
13. Andreescu, T.; Kedlaya, K.; Zeitz, P., *Mathematical Contests 1995-1996: Olympiad Problems from around the World, with Solutions*, American Mathematics Competitions, 1997.
14. Andreescu, T.; Enescu, B., *Mathematical Olympiad Treasures*, Birkhäuser, 2003.
15. Andreescu, T.; Gelca, R., *Mathematical Olympiad Challenges*, Birkhäuser, 2000.
16. Andreescu, T.; Andrica, D., *360 Problems for Mathematical Contests*, GIL Publishing House, 2003.
17. Andreescu, T.; Andrica, D., *Complex Numbers from A to Z*, Birkhäuser, 2004.
18. Beckenbach, E.F.; Bellman, R., *An Introduction to Inequalities*, New Mathematical Library, Vol. 3, Mathematical Association of America, 1961.
19. Coxeter, H.S.M.; Greitzer, S.L., *Geometry Revisited*, New Mathematical Library, Vol. 19, Mathematical Association of America, 1967. H. コクスター・S. グレイツァー，寺阪英孝訳，幾何学再入門 (SMSG 新数学双書 8), 河出書房新社, 1970.
20. Coxeter, H.S.M., *Non-Euclidean Geometry*, The Mathematical Association of America, 1998.
21. Doob, M., *The Canadian Mathematical Olympiad 1969-1993*, University of Tronto Press, 1993.
22. Engel, A., *Problem-Solving Strategies*, Problem Books in Mathematics, Springer, 1998.
23. Fomin, D.; Kirichenko, A., *Leningrad Mathematical Olympiads 1987-1991*, MathPro Press, 1994.
24. Fomin, D.; Genkin, S.; Itenberg, I., *Mathematical Circles*, American Mathematical Society, 1996. D. フォミーン・S. ゲンキン・I. イテンベルク，志賀浩二・田中紀子訳，数学のひろば—柔らかい思考を育てる問題集—I, II, 岩波書店, 1998.
25. Graham, R.L.; Knuth, D.E.; Patashnik, O., *Concrete Mathematics*, Addison–Wesley, 1989.
26. Gillman, R., *A Friendly Mathematics Competition*, The Mathematical Association of America, 2003.

27. Greitzer, S.L., *International Mathematical Olympiads, 1959-1977*, New Mathematical Library, Vol. 27, Mathematical Association of America, 1978.
28. Holton, D., *Let's Solve Some Math Problems*, A Canadian Mathematics Competition Publication, 1993.
29. Kazarinoff, N.D., *Geometric Inequalities*, New Mathematical Library, Vol. 4, Random House, 1961.
30. Kedlaya, K.; Poonen, B.; Vakil, R., *The William Lowell Putnam Mathematical Competition 1985-2000*, The Mathematical Association of America, 2002.
31. Klamkin, M., *International Mathematical Olympiads, 1978-1985*, New Mathematical Library, Vol. 31, Mathematical Association of America, 1986.
32. Klamkin, M., *USA Mathematical Olympiads, 1972-1986*, New Mathematical Library, Vol. 33, Mathematical Association of America, 1988.
33. Kürschák, J., *Hungarian Problem Book, volumes I & II*, New Mathematical Library, Vols. 11 & 12, Mathematical Association of America, 1967.
34. Kuczma, M., *144 Problems of the Austrian-Polish Mathematics Competition 1978-1993*, The Academic Distribution Center, 1994.
35. Kuczma, M., *International Mathematical Olympiads 1986-1999*, Mathematical Association of America, 2003.
36. Larson, L.C., *Problem-Solving Through Problems*, Springer-Verlag, 1983.
37. Lausch, H., *The Asian Pacific Mathematics Olympiad 1989-1993*, Australian Mathematics Trust, 1994.
38. Liu, A., *Chinese Mathematics Competitions and Olympiads 1981-1993*, Australian Mathematics Trust, 1998.
39. Liu, A., *Hungarian Problem Book III*, New Mathematical Library, Vol. 42, Mathematical Association of America, 2001.
40. Lozansky, E.; Rousseau, C., *Winning Solutions*, Springer, 1996.
41. Mitrinovic, D.S.; Pecaric, J.E.; Volonec, V., *Recent Advances in Geometric Inequalities*, Kluwer Academic Publisher, 1989.
42. Savchev, S.; Andreescu, T., *Mathematical Miniatures*, Anneli Lax New Mathematical Library, Vol. 43, Mathematical Association of America, 2002.
43. Sharygin, I.F., *Problems in Plane Geometry*, Mir, Moscow, 1988.
44. Sharygin, I.F., *Problems in Solid Geometry*, Mir, Moscow, 1986.
45. Shklarsky, D.O.; Chentzov, N.N.; Yaglom, I.M., *The USSR Olympiad Problem Book*, Freeman, 1962.

46. Slinko, A., *USSR Mathematical Olympiads 1989-1992*, Australian Mathematics Trust, 1997.
47. Szekely, G.J., *Contests in Higher Mathematics*, Springer-Verlag, 1996.
48. Taylor, P.J., *Tournament of Towns 1980-1984*, Australian Mathematics Trust, 1993.
49. Taylor, P.J., *Tournament of Towns 1984-1989*, Australian Mathematics Trust, 1992.
50. Taylor, P.J., *Tournament of Towns 1989-1993*, Australian Mathematics Trust, 1994.
51. Taylor, P.J.; Storozhev, A., *Tournament of Towns 1993-1997*, Australian Mathematics Trust, 1998.
52. Yaglom, I.M., *Geometric Transformations*, New Mathematical Library, Vol. 8, Random House, 1962.
53. Yaglom, I.M., *Geometric Transformations II*, New Mathematical Library, Vol. 21, Random House, 1968.
54. Yaglom, I.M., *Geometric Transformations III*, New Mathematical Library, Vol. 24, Random House, 1973.

索　　引

ア　行

イェンセンの不等式　20, 205, 212
緯線　61
一次結合　19
1 対 1　29
1 対 1 対応　29
一般角　12
緯度　61
上に凸　20
上への関数　29
オイラーの公式　205
扇形　205
　　――の面積　55

カ　行

外心　205
外接円　205
カイト　205
解と係数の関係　206
ガウスの補題　129, 206
角の 2 等分線定理　22
加法–減法定理　15
加法定理　6, 206
関数　1
関数 f, g が互いに逆　29
奇関数　16
球座標　62
極形式　67
極座標　12, 62
虚軸　67
虚数単位　67

偶関数　17
経線　62
原像　37
減法定理　11, 14
コーシー・シュワルツの不等式　54, 207

サ　行

最小多項式　207
サニュソイド的　17
三角形の垂心　207
三角比に関する恒等式　207
3 倍角の公式　7, 207
ジェルゴンヌ点　35, 208
下に凸　20
実軸　67
写像　1
シューアの不等式　208
周期　13
周期関数　13, 208
重心　35
巡回的な和　208
純虚数　67
振幅　18
垂心　35
スカラー因子　47
スカラー倍　47
スチュワートの定理　40, 209
正割　1
正弦　1
正弦法則　21, 209
正接　1
積和公式　15, 209
漸近線　20

線形結合 19
全射 29
全単射 29
像 1, 37
相加相乗平均の不等式 209
相加調和平均の不等式 210
相似移動 210
相似移動可能な三角形 210
相似比 210
相似変換 37

タ 行

大円 64
単射 29
値域 1
チェバ線 33, 210
チェバの定理 33, 210
チェビシェフ多項式 79, 123, 211
チェビシェフの不等式 211
中心 37
中線公式 41, 211
定義域 1
展開公式 71, 211
凸性 205, 211
ド・モアブルの公式 71, 212
トレミーの定理 24

ナ 行

内心 35, 212
内積 53
内接円 212
並べ替えの不等式 212
二項係数 212
2乗平均・相加平均の不等式 213
2倍角の公式 6, 213

ハ 行

鳩の巣原理 213

半角の公式 15, 213
複素数 67
複素数 z の絶対値 67
複素数 z の長さ 67
複素数平面 67
複素平面 67
ブラーマグプタの公式 42
ブロカール点 44, 126
べき平均不等式 214
ベクトル 47
　——の頭 47
　——の尾 47
　——の大きさ 48
　——の長さ 48
　——の和 47
ヘロンの公式 43, 214
傍心 36, 214
傍接円 214
本初子午線 62

マ 行

メネラウスの定理 38

ヤ 行

余割 1
余弦 1
余弦法則 39, 214
余接 1

ラ 行

ラグランジュの補間公式 215

ワ 行

和積公式 15, 215

監訳者略歴

小林 一章(こばやしかずあき)
1940年 東京都に生まれる
1966年 早稲田大学大学院理工学研究科修了
現　在 (財)数学オリンピック財団理事長
　　　 理学博士

鈴木 晋一(すずきしんいち)
1941年 北海道に生まれる
1967年 早稲田大学大学院理工学研究科修了
現　在 早稲田大学教育学部教授
　　　 (財)数学オリンピック財団専務理事
　　　 理学博士

数学オリンピックへの道 2
三角法の精選 103 問　　　　　　　　定価はカバーに表示

2010年 3月10日 初版第1刷
2023年 3月25日 　　　 第8刷

　　　　　　監訳者　小　林　一　章
　　　　　　　　　　鈴　木　晋　一
　　　　　　発行者　朝　倉　誠　造
　　　　　　発行所　株式会社 朝　倉　書　店
　　　　　　　　　　東京都新宿区新小川町6-29
　　　　　　　　　　郵便番号　162-8707
　　　　　　　　　　電　話　03(3260)0141
　　　　　　　　　　FAX　03(3260)0180
　　　　　　　　　　https://www.asakura.co.jp

〈検印省略〉

© 2010〈無断複写・転載を禁ず〉　　　中央印刷・渡辺製本

ISBN 978-4-254-11808-7　C 3341　　　Printed in Japan

JCOPY　<出版者著作権管理機構 委託出版物>

本書の無断複写は著作権法上での例外を除き禁じられています。複写される場合は、そのつど事前に、出版者著作権管理機構 (電話 03-5244-5088, FAX 03-5244-5089, e-mail: info@jcopy.or.jp) の許諾を得てください。

好評の事典・辞典・ハンドブック

数学オリンピック事典	野口 廣 監修	B5判 864頁
コンピュータ代数ハンドブック	山本 慎ほか 訳	A5判 1040頁
和算の事典	山司勝則ほか 編	A5判 544頁
朝倉 数学ハンドブック［基礎編］	飯高 茂ほか 編	A5判 816頁
数学定数事典	一松 信 監訳	A5判 608頁
素数全書	和田秀男 監訳	A5判 640頁
数論＜未解決問題＞の事典	金光 滋 訳	A5判 448頁
数理統計学ハンドブック	豊田秀樹 監訳	A5判 784頁
統計データ科学事典	杉山高一ほか 編	B5判 788頁
統計分布ハンドブック（増補版）	蓑谷千凰彦 著	A5判 864頁
複雑系の事典	複雑系の事典編集委員会 編	A5判 448頁
医学統計学ハンドブック	宮原英夫ほか 編	A5判 720頁
応用数理計画ハンドブック	久保幹雄ほか 編	A5判 1376頁
医学統計学の事典	丹後俊郎ほか 編	A5判 472頁
現代物理数学ハンドブック	新井朝雄 著	A5判 736頁
図説ウェーブレット変換ハンドブック	新 誠一ほか 監訳	A5判 408頁
生産管理の事典	圓川隆夫ほか 編	B5判 752頁
サプライ・チェイン最適化ハンドブック	久保幹雄 著	B5判 520頁
計量経済学ハンドブック	蓑谷千凰彦ほか 編	A5判 1048頁
金融工学事典	木島正明ほか 編	A5判 1028頁
応用計量経済学ハンドブック	蓑谷千凰彦ほか 編	A5判 672頁

価格・概要等は小社ホームページをご覧ください．